海洋深水油气安全高效钻井基础研究丛书

深水气井天然气水合物防治理论与技术研究

王志远　孙宝江　高永海　著

科 学 出 版 社
北　京

内 容 简 介

本书主要阐述深水气井中天然气水合物的防治理论和技术。全书共7章。第1章为深水油气开发水合物风险概述，主要介绍深水油气开发中的水合物生成与危害；第2章为天然气水合物的生成与分解，给出了天然气水合物相平衡模型以及其生成与分解速率的计算方法；第3章为深水气井天然气水合物生成区域预测方法，提出了水合物生成区域的定量预测方法；第4章为天然气水合物相变对深水井筒多相流动的影响，分析了水合物相变对深水钻井井筒多相流动的影响规律；第5章为深水气井天然气水合物沉积堵塞机理与预测方法，建立了水合物堵塞预测模型；第6章为深水气井天然气水合物防治技术，提出了基于安全作业窗口的水合物防治新思路；第7章为深水气井水合物防治软件与案例分析，通过软件与案例结合对深水气井的水合物防治方案进行了分析。

本书可供石油与天然气工程、海洋油气工程、油气储运工程等专业的高校师生，深水油气钻探开发和流动保障相关领域的科技工作人员参考使用。

图书在版编目(CIP)数据

深水气井天然气水合物防治理论与技术研究／王志远，孙宝江，高永海著．—北京：科学出版社，2020. 3

（海洋深水油气安全高效钻井基础研究丛书）

ISBN 978-7-03-063540-2

Ⅰ.①深…　Ⅱ.①王…　②孙…　③高…　Ⅲ.①海上油气田-气田开发-天然气水合物-防治-研究　Ⅳ.①TE5

中国版本图书馆 CIP 数据核字（2019）第266162号

责任编辑：焦　健　姜德君／责任校对：王　瑞
责任印制：肖　兴／封面设计：北京图阅盛世

科学出版社 出版
北京东黄城根北街16号
邮政编码：100717
http://www.sciencep.com

北京九天鸿程印刷有限责任公司 印刷
科学出版社发行　各地新华书店经销
＊
2020年3月第　一　版　开本：787×1092　1/16
2020年3月第一次印刷　印张：11 3/4
字数：280 000

定价：168.00元

（如有印装质量问题，我社负责调换）

《海洋深水油气安全高效钻井基础研究丛书》

编委会

序

水合物是高压低温条件下一些低分子质量的气体和挥发性液体遇水所形成的类冰状晶体。天然气水合物作为一种流动障碍问题广泛存在于深水油气钻井、测试、开采、集输等阶段，严重影响深水油气安全作业和高效开发。天然气水合物流动保障理论是20世纪中后期开始逐渐发展起来的一门新兴学科，它是在化学、流体力学、固体力学、石油天然气工程、化工热力学、传热学和传质学的基础上，针对水合物生成、沉积、聚集及堵塞进行研究的新领域，为安全、经济、高效地开发深水油气提供了科学指导和工程基础。

《深水气井天然气水合物防治理论与技术研究》一书结合深水油气开发的特点，系统地阐述了深水气井钻采过程中的水合物防治理论和技术，做到了深入浅出，便于各个层次的科技工作者阅读和参考。该书分析了深水油气钻采过程中所面临的水合物风险，介绍了天然气水合物的相平衡条件、生成和分解动力学模型；提出了深水气井含自由水条件下和无自由水条件下水合物的生成速率计算模型，揭示了管壁冷凝液膜和气核冷凝液滴的水合物生成机理；建立了深水气井井筒内温压场计算模型，结合水合物相平衡理论，提出了不同工况条件下天然气水合物生成区域的定量预测方法；实验分析了井筒内水合物体积分数对钻井液流变性的影响规律，建立了深水钻井气侵多组分多相流动模型，揭示了水合物相变对井筒多相流的影响规律；基于井筒多相流动理论和水合物颗粒间相互作用机理，分别建立了深水气井气-液-固三相流动条件下、气-固两相流动条件下、饱和气单相流动条件下水合物沉积厚度计算模型；分析了现有的水合物防治方法，着重阐述了水合物抑制剂优选、注入参数设计和计算方法，提出了水合物堵塞早期监测方法和基于安全作业窗口的水合物堵塞防治方法；在以上研究基础上，研发了深水气井水合物防治软件，实现了现场的推广应用。

该书对深水气井天然气水合物防治理论和技术有着系统性的描述，不但继承了前人的成果，同时结合了作者最新的研究发现，深化和发展了天然气水合物流动保障的相关机理和防治方法，许多观点和认识具有前沿性和创新性。例如，系统阐述了气相为主多相流动体系内水合物的生成、运移、沉积和堵塞机理，创建了考虑水合物相变的深水井筒多组分多相流动模型，揭示了水合物相变对井筒多相流动的影响规律，首次提出了基于安全作业窗口的水合物堵塞防治方法，极大改善了深水气井水合物的防治效果。该书内容领先，章节安排合理，既具有理论深度，又结合了工业技术实践，可以帮助人们深入地了解深水气井水合物的防治理论和技术，为水合物流动保障设计及施工提供指导，是深水油气工程领域一部兼具理论和应用价值的重要著作。

2019年12月

前　言

能源供应对国家经济和社会发展具有重要意义，目前全球能源平均消费来源仍以石油、天然气、煤炭为主体。近年来，我国经济发展所处外部环境的不确定性不断加大，中美贸易摩擦、发达国家货币政策收紧等均对我国能源市场稳定性提出了巨大挑战。我国陆地油气资源正在进入中后期开发阶段，且原油对外依存度逐年提高，2018 年原油对外依存度高达 70.9%，远高于国际石油安全警戒线，油气供给面临极大挑战。

我国南海油气资源丰富，地质储量达 230 亿～300 亿吨，其中 70% 油气资源蕴藏于深水区，国家“十三五”规划纲要也明确提出要加强深水油气勘探开发，深水油气已成为我国勘探开发的重要战略接替领域。油气开发“从陆地走向浅海、从浅海走向深海”的趋势已成必然。然而，相较陆地油气，深水油气钻采过程中，天然气水合物易在泥线附近生成，并沉积附着在管壁上形成堵塞，造成流动障碍，延误作业时间，造成严重的经济损失，甚至引发油气井的报废。天然气水合物流动障碍已成为影响深水油气开采安全的重要因素，受到国内外学者和作业人员的广泛关注。

深水气井天然气水合物的防治涉及三个方面的内容：①井筒内是否会生成水合物——水合物的生成区域预测；②生成的水合物如何沉积并形成堵塞——水合物沉积堵塞演化；③如何防治水合物——水合物堵塞流动障碍防治方法。全书共分为 7 章。第 1 章深水油气开发水合物风险概述，主要介绍深水油气开发中的水合物生成与危害，特别是钻井、井控压井、测试、生产与集输等不同工况下的水合物生成风险；第 2 章天然气水合物的生成与分解，主要从热力学、动力学两方面对天然气水合物的生成与分解条件进行了分析，给出了天然气水合物相平衡模型以及生成与分解速率的计算方法；第 3 章深水气井天然气水合物生成区域预测方法，主要介绍了深水气井井筒或管线内温度和压力的预测模型，提出了水合物生成区域的定量预测方法；第 4 章天然气水合物相变对深水井筒多相流动的影响，主要介绍了水合物生成对钻井液流变性的影响，建立了考虑水合物相变的深水井筒多相流动模型，分析了水合物相变对深水钻井井筒多相流动的影响规律；第 5 章深水气井天然气水合物沉积堵塞机理与预测方法，主要介绍了多相流动条件下水合物颗粒的运移、聚集、沉积和堵塞机理，建立了水合物堵塞预测模型；第 6 章深水气井天然气水合物防治技术，主要介绍了水合物抑制剂的类型与选择方法，给出了抑制剂注入参数的优化设计方法，提出了基于安全作业窗口的水合物防治新思路；第 7 章深水气井水合物防治软件与案例分析，主要介绍了深水气井水合物防治软件的模块组成及功能，并结合案例对深水气井的水合物防治方案进行了分析。

本书出版得到了国家自然科学基金重大项目（51991360）、国家重点基础研究发展计划（973 计划，2015CB251200）、国家优秀青年科学基金（51622405）、山东省自然科学杰出青年基金（JQ201716）、教育部“长江学者奖励计划”（Q2016135）、山东省泰山学者特聘专家（ts201712018）等基金和人才项目的支持。

全书由王志远、孙宝江、高永海负责策划、编写。刘陈伟、赵阳、张剑波、张洋洋、付玮琪、于璟、孙小辉、都凯、刘争、廖友强、周臣儒、童仕坤、弓正刚等老师和博士、硕士研究生参与了本书的资料收集、文字校正、图表整理等工作。借本书出版之际，对他们所付出的劳动表示感谢。

目前全球深水油气勘探开发活动十分活跃，水合物防治理论与技术属于前沿热点研究领域，相关理论与技术也在不断更新和完善，作者希望书中观点和认识能对读者有所启发。限于时间和作者水平，疏漏之处在所难免，敬请读者不吝指正。

王志远

2019 年 12 月

目 录

第1章 深水油气开发水合物风险概述

1.1 水合物风险工程背景

我国南海油气资源丰富，地质储量达230亿~300亿吨，其中70%油气资源蕴藏于深水区，国家“十三五”规划纲要明确提出要加强深水油气勘探开发，深水油气已成为我国勘探开发的重要战略接替领域。深水油气钻探开发过程中，水合物易在井筒或管线中的低温高压区域内生成，深水钻完井作业中水合物生成的深度–温度区域如图1-1所示，该区域内水合物不断生成、聚集、沉积将引发水合物堵塞问题。近年来，美国墨西哥湾、英国大西洋、巴西海域以及中国南海等都发生了深水气井水合物堵塞问题，严重影响了作业进度，造成了巨大经济损失，天然气水合物流动保障已成为国际上深水油气开发重点关注的问题[1-4]。

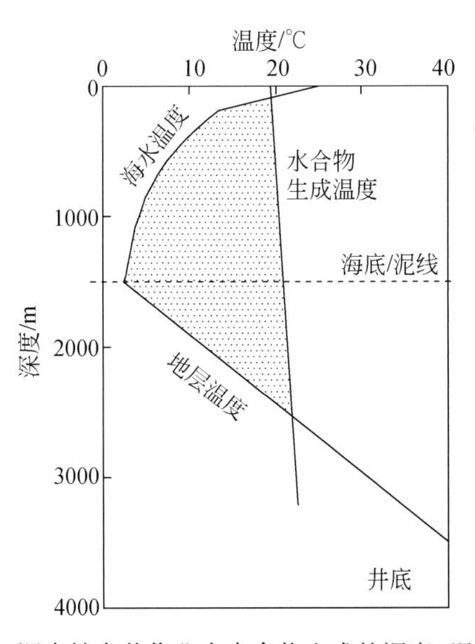

图1-1 深水钻完井作业中水合物生成的深度–温度区域

目前，国内外关于水合物堵塞的研究主要集中在油气田生产集输方面[5-12]，而对深水气井中水合物堵塞研究较少，对深水条件下水合物流动障碍形成机制缺乏清晰认识，导致现场水合物防治面临巨大挑战：一方面，水合物防治需求存在不确定性[13, 14]；另一方面，水合物过度防治的传统方法成本高、环境污染大[15, 16]。因此，深入探究井筒或管线内水合物流动障碍形成与演化机制，开发高效的水合物堵塞防治技术，对实现深水油气安全高效开采具有重要意义。深水油气开发主要包括深水气井钻井、井控、测试、生产与集输等多个作业过程，因此水合物堵塞风险应根据相应工况进行具体分析。

1.2 深水钻井井控期间水合物风险

深水高压低温环境是天然气水合物生成的理想条件，自由水与天然气在水合物生成区域接触将会有水合物生成。深水油气钻探时天然气进入井筒后使单相流转变为气液两相流，水合物的生成又使其变为气液固三相流；同时由于水合物的生成，井筒气体体积分数及泥浆池增量均降低，溢流出现延迟，因此气侵前期具有“隐蔽性”；水合物随钻井液向上运移过程中又会发生分解，气体体积分数和泥浆池增量剧烈增加，造成气侵后期具有“突发性”[17]。气侵的“隐蔽性”及“突发性”会对深水井控带来极大挑战。另外，固态水合物的不断聚集沉积将造成井筒/管线有效内径的减小，甚至导致管柱、节流管线及防喷器等位置发生水合物堵塞事故，给深水井控作业带来巨大危害[13, 18-22]。

1）水合物沉积堵塞会造成严重的作业和安全问题

水合物生成和沉积会导致井控作业无法正常进行，影响施工进度。若水合物堵塞压井或节流管线，将无法建立循环，无法进行压井作业；若水合物堵塞防喷器闸板，将导致无法关井和监测井内压力；水合物堵塞导致管线压力上升，引起管线、仪表损坏；另外，水合物堵塞位置前后会产生巨大压力差，可能使水合物段塞脱离管壁成为高速运移的“炮弹”，给管线或平台造成严重破坏，甚至引起井喷、爆炸等事故[23, 24]。近年来，国际上深水井控过程中发生的水合物堵塞案例如表 1-1 所示[15, 16]，水合物堵塞问题已成为影响深水井控安全的一个重要因素。

表 1-1　深水井控过程中水合物堵塞案例

案例	事故描述	事故危害
1	2001 年巴西东南部海域钻 ESS-107 井钻井过程中发生井涌，井控过程中水合物堵塞压井节流管线	影响作业进度近 70 天
2	2000 年墨西哥湾海域某井钻进过程中发生井涌，关井未成功建立循环，导致压井管线、节流管线、防喷器全部堵塞	影响作业进度 6 天
3	1989 年墨西哥湾海域某井（水深 945m）钻井过程中发生井涌，关井后建立循环，发现压井管线、节流管线和防喷器全部堵塞	影响作业进度 6 天
4	1986 年美国西海岸某井（水深 350m）钻井过程中发生井涌，井控过程中压井管线和节流管线堵塞，造成多次压井失败	影响作业进度 7 天

2）水合物沉积堵塞后处理难度大，费用高昂

海底情况复杂，不可预见因素较多（如台风、海流等），井筒/管线内一旦发生水合物堵塞就很难去除。一方面，水合物堵塞常发生在水下井筒/管线中，至今仍未有成熟准确的方法来确定水合物堵塞位置；另一方面，目前常用的水合物解堵方法为降压法、注热法及注化学药剂法，这些传统方法所需解堵时间长、效率低、费用高昂，严重影响作业和生产进度，不利于提高深水油气开发的经济效益[23, 25]。

1.3 深水气井测试期间水合物风险

深水气井测试期间水合物堵塞案例如表 1-2 所示[26-28]，这说明水合物生成堵塞同样是危及深水气井测试作业安全的主要问题之一。深水气井测试期间水合物生成原因主要有：

(1) 测试期间管柱内外换热快，流体温度降低速率大；

(2) 关井后管柱压力上升；

(3) 开井时管柱压力较高、温度较低；

(4) 变径、节流等节流效应导致流体温度急剧降低。

另外，加速水合物生成的因素有：

(1) 较高的气流速度；

(2) 较大的压力波动；

(3) 充分的气-水接触；

(4) 存在微小的水合物“籽晶”；

(5) 存在 H_2S 等酸性气体。

表 1-2 深水气井测试期间水合物堵塞案例

年份	区域	水深/m	水合物生成区域/m	水合物堵塞位置/m	解堵耗费的时间/h
2010	美国墨西哥湾	1722.89	0～2144	850～2144	>264
2012	巴西 Campos 盆地	2788	0～3000	1715～1798	4
2013～2015	中国南海	1500	100～1920	—	—

注：“—”表示信息不详

1.4 深水油气生产期间水合物风险

深水油气开采与集输期间水合物堵塞同样会对生产设备及人身安全造成严重威胁，由表 1-3 中水合物堵塞事故案例可发现[18, 29, 30]，油气生产集输过程中管线堵塞将延长作业周期，增加作业成本，甚至引发作业事故。

表 1-3 水合物堵塞事故

案例	事故描述	事故危害
1	1990～1993 年，北海海底管线发生三次管线水合物堵塞事故	3 人死亡，超过 7 亿美元损失
2	2011～2013 年水合物多次堵塞 Qatar 油气田井筒和外输管线	关井停产数月，经济损失高达 1000 万美元/天
3	北海 Tommeliten Gamma 油气田 11.5km 长输管线因发生水合物堵塞而被迫关停	解堵过程中发现全管 17 处水合物堵塞

正常生产工况下井筒流体从井底向井口运移过程中，井筒沿程温压均逐渐降低（温度降低快慢与气井产气量有关[31]），井筒流体呈高压低温状态，水合物容易生成。此外，流

体流经井口及节流阀时，受焦耳-汤姆逊效应影响温压会急剧下降，温度一旦降至水合物相平衡温度将会存在水合物生成风险。

关井停产工况下井内压力逐渐上升为关井压力，重力作用下自由水下落到井底，井筒内天然气将呈水饱和状态，同时受外界低温环境影响井筒内温度持续降低，当温度低于水露点后饱和天然气将有自由水冷凝析出。因此，在海水低温环境及关井压力共同作用下，井筒内会存在水合物生成风险，且随关井时间延长水合物生成风险逐渐增大。

深水气井关井一段时间后重新开井时井口压力较高，井口流体温度接近海水温度，同样具备水合物生成条件，另外开井扰动有利于自由水和天然气的充分接触，将进一步加剧水合物生成风险。

1.5 水合物风险预防措施

目前，深水长输管线内水合物风险的预防措施主要有脱水、分离气体组分、注入抑制剂等。脱水是将地层产出液中自由水进行分离处理，需要安装液相处理设备和管汇，该方法多用于地层产出液中液相含量较多的生产工况，然而脱水后系统内仍含有大量游离水蒸气，在低温下仍会冷凝出液态水；采用降压分离法可将轻烃组分从混合组分中分离出来，该法需连续压缩和泵送，作业成本和作业难度随之提高；注入抑制剂是使用最广泛的水合物预防方法之一，抑制剂能使水合物相平衡条件向高压低温方向移动，促使系统温压条件位于水合物生成区域之外，从而达到预防水合物生成的目的。

针对井筒/管线中已形成的水合物流动障碍，现场主要的解堵方式有局部加热、降压分解、机械清管和添加抑制剂等。局部加热的方式在解堵的同时也将带来其他安全隐患，如水合物受热分解将使管线处于更高压的状态；降压分解必须在水凝固点以上工况使用，以防止分解水凝固结冰重新堵塞管线；机械清管的方式需增加额外的清管设备，且清管效率不高；目前多采用注入过量抑制剂以实现水合物的完全抑制，该法对平台储存空间和注入设备要求较高，同时抑制剂的高成本、高毒性等缺点进一步增加了开发成本和作业风险。

参考文献

[1] Sun J, Ning F, Lei H, et al. Wellbore stability analysis during drilling through marine gas hydrate-bearing sediments in Shenhu area: A case study [J]. Journal of Petroleum Science and Engineering, 2018, 170: 345-367.

[2] 宁伏龙. 天然气水合物地层井壁稳定性研究 [D]. 北京：中国地质大学, 2005.

[3] 王韧, 宁伏龙, 刘天乐, 等. 游离甲烷气在井筒内形成水合物的动态模拟 [J]. 石油学报, 2017, 38 (8): 963-972.

[4] Ruppel C, Boswell R, Jones E. Scientific results from Gulf of Mexico Gas Hydrates Joint Industry Project Leg 1 drilling: Introduction and overview [J]. Marine & Petroleum Geology, 2008, 25 (9): 819-829.

[5] 王哲. 压力波法输气管道水合物堵塞检测系统 [D]. 大连：大连理工大学, 2018.

[6] 宫清君, 马贵阳, 潘振, 等. 管输过程中天然气水合物沉降规律计算研究 [J]. 辽宁石油化工大学学报, 2017, 37 (3): 19-23.

［7］杨军杰，蒲春生．集气管线天然气水合物生成理论模型及堵塞预测研究［J］．天然气地球科学，2004，15（6）：660-663.
［8］陈科，刘建仪，张烈辉，等．管输天然气清管时水合物堵塞机理和工况预测研究［J］．天然气工业，2005，25（4）：134-136.
［9］蒲春生，宋向华，杨军杰．集气管线天然气水合物生成与堵塞预测技术研究［J］．石油工业技术监督，2005，21（5）：71-74.
［10］刘恩斌，李长俊，彭善碧，等．基于压力波法的管道堵塞检测技术［J］．天然气工业，2006，26（4）：112-114.
［11］李攀，付国维，李安琪，等．清管法解决管道中水合物堵塞的工程实践：石化产业创新·绿色·可持续发展［C］．第八届宁夏青年科学家论坛石化专题论坛论文集，2012.
［12］阮超宇，史博会，丁麟，等．天然气水合物生长及堵管规律研究进展［J］．油气储运，2016，35（10）：1027-1037.
［13］王志远．含天然气水合物相变的环空多相流流型转化机制研究［D］．青岛：中国石油大学（华东），2009.
［14］叶吉华，刘正礼，罗俊丰，等．南海深水钻井井控技术难点及应对措施［J］．青岛：石油钻采工艺，2015（1）：139-142.
［15］Barker J W，Gomez R K. Formation of hydrates during deepwater drilling operation［J］. Journal of Petroleum Technology，1989，41：297-301.
［16］赵阳．深水井筒多相流动体系天然气水合物沉积堵塞规律研究［D］．青岛：中国石油大学（华东），2017.
［17］Wang Z Y，Sun B J. Deepwater gas kick simulation with consideration of the gas hydrate phase transition［J］. Journal of Hydrodynamics，2014，26（1）：94-103.
［18］Lysne D，Larsen R，Thomsen Å K，et al. Hydrate Problems in Pipelines：A Study from Norwegian Continental Waters［C］//The Fifth International Offshore and Polar Engineering Conference. International Society of Offshore and Polar Engineers，1995.
［19］Dendy S E. Fundamental principles and applications of natural gas hydrates［J］. Nature，2003，426（6964）：353-363.
［20］Taylor C J，Miller K T，Koh C A，et al. Macroscopic investigation of hydrate film growth at the hydrocarbon/water interface［J］. Chemical Engineering Science，2007，62（23）：6524-6533.
［21］Sloan Jr E D，Koh C A. Clathrate hydrates of natural gases［M］. Boca Raton：CRC press，2007.
［22］Van der Waals J H，Platteeuw J C. Clathrate solutions［J］. Advances in chemical physics，1958：1-57.
［23］Jassim E，Abdi M A，Muzychka Y. A new approach to investigate hydrate deposition in gas-dominated flowlines［J］. Journal of Natural Gas Science & Engineering，2010，2（4）：163-177.
［24］Gao Y，Chen Y，Zhao X，et al. Risk analysis on the blowout in deepwater drilling when encountering hydrate-bearing reservoir［J］. Ocean Engineering，2018，170：1-5.
［25］Sloan E D. A changing hydrate paradigm—from apprehension to avoidance to risk management［J］. Fluid Phase Equilibria，2005，228-229（3）：67-74.
［26］Reyna E M，Stewart S R. Case history of the removal of a hydrate plug formed during deep water well testing［C］//SPE/IADC drilling conference. Society of Petroleum Engineers，2001.
［27］Chen S M，Gong W X，Antle G. DST design for deepwater wells with potential gas hydrate problems［C］//Offshore technology conference. Offshore Technology Conference，2008.
［28］Zhao Y，Wang Z，Yu J，et al. Hydrate Plug Remediation in Deepwater Well Testing：A Quick Method to

Assess the Plugging Position and Severity [C] //SPE Annual Technical Conference and Exhibition. Society of Petroleum Engineers, 2017.

[29] Austvik T, Xiaoyun L I, Gjertsen L H. Hydrate plug properties: Formation and removal of plugs [J]. Annals of the New York Academy of Sciences, 2010, 912 (1): 294-303.

[30] Mohamed N A. Avoiding gas hydrate problems in qatar oil and gas industry: Environmentally friendly solvents for gas hydrate inhibition [J]. World Academy of Science, Engineering and Technology International Journal, 2014, 8.

[31] 靳书凯, 张崇, 孟文波, 等. 陵水 17-2 深水气田钻完井天然气水合物生成风险及预防措施 [J]. 中国海上油气, 2015, 27 (4): 93-101.

第2章 天然气水合物的生成与分解

天然气水合物的生成、分解机理及数学模型是研究水合物防治理论与技术的基础。本章首先简要介绍了天然气水合物的结构及形成，然后从热力学、动力学两方面对水合物生成、分解机理进行了分析，在此基础上给出了水合物生成、分解速率的计算方法。

2.1 天然气水合物结构

高压低温条件下部分低分子质量的气体或挥发性液体（客体分子，统称为水合物形成物）遇水（主体分子）可形成内含笼形空隙的类冰状晶体，称为笼形水合物（clathrate hydrate），简称水合物，迄今已发现甲烷、乙烷、乙烯、丙烷、二氧化碳等一百多种物质可作为水合物形成物，其中天然气遇水所形成的笼形水合物称为天然气水合物（natural gas hydrate）[1-3]。主体水分子间通过氢键形成笼状晶格（简称水笼子，包含大、小两种空隙），客体分子有选择地填充于这些空隙中，主、客体分子间作用力为范德瓦尔斯（Van der Waals）力。

特定温压下，客体分子充填于水笼子中形成稳定的水合物晶体，这种水笼子可形成五边形十二面体，或由12个五边形和2个六边形组成的十四面体，以及由12个五边形和4个六边形组成的十六面体，水合物笼状结构如图2-1所示[1]。

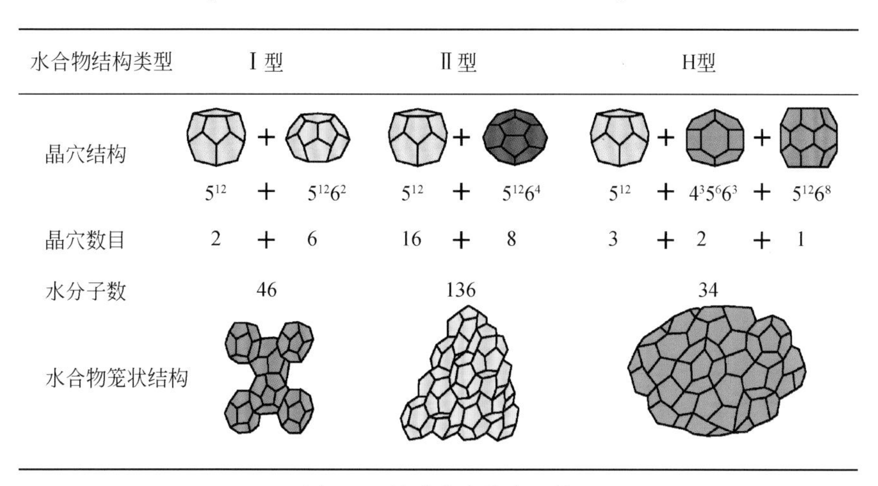

图2-1 笼形水合物多面体

主客体分子在Van der Waals力作用下不断稳固，水合物晶核逐渐增大，不同晶核互相吸附形成晶体颗粒[4]，当晶体颗粒达到一定尺寸时晶块体积增大，最终形成固态天然气水合物，水合物形成由以下四个过程构成，如图 2-2 所示[5]。

（1）初始条件：系统温压均位于水合物生成区域内，此时气体分子未溶于水中。

（2）不稳定簇团：气体分子开始溶于水中并立即形成不稳定簇团。

（3）聚结：不稳定簇团通过面接触聚结，其无序性增加。

（4）初始成核及生长：聚结体达到某临界值时晶体开始生长。

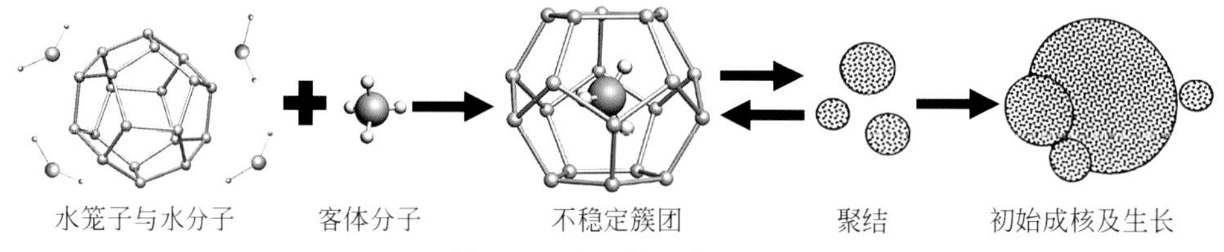

图 2-2　水合物形成过程

目前已确定的天然气水合物晶体结构有Ⅰ型、Ⅱ型和 H 型共三种，其结构参数如表 2-1 所示[6]。

表 2-1　三种水合物晶体结构参数

结构类型		Ⅰ型	Ⅱ型	H 型
晶体结构		体心立方体	金刚石立方体	简单六面体
小笼 S	结构	5^{12}	5^{12}	5^{12}，$4^3 5^6 6^3$
	直径/nm	7.82	7.8	7.6
大笼 L	结构	$5^{12}6^2$	$5^{12}6^4$	$5^{12}6^8$
	直径/nm	8.66	9.36	10.4
每个晶胞中的小笼数		2	16	3，2
每个晶胞中的大笼数		6	8	1
每个晶胞的水分子数		46	136	34
晶胞中小笼数与水分子数之比		1/23	2/17	3/34，1/17
晶胞中大笼数与水分子数之比		3/23	1/17	3/17
晶胞分子式		$S_2L_6 \cdot 46H_2O$	$S_{16}L_8 \cdot 136H_2O$	$S_3S_2L_1 \cdot 34H_2O$

客体分子的种类、大小决定着水合物生成及晶体结构的稳定性，仅有当水笼子空间与客体分子匹配时才能形成结构稳定的水合物，一般来说，客体分子与水笼子直径比接近 0.9 时形成的水合物较稳定，然而，高溶解度的气体（如氨、氯化氢等）无论分子大小均不能形成水合物。常见客体分子主要有天然气中烃类组分（CH_4、C_2H_6、C_3H_8、i-C_4H_{10}、n-C_4H_{10}等）、酸性组分（CO_2、H_2S）及惰性组分（N_2、Ar、Kr、Xe）等。

水合物的结构类型主要由客体分子大小决定，另外，其还受客体分子形状、温压、是否有水合物促进剂等因素的影响。较小的客体分子能进入各个水合物结构洞穴，但其对不同结构洞穴稳定性的贡献不同，较大的客体分子只对Ⅱ型结构洞穴起稳定作用，且稳定洞穴的能力远大于较小的客体分子。因此，天然气中少量的丙烷、丁烷或异丁烷一般生成Ⅱ型结构水合物。Holder 和 Angert[7] 通过甲烷、乙烷和丙烷混合条件下气体水合物生成实验发现，不同气体组成及温压均会使水合物结构类型发生转变，故很难准确判断某一混合体系下生成水合物的结构类型。当水笼子完全被客体分子填充时，主客体分子保持固定的比例关系（称为水合数），其中Ⅰ型水合物水合数为5.75，Ⅱ型为5.67，实际情况下客体分子仅填充于部分水笼子，填充率为0.9～1.0。

客体分子尺寸与水笼子大小的匹配关系如图2-3所示，其中，客体分子与水笼子直径比如表2-2所示[3,8]，由图2-3和表2-2可看出：

（1）直径小于3.5Å① 的气体分子（He，Ne等）无法支撑水笼子使其稳定，不能形成水合物；直径大于7.5Å的气体分子因受水笼子尺寸限制不能填充至任何水笼子内，也不能形成水合物。

（2）乙烷等气体分子只能填充至Ⅰ型结构的大笼子$5^{12}6^2$，而丙烷、异丁烷等只能填充至Ⅱ型结构的大笼子$5^{12}6^4$。

（3）甲烷、硫化氢、二氧化碳等组分能进入Ⅰ型结构的小笼子5^{12}及大笼子$5^{12}6^2$，因此这些气体形成的水合物结构常命名为$5^{12}+5^{12}6^2$。

（4）较小的氩、氪、氮和氧等单、双原子气体可充填至Ⅱ型结构的小笼子5^{12}及大笼子$5^{12}6^4$，形成结构为$5^{12}+5^{12}6^4$的水合物。

（5）气体分子填充至不同结构水笼子的不确定性、0.9～1.0间的填充率使水合物具有非化学计量型的特征。

表2-2 客体分子与水笼子直径比

客体分子		客体分子与水笼子直径比			
名称	直径/Å	Ⅰ型		Ⅱ型	
		5^{12}	$5^{12}6^2$	5^{12}	$5^{12}6^4$
Ne	2.97	0.604	0.516	0.606	0.459
Ar	3.8	0.772	0.660	0.775#	0.599#
Kr	4.0	0.813	0.694	0.816#	0.619#
N_2	4.1	0.833	0.712	0.836#	0.634#
O_2	4.2	0.853	0.729	0.856#	0.649#
CH_4	4.36	0.886	0.757	0.889	0.675
Xe	4.58	0.931	0.795	0.934	0.708
H_2S	4.58	0.931	0.795	0.934	0.708
CO_2	5.12	1.041	0.889	1.044	0.792
C_2H_6	5.5	1.118	0.955	1.122	0.851
C_3H_8	6.28	1.276	1.090	1.280	0.971#
i-C_4H_{10}	6.5	1.321	1.128	1.325	1.005#
n-C_4H_{10}	7.1	1.443	1.232	1.447	1.098

天然气是由H_2S、CH_4、CO_2、C_2H_6、C_3H_8、i-C_4H_{10}、n-C_4H_{10}等组成的混合气体，其含有形成Ⅰ型、Ⅱ型水合物结构的客体分子，但天然气一般只形成Ⅰ型和Ⅱ型中较为稳定

① 1Å=0.1nm。

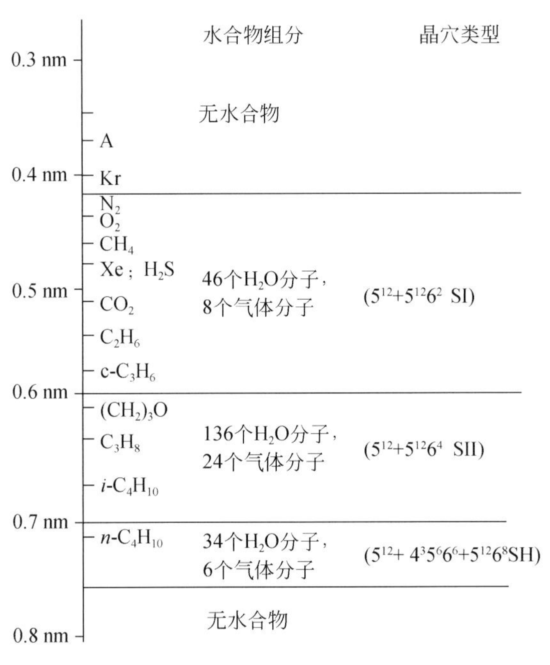

图 2-3　客体分子尺寸与水笼子大小的匹配关系

的水合物结构，且最大的分子成分将决定形成水合物的结构类型。

2.2　天然气水合物的生成

2.2.1　天然气水合物生成相平衡条件

气体水合物的热力学模型是以相平衡理论为基础的，一般常把气体、水、水合物三相共存时的温度和压力称为水合物热力学平衡条件，水合物生成的温压条件计算即求解水合物-气-水的三相平衡问题。

预测水合物生成温压条件的方法主要有经验图解法、相平衡常数法（Katz 法）和统计热力学法。其中，统计热力学法计算较准确但过程烦琐，该法为后续的水合物预测方法奠定了基础。1959 年 Van der Waals 和 Platteeuw[4]根据水合物晶格特点，结合 Langmuir 气体等温吸附理论推导出了 VdW-P 模型，该模型是统计热力学法的理论基础。之后 Parrish 和 Prausnitz[9]提出了 Langmuir 常数的计算公式，将 VdW-P 模型推广应用于多组分气体。Ng 和 Robinson[10]、Holder 和 Angert[7]分别修正了 Langmuir 常数，进一步提高了水合物相态的预测精度。

2.2.1.1　经验图解法

经验图解法是目前计算水合物相平衡条件最简单的方法。甲烷和不同相对密度天然气生成水合物的相平衡曲线如图 2-4 所示，曲线上方为水合物生成区域，曲线下方为水合物不稳定区域。可知压力越高、温度越低，水合物越容易生成，为方便计算，图中相平衡曲线被拟合成多项式如表 2-3 所示[11]。

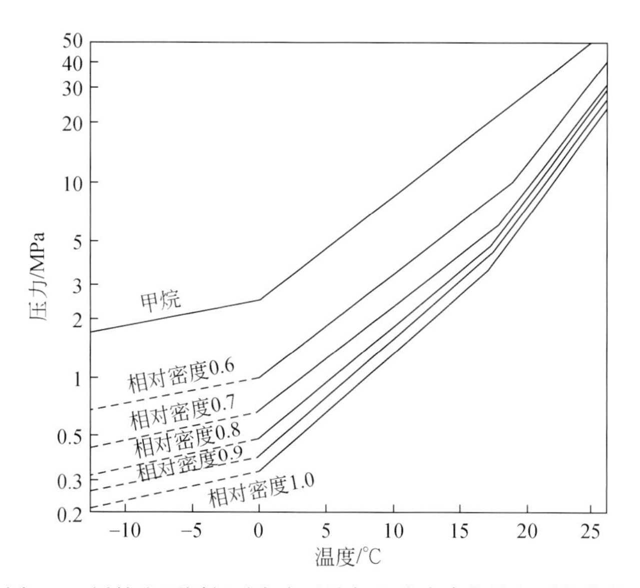

图 2-4　甲烷和不同相对密度天然气生成水合物的相平衡曲线

表 2-3　经验图解法相平衡曲线拟合式

相对密度	表达式
0.6	$P^* = 3.009796 + 5.284026 \times 10^{-2} T - 2.252739 \times 10^{-4} T^2 + 1.511213 \times 10^{-5} T^3$
0.7	$P^* = 2.814824 + 5.019608 \times 10^{-2} T - 3.722427 \times 10^{-4} T^2 + 3.781786 \times 10^{-6} T^3$
0.8	$P^* = 2.70442 + 5.82964 \times 10^{-2} T - 6.639789 \times 10^{-4} T^2 + 4.008056 \times 10^{-5} T^3$
0.9	$P^* = 2.613081 + 5.715702 \times 10^{-2} T - 1.871161 \times 10^{-4} T^2 + 1.93562 \times 10^{-5} T^3$
1	$P^* = 2.527849 + 0.0625 T - 5.781363 \times 10^{-4} T^2 + 3.069745 \times 10^{-5} T^3$

参考压力与气体压力间的关系如式（2-1）所示，已知天然气相对密度，某一压力下的水合物生成温度可从图 2-4 中查得，若天然气相对密度位于图 2-4 相对密度值之间，可用线性内插法确定水合物生成的温压条件。

$$P = 10^{-3} \times 10^{P^*} \tag{2-1}$$

式中，P 为气体压力，MPa；P^* 为参考压力，MPa；T 为气体温度，℃。

2.2.1.2　Chen-Guo 模型

Chen-Guo 模型[12]是基于双过程水合物生成动力学所建立的统计热力学模型。水合物生成的化学反应如式（2-2）所示，单组分气体在生成水合物时，体系中同时存在准化学平衡、气体分子的物理吸附平衡。应用化学平衡约束条件来描述该化学反应可得到式（2-3），气体分子的物理吸附会降低基础水合物的化学位，由统计热力学可导出基础水合物的化学位如式（2-4）所示，气体化学位如式（2-5）所示。

$$H_2O+\lambda_2 A \longrightarrow A_{\lambda_2}H_2O \tag{2-2}$$

$$\mu_B = \mu_W + \lambda_2 \mu_G \tag{2-3}$$

$$\mu_B = \mu_B^0 + \lambda_1 RT\ln(1-\theta) \tag{2-4}$$

$$\mu_G = \mu_G^0(T) + RT\ln f \tag{2-5}$$

式中，λ_2 为气体分子 A 的孔穴常数；μ_B 为基础水合物的化学位，J/mol；μ_W 为水的化学位，J/mol；μ_G 为气体的化学位，J/mol；μ_B^0 为纯基础水合物的化学位，J/mol；λ_1 为每个水分子所形成的连接孔数；θ 为被气体分子占据的连接孔分率,%；μ_G^0 为标准状态下气体化学位，J/mol；f 为气体逸度，MPa。

将式（2-4）和式（2-5）代入式（2-3）中可得

$$\mu_B^0 + \lambda_1 RT(1-\theta) = \mu_W + \lambda_2[\mu_G^0(T) + RT\ln f] \tag{2-6}$$

令 $f^0 = \exp\left[\frac{\mu_B^0 - \mu_W - \lambda_2 \mu_G^0(T)}{\lambda_2 RT}\right]$，式（2-6）可表示为

$$f = f^0(1-\theta)^a \tag{2-7}$$

式中，$a = \lambda_1/\lambda_2$，对Ⅰ型水合物 a 取 1/3，Ⅱ型水合物 a 取 2。

当 $\theta=0$ 时，上式变为式（2-8），因此，f^0 表示与纯基础水合物平衡时的气相逸度。

$$f = f^0 \tag{2-8}$$

据经典热力学有

$$\mu_B^0 = A_B^0 + PV_B^0 \tag{2-9}$$

$$\mu_W = A_W + PV_W + RT\ln a_W \tag{2-10}$$

则式（2-6）中 $\mu_B^0 - \mu_W$ 可表示为

$$\mu_B^0 - \mu_W = \Delta A + P\Delta V - RT\ln a_W \tag{2-11}$$

由于水和固体水合物的可压缩性很小，现假设压力小于 100MPa 时其 Helmholtz 自由能只与温度有关，摩尔体积为常量，则 $\Delta A = A_B^0 - A_W$ 也可认为仅是温度的函数，而 ΔV 为常数，于是式（2-8）可表示为

$$f^0 = f_T^0 f_p^0 f_{a_W}^0 \tag{2-12}$$

$$f_p^0 = \exp\left(\frac{\beta P}{T}\right) \tag{2-13}$$

$$f_{a_W}^0 = a_W^{\frac{-1}{\lambda_2}} \tag{2-14}$$

式中，$\beta = \frac{\Delta V}{\lambda_2 R}$，只与水合物的结构类型有关，Ⅰ型水合物 β 取 4.24K/MPa，Ⅱ型水合物 β 取 10.224K/MPa；a_W 为富水相中水的活度。

将 f_T^0 按 Antoine 方程形式关联成温度的函数：

$$f_T^0 = a\exp\left(\frac{b}{T-c}\right) \tag{2-15}$$

式中，a、b、c 为回归得到的系数，参见表 2-4。

表 2-4　a、b、c 系数值

气体	Ⅰ型水合物			Ⅱ型水合物		
	$a\times10^{-11}$/MPa	b/K	c/K	$a\times10^{-24}$/MPa	b/K	c/K
CH_4	1584.4	−6591.4	27.04	5.2602	−12955	4.08
C_2H_6	47.5	−5465.6	57.93	0.0399	−11491	30.4
C_3H_8	100	−5400	55.5	4.1023	−12312	30.2
i-C_4H_{10}	1.0	0	0	4.5138	−12850	37.0
n-C_4H_{10}	1.0	0	0	3.5907	−12312	39.0
H_2S	4434.2	−7540.6	31.88	3.2794	−13523	6.7
CO_2	963.72	−6444.5	36.67	3.4474	−12570	6.79

气体混合物组成的基础水合物可看作是几个基础水合物组成的固体溶液，相同结构的不同基础水合物的摩尔体积非常接近，因此基础水合物的混合物近似为正规溶液。若忽略水合物中不同气体分子间的相互作用，则水合物热力学模型为

$$\begin{cases} f_i = x_i f_i^0 \left(1 - \sum_j \theta_j\right)^a \\ \sum_j \theta_j = \dfrac{\sum_j f_j C_j}{1 + \sum_j f_j C_j} \\ \sum_i x_i = 1 \end{cases} \tag{2-16}$$

式中，f_i 为组分 i 的逸度，MPa；f_i^0 为纯基础水合物组分 i 的逸度，MPa；θ_j 为被气体组分 j 占据的连接孔分率；x_i 为由气体组分 i 形成的基础水合物在混合基础水合物中所占的摩尔分数。

2.2.1.3　VdW-P 模型

Van der Waals 和 Platteeuw[4] 根据水合物晶格特点，应用统计热力学处理方法，结合 Langmuir 气体等温吸附理论推导出 VdW–P 模型。水合物形成体系中气、液、固三相平衡的热力学模型描述了水合物相和富水相两部分，通常采用水作为参考组分，引进水在水合物相（β 相）中的化学位 μ_β 作为参考态，因此水合物相平衡时有

$$\Delta\mu_H = \mu_\beta - \mu_H = RT\sum_{i=1}^{2} \nu_i \ln\left(1 - \sum_{j=1}^{N_C} \theta_{ij}\right) \tag{2-17}$$

$$\theta_{ij} = \frac{C_{ij} f_j}{1 + \sum_{j=1}^{N_C} C_{ij} f_j} \tag{2-18}$$

$$C_{ij} = \frac{A_{ij}}{T}\exp\left(\frac{B_{ij}}{T}\right) \tag{2-19}$$

式中，T 为体系温度，℃；ν_i 为水合物相中单位水分子中 i 型孔穴数目；θ_{ij} 为 j 组分在 i 型孔穴中占有的百分率，可由式（2-18）求解；C_{ij} 为 j 组分在 i 型孔穴中的 Langmuir 常数，可

由式（2-19）求解；f_j 为 j 组分在平衡各相中的逸度，MPa；N_C 为混合物中可以生成水合物的组分数目；A_{ij}、B_{ij} 均为实验拟合参数。

当气体水合物和非气体水合物处于平衡时有：

$$\mu_w + RT\sum_{i=1}^{2}\nu_i \ln\left(1 - \sum_{j=1}^{N_C}\theta_{ij}\right) = \mu_w^0 + RT\ln(f_w/f_w^0) \tag{2-20}$$

式中，μ_w 为水在富水相中的化学位，J/mol；f_w 为水在富水相中的逸度，MPa；μ_w^0 为纯水在参考状态 T 和 P 下的化学位，J/mol；f_w^0 为纯水在参考状态 T 和 P 下的逸度，MPa。

另外，水的化学位差还可表示为

$$\frac{\mu_w - \mu_w^0}{RT} = \frac{\Delta\mu_0}{RT_0} - \int_{T_0}^{T}\frac{\Delta H_0 + \Delta C_P(T - T_0)}{RT^2}dT + \int_{P_0}^{P}\frac{\Delta V}{RT}dP \tag{2-21}$$

由式（2-20）、式（2-21）可得到水合物相平衡条件为

$$\frac{\Delta\mu_0}{RT_0} - \int_{T_0}^{T}\frac{\Delta H_0 + \Delta C_P(T - T_0)}{RT^2}dT + \int_{P_0}^{P}\frac{\Delta V}{RT}dP = \ln(f_w/f_w^0) - \sum_{i=1}^{2}\nu_i\ln\left(1 - \sum_{j=1}^{N_C}\theta_{ij}\right) \tag{2-22}$$

式中，$\Delta\mu_0$ 为标准状态下空水合物晶格和纯水中水的化学位差，J/mol；T_0、P_0 分别为标准状态下的温度和压力，$T_0 = 273.15\text{K}$，$P_0 = 0\text{MPa}$；ΔH_0、ΔV、ΔC_p 分别为空水合物晶格和纯水的比焓差（J/mol）、比容差（m^3/kg）和比热容差［J/(kg·K)］；$\ln(f_w/f_w^0) = \ln x_w$，若加入抑制剂，$\ln(f_w/f_w^0) = \ln(y_w x_w)$；$x_w$、$y_w$ 分别为富水相中水的摩尔分数和活度系数。

已知压力求解水合物相平衡温度的过程如下：

（1）输入基础数据和假设某压力条件下的水合物生成相平衡温度；

（2）根据气相组分运用 PR 方程计算气相逸度；

（3）确定水合物的类型，计算常数 θ_{ij} 及 C_{ij}；

（4）迭代求解水合物相平衡温度。

已知温度求解相平衡压力的求解方法与上述步骤相同，得到相平衡温度与压力后即可判断一定温压及气液相条件下是否有固相水合物生成。

2.2.2 水合物生成动力学

水合物生成动力学影响着井筒/管线流动障碍的形成过程，通常认为水合物生成速率主要受本征动力学、传热和传质三种机制的控制，基于三种控制机制，诸多学者建立了本征动力学模型、传热受限模型和传质受限模型等水合物生成速率模型。

2.2.2.1 本征动力学模型

本征动力学模型认为控制水合物生长的主要因素是“反应物”本身，气体组分、水的矿化度、抑制剂组分等因素是水合物生长过程中的本征动力学条件。目前较为认可的本征动力学模型为 Vysniauskas-Bishnoi 模型[13]，该模型认为水合物生成的驱动力主要来自气体的逸度差，并认为水合物生成要经历以下三个步骤。

（1）最初的成簇反应：

$$M+H_2O+(H_2O)_{y-1} \rightleftharpoons M \cdot (H_2O)_y \tag{2-23}$$

（2）临界尺寸（水合物晶核）的形成：

$$M+H_2O+M(H_2O)_x \rightleftharpoons M \cdot (H_2O)_c \tag{2-24}$$

（3）晶体生长：

$$M+H_2O+M(H_2O)_m \rightleftharpoons M \cdot (H_2O)_n \tag{2-25}$$

晶核生成时间依赖临界尺寸簇的生成概率，此概率又是水分子结构重整动力学、临界尺寸簇形成所需最小能量的函数，因此诱导时间显著依赖过冷度和其他动力学参数。

根据上述水合物生成机理，Vysniauskas 和 Bishnoi[13] 提出以甲烷气体消耗速率来表示水合物生成速率，水合物生成速率方程是由水单体浓度、晶核浓度、甲烷分子浓度和气液界面面积所决定的半经验方程，如式（2-26）所示。

$$r_H = Aa_s\exp\left(-\frac{\Delta E_a}{RT}\right)\exp\left(-\frac{a}{\Delta T^b}\right)P^\gamma \tag{2-26}$$

式中，r_H 为甲烷消耗速率，cm^3/min；A 为综合预指数常数，$cm^3/(cm^2 \cdot min \cdot bar^\gamma)$，一般取 $4.554\times10^{-26}cm^3/(cm^2 \cdot min \cdot bar^\gamma)$；$\Delta E_a$ 为活化能，kJ/mol，取 106.204kJ/mol；R 为气体常数，$J/(mol \cdot K)$，取 $8.314J/(mol \cdot K)$；T 为温度，K；P 为压力，kPa；ΔT 为过冷度，K，为水合物平衡温度和系统温度的差值；a，b，γ 均为实验常数，$a=0.0778K^b$，$b=2.411$，$\gamma=2.986$；a_s 为气液交界面的面积，cm^2。

Englezos 等[14] 在 Vysniauskas-Bishnoi 模型基础上，基于结晶学和双膜理论建立了纯甲烷、纯乙烷及甲烷/乙烷混合体系下的水合物生长动力学模型，但该模型假设水合物生长速率一直不变，这与实际情况不符，并且模型实验是在恒压静置反应器中进行，因此模型对流动情况下水合物生长的描述有较大局限性。Turner 等[15] 通过引入两个本征动力学参数，在 Vysniauskas-Bishnoi 模型基础上提出了简化的水合物生成动力学模型，模型认为过冷度是水合物生成的驱动力，但该模型在描述分散水滴水合物生成速率时需引入一个经验调节参数。

2.2.2.2 传热受限模型

水合物生成伴随有热量释放，这部分热量能否及时散失对水合物生长具有显著影响，传热受限模型认为传热过程是制约水合物生长的主要因素。Uchida 等[16] 通过研究水合物生成期间热释放速率与热散失速率间的平衡关系，建立传热受限型水合物生长模型如式（2-27）所示，该模型简化了水合物层表面温度梯度，并认为水合物生长速率与驱动力呈线性关系。

$$\frac{v_f}{\lambda} = \frac{1}{(L\rho_h r_c)}\Delta T \tag{2-27}$$

式中，L 为水合物生成潜热，J/mol；r_c 为水合物表面的曲率半径，m；ΔT 为系统温度的驱动力，K；v_f 为水合物的生长速率，m/s；λ 为水合物壳体周围环境的导热系数，$W/(m \cdot K)$；ρ_h 为水合物的物质的量浓度，mol/m^3。

Mori[17] 引入经验努塞尔数将水合物生长速率与温度驱动力描述为幂指数关系，在上述传热受限模型基础上建立了简化的对流传热模型，如式（2-28）所示。该模型认为气体水合物生长过程由水合物结晶表面的传热控制，当热量不能及时散失时水合物生长受到抑制。

$$v_f\delta = C\Delta T^{\frac{3}{2}} \tag{2-28}$$

$$C = \left[\frac{\pi A}{4}\frac{1}{\rho_h \Delta h_h}\left[\rho_w c_{p,w} k_w^{\frac{2}{3}} + \rho_g c_{p,g} k_g^{\frac{2}{3}}\right]\right] \tag{2-29}$$

式中，v_f为水合物生长速率，m/s；δ为水合物厚度，m；ΔT为过冷度，K；C为参数，$m^2/(K^{\frac{2}{3}}\cdot s)$，可由式（2-29）计算；$A$为无因次参数；$\Delta h_h$为水合物生成潜热，J/kg；$c_{p,w}$、$c_{p,g}$分别为水、客体的热容，J/（kg·K）；$\rho_h$、$\rho_w$、$\rho_g$分别为水合物、水、客体的密度，$kg/m^3$；$k_w$、$k_g$分别为水、客体的热扩散系数，$m^2/s$。

Mochizuki 和 Mori[18]使用综合边界层体系（平直边界层和半球形边界层）对水合物生成过程中的壳体传热过程进行研究，建立水合物生长模型如式（2-30）、式（2-31）所示，该模型认为水合物层均匀地向空间中多向扩散生长。

$$\rho_h\delta\Delta h_h v_f = \int_0^{\delta}\left(\lambda_h \left.\frac{\partial T}{\partial x}\right|_{x=x_h^-} - \lambda_w \left.\frac{\partial T}{\partial x}\right|_{x=x_h^+}\right)dy \tag{2-30}$$

$$\rho_h\delta\Delta h_h v_f = \int_{-\frac{\pi}{2}}^{\frac{\pi}{2}}\left(\lambda_h \left.\frac{\partial T}{\partial r}\right|_{r=r_h^-} - \lambda_w \left.\frac{\partial T}{\partial r}\right|_{r=r_h^+}\right)dy \tag{2-31}$$

式中，ρ_h为水合物密度，kg/m^3；δ为水合物层厚度，m；Δh_h为水合物生成潜热，J/kg；v_f为水合物沿着水和客体边界的生长速率，m/s；r_h为初始时刻已形成水合物壳的边界层半径，m；x_h为初始时刻已形成水合物层厚度为δ时在x方向上的位置，m；T为温度，K；λ_h、λ_w分别为水合物和水的热传导系数，W/（m·K）；“+”表示水合物/水边界靠近水合物一侧；“-”表示水合物/水边界靠近水一侧。

2.2.2.3 传质受限模型

传质受限模型认为气体分子向水合物生成界面的扩散决定水合物生成速率。Skovborg 和 Rasmussen[19]通过简化水合物动力学模型，依据水合物生成界面的气液相平衡、固液相平衡，提出受传质过程控制的水合物生长模型如下：

$$\frac{dn}{dt} = k_L A_{(g-l)} c_{w0} x_b x_{int} \tag{2-32}$$

式中，$A_{(g-l)}$为气液相界面面积，m^2；c_{w0}为水分子初始浓度，mol/m^3；k_L为液层质量传递系数，m/s；n为水合物生长所消耗气体分子的物质的量，mol；t为时间，s；x_{int}为实验条件下界面气液相平衡时气体的摩尔分数；x_b为实验条件下液相中固液相平衡时气体的摩尔分数。

Yapa 等[20]提出了气泡表面生成水合物的传质生长模型，该模型认为天然气的浓度梯度促使气体分子不断向水合物生成表面传输，水合物从而不断生成：

$$\frac{d}{dr}\left(r^2\frac{dC}{dr}\right) = 0,\ r_b \leqslant r \leqslant r_h \tag{2-33}$$

$$C(r_b) = C_0 \tag{2-34}$$

$$C(r_h) = C_i \tag{2-35}$$

$$-D_{g}4\pi r_{h}^{2}\psi_{s}\left.\frac{dC}{dr}\right|_{r=r_{h}}=\frac{dn}{dt} \tag{2-36}$$

式中，C 为单位体积水合物壳体中天然气的物质的量浓度，mol/m^3；C_0 为固气界面处的 C 值，mol/m^3；C_i 为 C 随水合物生长而变化的值，mol/m^3；D_g 为有效扩散系数，m/s^2；n 为消耗的天然气物质的量，mol；r 为天然气气泡的径向距离，m；r_b 为天然气气泡半径，m；r_h 为水合物壳半径，m；t 为时间，s；ψ_s 为非球形天然气气泡的不规则维度系数。

Mori[17]将水合物层当作具有许多微小孔隙的薄板，并将这些微孔简化成弯曲毛细管，建立水合物生长传质模型如式（2-37）所示，该模型考虑了水合物层厚度、水合物层内部形态及质量传递系数等参数的影响。

$$\frac{\delta\tau^{2}}{r_{c}\varepsilon}=\frac{\sigma\cos\theta}{4u_{w(g)}Nk_{gw}}\frac{1-(1+n)x_{gs}}{x_{gs}-x_{g\infty}} \tag{2-37}$$

式中，k_{gw} 为水合物层水相一侧客体分子的传质系数，m/s；N 为水合数；r_c 为毛细管管径，m；x_{gs} 为水相中客体分子的溶解度，mol/m^3；$x_{g\infty}$ 为水合物层厚度趋近无穷时水相中客体分子的溶解度；δ 为水合物厚度，m；ε 为水合物层空隙率；θ 为水和客体分子界面接触角，rad；$u_{w(g)}$ 为饱和客体分子的水的动力学黏度，Pa · s；σ 为水和客体分子的界面张力，N/m；τ 为毛细管曲率。

2.2.3 含自由水气相中水合物生成及速率

根据天然气水合物生成动力学、深水气井井筒/管线多相流动及传热特征可明晰水合物的生成速率。气井流动管路含有少量自由水时管路中往往呈环雾流，该流型下气相液滴和管壁液膜处均会生成水合物，其中气相液滴水合物由液滴表面逐渐向内生长，直至整个液滴完全转化为水合物颗粒。基于上述原理，王志远等[21-23]建立了含自由水气相的水合物生成模型，气相液滴和管壁液膜处水合物生成机理如图 2-5 和图 2-6 所示。

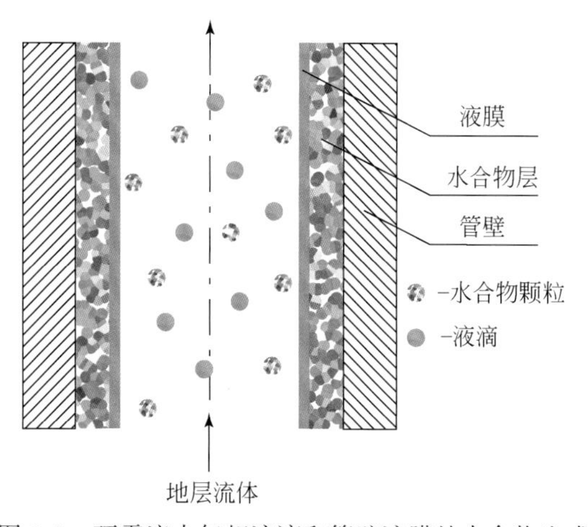

图 2-5 环雾流中气相液滴和管壁液膜处水合物生成

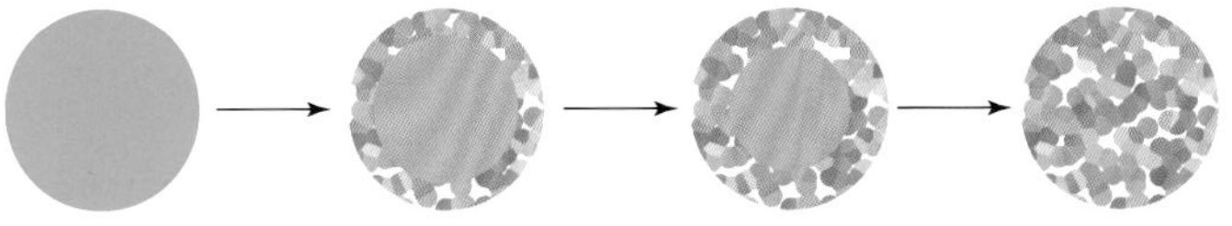

液滴/气泡 → 水合物薄膜 → 水合物膜增厚 → 水合物颗粒

图 2-6 气相液滴水合物颗粒生成过程

低流速下系统自由水主要以液膜形式存在于管壁上，少量自由水以液滴形式存在于气相中；高流速下管壁液膜在气体拖曳力作用下沿管壁运动，之后液膜在气体剪切力作用下发生雾化变成液滴[24]。液滴夹带率 E 是液膜雾化变成液滴且达到稳定状态的结果，它代表气相液滴含量的多少，定义为气相液滴质量流量与总液体质量流量的比值，可由 Pan 和 Hanratty[25] 提出的半经验公式求得

$$\frac{E}{E_m - E} = A_1 \frac{DU_g^2(\rho_g \rho_l)^{\frac{1}{2}}}{\sigma} \tag{2-38}$$

$$E_m = 1 - \frac{W_{lfc}}{W_l} \tag{2-39}$$

$$W_{lfc} = \pi D \Gamma_c \tag{2-40}$$

其中：

$$\Gamma_c = \frac{Re\,\mu_l}{4} \tag{2-41}$$

$$Re = 7.3(\log_{10}\omega)^3 + 44.2(\log_{10}\omega)^2 - 263(\log_{10}\omega) + 439 \tag{2-42}$$

$$\omega = \frac{\mu_l}{\mu_g}\sqrt{\frac{\rho_g}{\rho_l}} \tag{2-43}$$

式中，σ 为表面张力，mN/m；ρ_g 为气体密度，kg/m^3；ρ_l 为液体密度，kg/m^3；D 为管内径，m；U_g 为气体流速，m/s；E_m 为气相液滴的最大夹带率，无因次，可由式（2-39）求得；W_{lfc} 为管壁液膜雾化的临界液膜流量，kg/s，临界液膜流量主要受液膜流体性质和流速的影响，可由 Andreussi 等[26]、Pan 和 Hanratty[25] 提出的改进公式［式（2-40）］计算；W_l 为液体流量，kg/s；Γ_c 为单位长度的临界液膜流量，kg/s；Re 为雷诺数。

Pan 和 Hanratty 通过环路实验得到低压下 A_1 值为 8.8×10^{-5}，Lorenzo 等[27] 及 Mantilla 等[28] 通过拟合高压环路中不同流速下的液滴夹带率数据得到 A_1 值为 3.6×10^{-5}。

环雾流中自由水以管壁液膜和气相液滴两种形式存在，其中管壁液膜仅有表面自由水与气相接触，而气相液滴与气体接触更加充分，因此液滴水合物生成速率大于液膜水合物生成速率[21]。Aman 等[29] 发现在管内径为 20.3mm、长度为 40m、液体流量为 1.98L/min、气体流量为 162L/min 条件下，管路液滴总表面积是管壁液膜总表面积的 4.75 倍，可认为液滴水合物生成速率是管壁液膜水合物生成速率的 4.75 倍。环雾流条件下气液接触面积包括气相液滴和管壁液膜两部分自由水与气体接触的表面积，对单个控制体中的气液接触面积可表示如下[30]：

$$A_s = A_d + A_f \tag{2-44}$$

$$A_d = \frac{3\pi}{2} \cdot \frac{EQ_l}{SQ_g} \cdot \frac{D^2 \cdot dl}{d_{32}} \tag{2-45}$$

$$A_f = \pi (D - 2h) \mathrm{d}l \tag{2-46}$$

式中，A_d为气相液滴的表面积，m^2；A_f为管壁液膜的表面积，m^2；D 为管内径，m；h 为管壁液膜厚度，m；E 为液滴夹带率；S 为液滴速度与气体速度之比；Q_g 和 Q_l 分别为气体和液体的体积流量，m^3/s；d_{32}为夹带液滴的平均直径，m。

气体流速越大，气相液滴的总表面积越大，Aman 等[29]发现气体流速分别为 4.6m/s 和 8.7m/s 时的气相液滴夹带率分别为 5% 和 22%，液滴大小分别为 54μm 和 20μm，导致两者液滴总表面积相差八倍之多。长度为 dl 的控制体中夹带液滴表面积可由 Aman 等[29]提出的式（2-45）计算，可知气相液滴表面积受液滴数量和液滴尺寸的影响，管壁液膜表面积可由式（2-46）计算[27]，可知管壁液膜表面积主要受管内径和液膜厚度影响。

目前国际上公认的水合物生成速率计算模型主要有 Turner 等[31]建立的动力学模型及 Skovborg 和 Rasmussen[19]建立的传质受限模型。Lorenzo 等[27]对比动力学模型、传质受限模型计算结果与实验结果发现，环雾流中动力学模型计算结果与实验结果更加吻合，动力学模型中水合物生成速率可由水合物生成时的气体消耗速率表示：

$$R_g = \frac{1}{M_g} u K_1 \exp\left(\frac{K_2}{T_s}\right) A_s T_{sub} \tag{2-47}$$

式中，M_g为平均气体摩尔质量，g/mol；u 为表征传质传热强度的系数，无因次，在以油相为主的系统中取 1/500，以气相为主的系统中取 0.5[27]；K_1、K_2为动力学参数，K_1取 2.608×10^{16}kg·K/(m^2·s)，K_2取−13600K；T_s为系统温度，K；T_{sub}为热力学过冷度，K。

水合物生成期间气相液滴、管壁液膜中自由水被消耗，液体流量逐渐减小，气相液滴夹带率随之减小，气相液滴和管壁液膜的含量分布将发生变化，从而影响水合物生成速率、沉积速率及管壁水合物层厚度的最终分布，水合物层厚度的变化也将反作用于液滴、液膜中的水合物生成。因此，自由水消耗量的计算对水合物生成、沉积速率及有效管内径变化的分析至关重要。

井筒/管线中不同时间、不同位置处的水合物生成速率不同，即系统中不同时空的自由水消耗量不同，一般将井筒/管线划分为多个单元控制体来逐步计算自由水消耗量，单元控制体示意图如图 2-7 所示[32]。假设单元控制体内温压分布均匀，dt 时间单元控制体中自由水消耗量可表示为式（2-48），根据水合物生成前后的质量守恒，dt 时间单元控制体中自由水消耗后的液体流量变化可表示为式（2-49）[24, 33]。

$$\mathrm{d}m_{l,j}^{i} = \mathrm{d}m_{le,j}^{i} + \mathrm{d}m_{lf,j}^{i} \tag{2-48}$$

$$W_{l,j+1}^{i+1} = W_{l,j}^{i} - \frac{\mathrm{d}m_{l,j}^{i}}{\mathrm{d}t} \tag{2-49}$$

式中，m_l为单元控制体中总的自由水消耗量，kg；m_{le}为气相液滴的自由水消耗量，kg；m_{lf}为管壁液膜的自由水消耗量，kg；W_l 为液体流量，kg/s；下标 j 表示井筒/管线中单元控制体数量；上标 i 表示时间，s。

2.2.4 无自由水气相中水合物生成及速率

为防止自由水生成水合物或腐蚀管道，天然气进入深水集输管线前往往经过脱水处

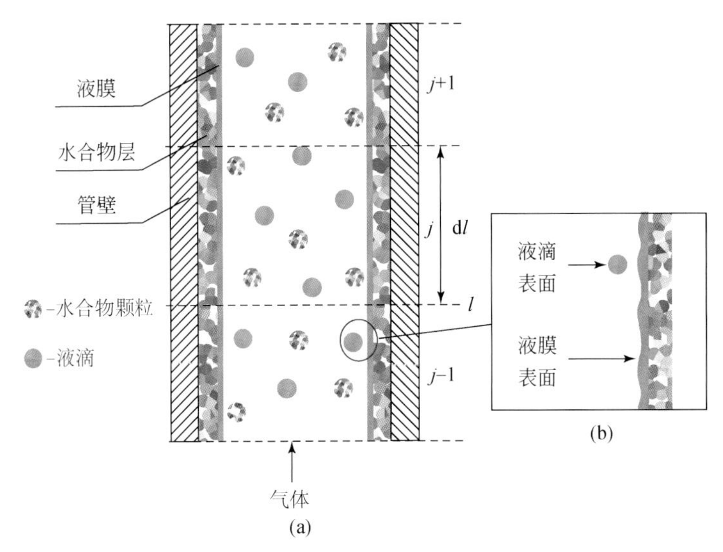

图 2-7 伴随水合物生成和沉积的气-液-固三相流动

理，但处理后的饱和气单相流仍存在部分水蒸气及微小不溶颗粒，这部分颗粒主要来源于钻井中泥浆和岩屑、地层压裂使用的陶粒砂、天然气储层内的岩屑、灰尘、水和轻烃的混合硬块等。一方面，管内流体与低温海水不断进行热交换，当流体温度低于天然气水露点时饱和气将在悬浮颗粒上冷凝成核形成小液滴。另一方面，输气管壁温度接近低温海水，管壁附近流体的饱和含水量远低于主流气核区，此时流体在饱和度浓度差作用下将在管壁冷凝析出自由水。当系统温压满足水合物平衡相态后，气核冷凝液滴及管壁冷凝液膜将迅速生成水合物，如图 2-8 所示。基于上述原理，王志远等[34]建立了无自由水气相中水合物生成模型。

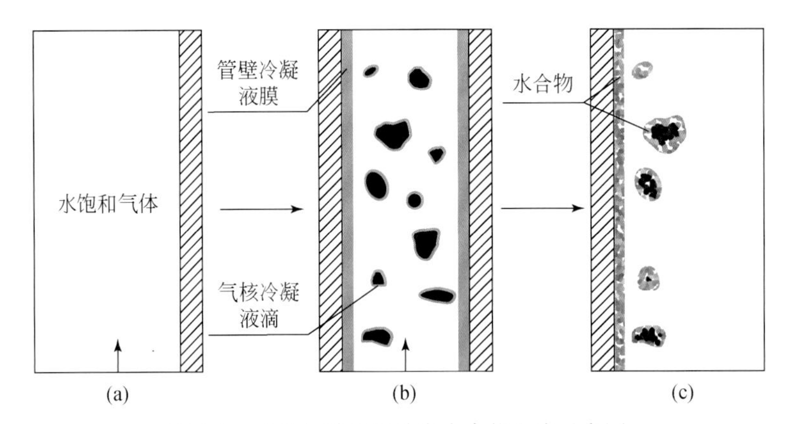

图 2-8 饱和气单相流动中水合物生成示意图

（a）饱和气单相流动；（b）悬浮颗粒、管壁析出冷凝水；（c）管壁冷凝液膜、气核冷凝液滴生成水合物

2.2.4.1 管壁液膜冷凝水合物生成机理

1）管壁液膜冷凝机理

管壁液膜冷凝机理及液膜分布规律是研究深水输气管线水合物生成、沉积机理的基

础。传统理论认为水蒸气与冷管壁面发生接触时，当温度低于系统压力所对应饱和温度时将会出现冷凝现象，通常壁面冷凝过程分为液膜破裂、凝结成核两种方式。Jakob[35]认为蒸汽在冷壁面首先形成一层薄膜，随蒸汽分子不断向液膜扩散，液膜逐渐增厚达到临界厚度后发生破裂，破裂后液膜在表面张力作用下收缩成多个小液滴。Majumdar 和 Mezic[36]、Haraguchi 等[37]实验观察到冷壁面蒸汽凝结时液滴间表面存在一层薄液膜；Tammann 和 Boehme[38]首次提出管壁液滴凝结成核假说，认为管壁各处冷凝过程的活化程度存在差异，气体分子在活性较高的位置最先凝结成核，随后气体分子向冷凝液核表面扩散逐渐生长为初始液滴，小液滴不断生长相互接触后发生合并或铺展。

深水环境中管内流体与环境温差大，管壁面附近存在沿径向剧烈变化的温度热边界层。主流气核区中过饱和蒸汽扩散至冷壁面附近时，在流体饱和含水量差值驱动下液态水在壁面冷凝析出直至达到饱和状态。温度热边界层之外的气核区域其径向温度变化并不大，但轴向温差变化明显，饱和气将在微小不溶颗粒表面凝结成小液滴。因此，自由水主要来源于管壁液膜和气相小液滴，如图 2-9 所示[34]。注意图中液膜、液滴仅为了加强对管壁冷凝水的解释，实际生产中水合物生成速率远大于自由水冷凝速率，二者很难观察到。

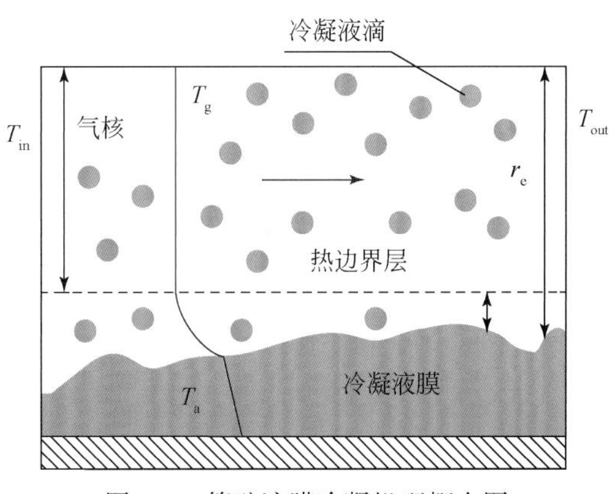

图 2-9　管壁液膜冷凝机理概念图

深水系统中液相含量主要受不同工况下天然气饱和含水量限制，目前常用的 Mcketta-Wehe 天然气饱和含水量模型如式（2-50）所示，其中，a_1、a_2、a_3间的函数系数如表 2-5 所示。

表 2-5　a_1、a_2、a_3 函数系数表

压力/MPa	a_1	a_2	a_3
0.1	-30.0672	0.1634	-0.00017
0.2	-27.5786	0.1435	-0.00014
0.3	-27.8357	0.1425	-0.00014
0.4	-27.3193	0.1383	-0.00014
0.5	-26.2146	0.1309	-0.00013
0.6	-25.7488	0.1261	-0.00012
0.8	-27.2133	0.1334	-0.00013

续表

压力/MPa	a_1	a_2	a_3
1	−26.2406	0.1268	−0.00012
1.5	−26.129	0.1237	−0.00012
2	−24.5786	0.1133	−0.0001
3	−24.7653	0.1128	−0.0001
4	−24.7175	0.112	−0.0001
5	−26.8976	0.1232	−0.00012
6	−25.1163	0.1128	−0.0001
8	−26.0341	0.1172	−0.00011
10	−25.4407	0.1133	−0.0001
15	−22.6263	0.0973	−8.4E-05
20	−22.1364	0.0946	−8.2E-05
30	−20.4434	0.0851	−7E-05
40	−21.1259	0.0881	−7.5E-05
50	−20.2527	0.0834	−6.9E-05
60	−19.1174	0.0773	−6.2E-05
70	−20.5002	0.0845	−7.1E-05
100	−20.4974	0.0838	−7E-05

给定温压下，计算相同温度、相邻压力条件下的含水量值 W_{i-1}、W_i，然后差值计算该温压条件下的天然气饱和含水量 W，最后对其进行天然气相对密度校正，算法流程如图 2-10 所示。

$$W=\alpha W_0 \tag{2-50}$$

$$W_0=e^{a_1+a_2T+a_3T^2} \tag{2-51}$$

$$\alpha=0.001T+0.369673d-0.00142Td+0.74217 \tag{2-52}$$

式中，W 为天然气饱和含水量，kg/m^3；W_0 为相对密度 0.6 时的天然气饱和含水量，kg/m^3，可由式（2-51）计算；α 为天然气相对密度修正系数，可由式（2-52）计算；T 为绝对温度，K；d 为天然气的相对密度。

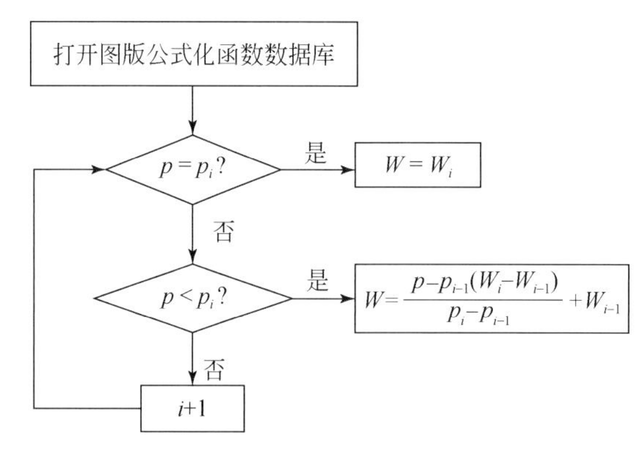

图 2-10　管壁自由水冷凝计算流程图

通过气核位置天然气的饱和含水量与低温管壁位置天然气含水量的差值来表征管壁冷凝水量，注意管壁水合物层也可充当冷壁面，液态水在其表面继续冷凝析出，因此有

$$\Delta W_f = W_B - W_p \tag{2-53}$$

式中，W_B为气核位置流体温压下天然气的饱和含水量，kg/m^3；W_p为管壁和水合物沉积层表面温压下天然气的饱和含水量，kg/m^3。

2）冷凝液膜处水合物生成

气相充足的深水管线内，天然气分子通过扩散传质不断向低温管壁冷凝液膜表面扩散，并与水结晶形成水合物，随后流体内水分子和气体分子继续向水合物层表面扩散传质，并在其表面生成新的水合物层，深水管线内水合物生成机理如图 2-11 所示[34]。

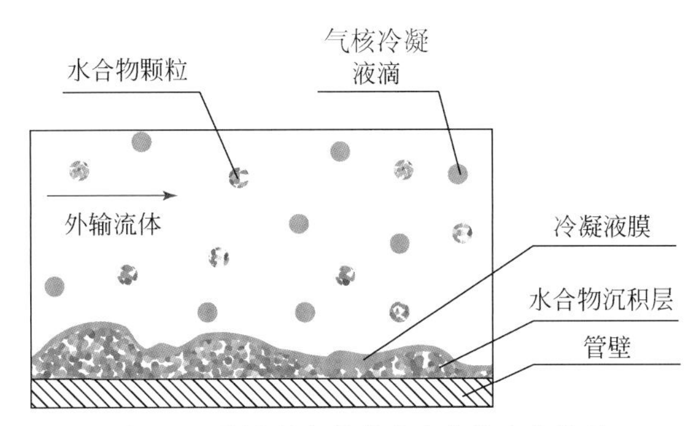

图 2-11　深水输气管线内水合物生成机理

深水管线内液相分布和含量是确定水合物生成速率的关键，气相充足的深水管线系统中自由水是限制水合物生成量的主要因素，可以自由水消耗量来表征管壁冷凝液膜处的水合物生成速率，即

$$\frac{dm_{ld}}{dt} = \alpha_2 2\pi r_i h_m \Delta W_f ds \tag{2-54}$$

式中，dm_{ld}为输气管线系统内冷壁面附近液膜处水合物生成量，kg；h_m为传质系数，m/s，可由式（2-56）计算；ΔW_f为管壁冷凝水量，kg；r_i为水合物沉积管线的有效流动半径，m；α_2为水合物相对分子质量与水合物分子内水分子摩尔质量的比值，取值 1.15。

为确定低温管壁附近流体的饱和含水量，基于控制单元内能量守恒，i 时刻管壁面位置的温度 T_i计算为

$$2\pi r_i h_B (T_B - T_i) = \frac{2\pi k_h (T_i - T_e)}{\ln(r_{ti}/r_i)} - 2\pi r_i h_m \Delta W_f \Delta H_f \tag{2-55}$$

$$Sh = 0.023\, Re^{4/5} Sc^{1/3} = \frac{h_m D}{D_{WC}} \tag{2-56}$$

$$D_{WC} = \frac{7.4\times10^{-8} (\varphi_C M_C)^{1/2} T}{\mu_C \nu_W^{0.6}} \times 10^{-4} \tag{2-57}$$

式中，ΔH_f为水合物生成焓，J/kg；T_i 为 i 时刻管壁面位置的温度，℃；T_e 为环境温度，℃；T_B为流体温度，℃；k_h为水合物导热系数，W/(m·K)；r_i为水合物沉积的管线有效流动半径，m；r_{ti}为深水输气管线初始内径，m，管径分布如图 2-12 所示；Sh为舍伍德数；Sc 为

施密特数；Re 为雷诺数；D 为管内径，m；D_{WC} 为水分子传质扩散系数，m^2/s，可由式（2-57）计算；φ_C 为水分子扩散过程中的有效分子量，g；M_C 为系统内流体摩尔质量，g/mol；μ_C 为系统内流体的黏度，mPa·s；v_W 为水的摩尔体积，cm^3/mol。

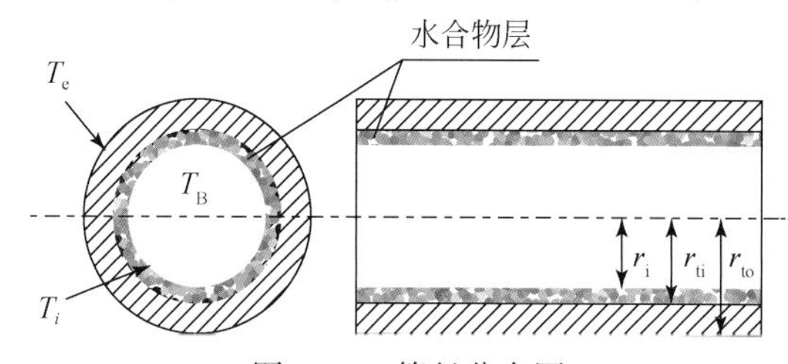

图 2-12　管径分布图

2.2.4.2　气核冷凝液滴水合物生成机理

1）气核液滴的非均相核化

非均相核化理论已广泛应用于空气治理及工业生产等方面，如气象部门向高空撒干冰、盐粉等充当凝结核进行人工降雨、利用非均相冷凝原理去除工业废气颗粒等。纯蒸气体系中蒸气分子相互碰撞黏附形成微小团簇，微小团簇继续碰撞跨越临界半径后将进行均相核化，然而在悬浮微小不溶颗粒系统中，水蒸气超过临界饱和值后蒸气分子首先在颗粒表面聚集并发生非均相核化。Fletcher 于 1958 年首次提出过饱和蒸气在均匀微小不溶球形颗粒表面冷凝的非均相核化理论，发现颗粒半径是影响液滴冷凝成核速率的主要因素。之后相关学者[39, 40]验证了水蒸气在微小不溶颗粒表面冷凝的现象，并对不溶颗粒粒径、可溶组分物理化学性质对核化速率的影响关系进行了分析。微小不溶颗粒表面冷凝的非均相核化理论给气相为主管线系统内悬浮颗粒表面冷凝成核现象提供了理论支撑。

微小不溶颗粒直径、表面性质对颗粒表面的非均相核化现象影响较大，假设系统温压分布达到液相冷凝条件后液态水将在颗粒表面冷凝析出，并以控制单元入口与出口饱和含水量的差值来表征冷凝液相总量，如式（2-58）所示，控制单元内冷凝液相总量与管壁液膜冷凝液量的差值即为气核冷凝液滴的量，如式（2-59）所示[34]。

$$\Delta W_T = W_{in} - W_{out} \tag{2-58}$$

$$\Delta W_d = \Delta W_T - \Delta W_f \tag{2-59}$$

式中，ΔW_T 为控制单元内冷凝液相总量，kg/m^3；W_{in} 为控制单元入口温压条件下的天然气饱和含水量，kg/m^3；W_{out} 为控制单元出口温压条件下的天然气饱和含水量，kg/m^3；ΔW_f 为控制单元内管壁液膜冷凝液量，kg/m^3；ΔW_d 为控制单元内气核冷凝液滴的量，kg/m^3。

2）气核液滴水合物生成

一定温压条件下天然气分子不断向气核冷凝液滴表面扩散并在接触面形成一层水合物壳，水合物壳逐渐向内生长直至变成完整的水合物颗粒。无自由水条件下冷凝水分子与天然气分子间扩散强烈，水合物生成速率（10^{-10}kg/s）远大于液态水冷凝速率（10^{-13}kg/s），故常忽略液态水冷凝速率对水合物生成速率的影响。假设气核液滴为球形，液滴粒径采用平均液滴粒径，其中液滴粒径受液滴表面张力、气液相表观流速、气液相含量等因素的控制，构建的水合物生成速率计算模型如式（2-60）所示。

$$\frac{\mathrm{d}m_{\mathrm{gf}}}{\mathrm{d}t}=\mu_{\mathrm{f}}A_{\mathrm{s}}K_1M_{\mathrm{h}}\exp\left(-\frac{K_2}{T_{\mathrm{B}}}\right)(\Delta T_{\mathrm{sub}}) \tag{2-60}$$

$$\Delta T_{\mathrm{sub}}=T_{\mathrm{h}}-T_0 \tag{2-61}$$

$$t=10^{2.1\cdot(\Delta T_{\mathrm{sub}}-13.49)^{-0.0225}} \tag{2-62}$$

式中，$\mathrm{d}m_{\mathrm{gf}}$为单位时间控制单元内的水合物颗粒生成量，kg；$K_1$、$K_2$为水合物生成实验回归得到的本征动力学常数，对Ⅱ型水合物K_1取2.608×10^16^kg·K/(m^2^·s)，K_2取13600K；μ_{f}为表征传质和传热限制对水合物生成速率影响的比例系数，Lorenzo 等[27]提出气相为主系统中μ_{f}取值范围为0.5~1；A_{s}为气核内气液相接触面积，m^2；M_{h}为水合物的摩尔质量，kg/mol；ΔT_{sub}为过冷度，K，水合物生成过冷度、过冷度诱导时间的计算如式（2-61）、式（2-62）所示；T_{B}为流体温度，K；T_{h}为水合物的相平衡温度，K；T_0为管内流体温度，K；t 为诱导时间，min。

2.2.4.3 模型求解与验证

系统中水合物生成速率主要由管壁冷凝液膜水合物生成速率和气核液滴水合物生成速率两部分组成，水合物生成速率主要受系统动态温压分布、气体流速、管内径等多种因素影响，因此需进行数值求解，求解步骤如下：

（1）将管线分为长度为 ds 的多个控制单元，设定足够小的时间间隔 dt。假设控制单元内的水合物生成速率、气相流速、液滴浓度、液膜厚度、管线内径等均为均匀分布。

（2）已知在第j个控制单元、第 i 个时间步长的初始参数，如气相流速 $U_{\mathrm{g},j}^{i}$，管内径 $r_{\mathrm{i},j}^{i}$，温度 $T_{\mathrm{B},j}^{i}$，压力p_j^i等。

（3）根据管内动态温压分布分别计算控制单元内液膜和液滴处水合物的生成速率$\frac{\mathrm{d}m_{\mathrm{ld}}}{\mathrm{d}t}$，$\frac{\mathrm{d}m_{\mathrm{gf}}}{\mathrm{d}t}$。

（4）根据第j个控制单元、第 i 时刻的计算结果可以得到第$j+1$ 个控制单元、第 $i+1$ 时刻的气相流速$U_{\mathrm{g},j+1}^{i+1}$，管内径$r_{\mathrm{i},j+1}^{i+1}$，温度$T_{\mathrm{B},j+1}^{i+1}$，压力p_{j+1}^{i+1}等参数。经过时间和位置的双重循环得到系统内水合物生成速率的时空分布情况。

采用 Rao 等[41]和 Zerpa 等[42]室内环路实验数据来验证水合物生成速率模型，实验采用1in×1in① 配合 1/8in 的管中管结构，两管间为22℃的甲烷气体，泵排量为6L/s，不锈钢内管充满约1℃的冷却液，环路实验示意图如图 2-13 所示。

模型计算结果与 Rao 等实验数据对比结果如图 2-14 所示，发现模型计算得到的水合物生成速率与实验结果平均误差为11.4%，与实验结果整体吻合度较高，能够对无自由水条件下水合物的生成速率进行较为准确的计算。

---

① 1in=2.54cm。

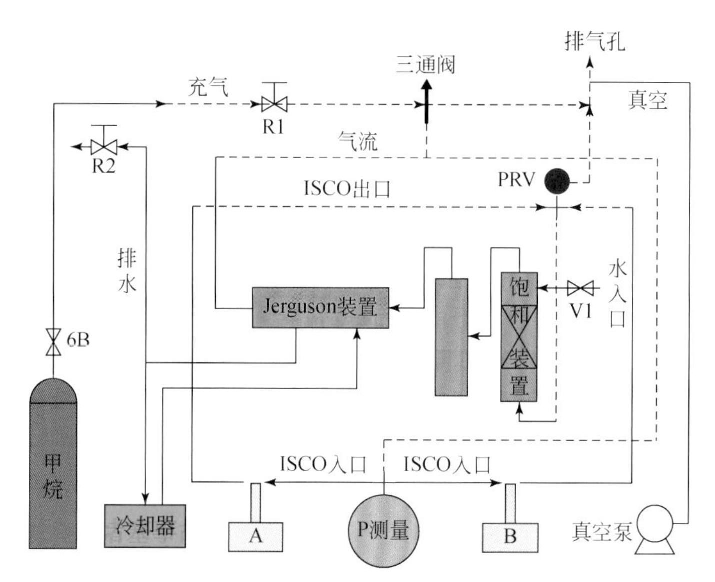

图 2-13　Rao 等环路实验示意图

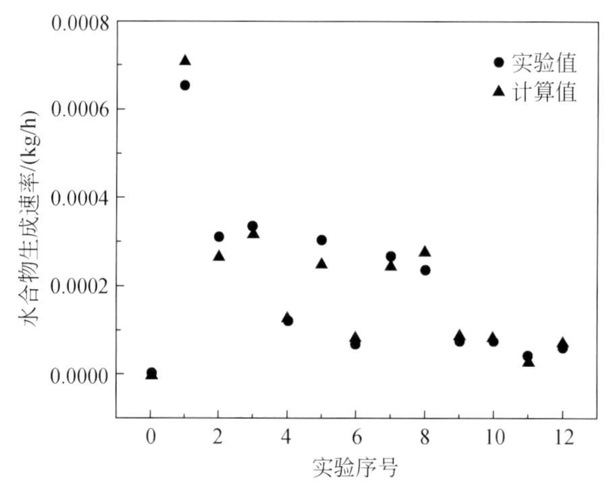

图 2-14　计算结果与文献数据对比

2.3　天然气水合物的分解

气体水合物分解对管线水合物段塞的清除至关重要，分解过程涉及气液固三相，且为吸热过程，因而需外界不断提供热量以破坏水分子间氢键、客体分子与水分子间的范德瓦尔斯力。与水合物生成动力学类似，水合物分解动力学同样受本征动力学、传质和传热控制。若水合物分解由客体分子在水合物表面和周围溶液中的浓度差引起，则分解可能受传质限制。Rehder 等[43]分别测量了海床处 CH_4水合物和 CO_2水合物的分解速率，海床处温压均保持恒定以消除任何传热限制的影响。结果表明 CO_2水合物分解速率要明显快于 CH_4水合物，这是由二者在海水中的溶解度差异引起。水合物分解吸热过程取决于热量供给，不同实验和模拟结果均表明采用传热模型预测水合物分解可达到实验级精度要求。Sloan 等建立了传热限制模型来预测降压法、电加热法水合物分解所需时间，并已通过实验和现场数据验证，该模型采用圆柱体内热传导傅里叶法则描述传热。

由于冰点以上（$T>0℃$）和冰点以下（$T<0℃$）水合物分解具有不同特点，因此冰点上下水合物分解机理及数学模型需分开讨论。

2.3.1 冰点以上水合物分解

2.3.1.1 热分解机理及模型

Ullerich 等[44]、Selim 和 Sloan[45]研究了甲烷水合物的热分解过程，根据一维半无限长平壁的热传导规律提出了描述水合物分解过程的传热学模型，假定水合物分解产水直接被气体携带离开晶体表面，则水合物分解可认为是移动界面的消融问题。Kamath 等[46]、Kamath 和 Holder[47]认为水合物分解是受水膜界面传热控制的过程，且水合物分解和流体的泡核沸腾具有一定相似性，基于此提出水合物分解模型如下：

$$\frac{m_{\mathrm{H}}}{\phi_{\mathrm{H}}A}=6.464\times10^{-4}\ (\Delta T)^{2.05} \tag{2-63}$$

式中，m_{H} 为气体水合物的稳态分解速率，mol/h；ϕ_{H} 为水合物体积分数，%；A 为水合物与流体界面间的表面积，cm^2；ΔT 为流体和水合物界面的温度差，℃。

Selim 和 Sloan[45]研究了甲烷水合物的热分解规律，提出模型方程如式（2-64）所示。

$$X^{*}=\frac{\mathrm{St}}{1+\mathrm{St}}\left(\tau-\frac{1}{\mathrm{St}}\right) \tag{2-64}$$

其中

$$\tau=\frac{5\,q_{\mathrm{s}}^{2}t}{4\,\rho_{\mathrm{H}}\lambda k(T_{\mathrm{s}}-T_{\mathrm{i}})} \tag{2-65}$$

$$X^{*}=\frac{5\,q_{\mathrm{s}}X}{4k(T_{\mathrm{s}}-T_{\mathrm{i}})} \tag{2-66}$$

$$\mathrm{St}=\frac{\lambda}{C_{\mathrm{p}}(T_{\mathrm{s}}-T_{\mathrm{i}})} \tag{2-67}$$

式中，X^{*} 为水合物分解界面的位置，m；t 为时间，s；T_{s} 为系统压力下的平衡温度，K；T_{i} 为系统初始温度，K；q_{s} 为水合物分解表面的热通量，$\mathrm{kW/m^2}$；k 为水合物导热系数，0.00039kW/(m·K)；ρ_{H} 为水合物的物质的量浓度，$7.04\mathrm{kmol/m^3}$；λ 为水合物的分解热，$3.31\times10^{5}\mathrm{kJ/kmol}$；St 为常数，由式（2-67）计算。

2.3.1.2 降压分解机理及模型

Kim 等[48]认为水合物分解是可忽略传质控制的动力学过程，该过程包括水合物颗粒表面主体晶格破裂、水合物颗粒收缩、客体分子从表面解吸逸出。Clarke 和 Bishnoi[49]、Clarke 等[50]在 Kim 等分解机理基础上研究了甲烷和乙烷水合物的分解动力学，并建立了相关数学模型。孙长宇及其合作者[51,52]也认为冰点以上水合物的分解过程包括颗粒表面笼形结构的破裂和气体分子的解吸逸出两个过程，但必须考虑分解面积变化对分解速度的影响。

高搅拌速率条件下，分别忽略气相主体到颗粒表面的传质阻力、水相主体到颗粒表面的传热阻力，假设水合物颗粒分解前具有相同体积、粒径，水合物颗粒数不随反应时间而变化，水合物分解速率与颗粒总表面积、驱动力（三相平衡逸度f_{eq}和气相主体甲烷逸度f之差）成正比，基于该假设 Kim 等[48]提出了如下分解速率方程：

$$-\frac{dn_H}{dt}=K_d A_s(f_{eq}-f) \tag{2-68}$$

式中，$-\frac{dn_H}{dt}$为水合物的分解速率；K_d为本征分解反应的速率常数，mol/（MPa·s·m^2）；A_s为甲烷水合物分解的总表面积，m^2；f_{eq}为三相平衡条件下甲烷气体逸度，MPa；f为实验条件下甲烷气体逸度，MPa。

根据实验数据得到甲烷水合物的分解反应活化能为78.3kJ/mol，这与甲烷水合物生成热62.8kJ/mol相近[53]，拟合出甲烷本征分解速率常数为1.24×10^{5}mol/(Pa·s·m^2)。

Jamaluddin[54]在 Kim 等的模型基础上提出了同时考虑传质、传热的水合物分解动力学模型，并认为反应活化能较小（E/R=7553K）时表面粗糙度ψ对分解速率影响不大，活化能较大（E/R=9400K）时表面粗糙度ψ对分解速率有显著影响，当ψ>64时整个分解过程主要受传热控制。随系统压力变化，分解过程可能由传热控制转变为传热、分解本征动力学共同控制。

2.3.2 冰点以下水合物分解

Handa[55]针对冰点以下水合物分解提出了两步分解机理。首先，水合物由表面迅速分解；其次，分解水形成冰层覆盖在水合物颗粒表面从而阻止水合物进一步分解，这一现象称为水合物的自我封存效应。Takeya 等[56-58]通过 X 光衍射技术证实了分解后水合物颗粒表面确实存在冰层，并发现水合物表面结构随分解温度变化而变化。孙长宇及其合作者[51,52]认为0℃以下时分解水将在颗粒表面迅速凝结成冰，部分水合物未分解，水合物分解气通过水合物与水合物、水合物与冰之间的空隙进行扩散，并且颗粒表面冰层厚度随水合物分解逐渐增加，水合物层厚度则逐渐减少，因此0℃下水合物分解过程可描述为冰-水合物界面的移动边界问题。阎立军和刘犟[59]提出活性炭多孔介质中甲烷水合物分解包括颗粒表面笼型晶格破裂后甲烷分子解吸逸出、甲烷分子在水合物外层水膜或冰层中扩散2个过程。林微[60]将甲烷水合物分解生成的冰层描述成一个逐渐增厚的多孔球壳，并提出单个水合物颗粒分解过程为颗粒表面笼型晶格破裂后气体分子解吸逸出、气体分子通过冰层内空穴向外扩散。

目前 Handa[55]提出的冰层覆盖两步分解机理认可度较高，许多学者基于水合物两步分解机理建立了相应的水合物分解数学模型，下面介绍一些具有代表性的分解动力学模型。

2.3.2.1 球型模型

Takeya 等[56-58]基于冰层覆盖理论，建立了扩散控制的单个球型水合物颗粒的分解动力学模型如下：

$$3(1-R^2)+2(R^3-1)=\frac{6D}{r_{h,0}^2}\left[\frac{C_d(T)-C_a}{C_0-C_a}\right]t \tag{2-69}$$

$$R=r_h/r_{h,0} \tag{2-70}$$

式中，r_h 为水合物颗粒半径，μm；$r_{h,0}$为水合物颗粒初始外径，pm；T 为分解时间，s；D 为水合物在冰层中的扩散系数，m^2/s；C_d（T）为 T 分解温度下气相中甲烷浓度，mol/m^3；C_0为水合物中甲烷浓度，mol/m^3；C_a为周围空气中甲烷浓度，mol/m^3。

根据上述模型计算出温度为 189K 时气体扩散系数为 $2.2\times10^{-11}m^2/s$，温度为 168K 时气体扩散系数为 $9.6\times10^{-12}m^2/s$，较高的扩散系数可能意味着甲烷气体通过固体冰层、水合物颗粒间孔道或边界同时进行扩散。

2.3.2.2 冰-水合物界面移动模型

孙长宇及其合作者[51,52]根据冰点以下甲烷和二氧化碳水合物的分解性质建立了冰点以下水合物的分解动力学模型。假设冰相摩尔体积近似等于水合物相摩尔体积，将水合物分解速率与水合物层厚度的减少（即冰层厚度的增加）相关联得到水合物表面的质量平衡如式（2-71）所示。

$$-\frac{dn}{dt}=-A_{geo}\rho_{hyd}\frac{dS}{dt} \tag{2-71}$$

式中，A_{geo}为水合物的几何表面积，m^2；S 为冰层厚度，m；ρ_{hyd}为水合物中气体的密度，kg/m^3；n 为气体组分的摩尔分数，无量纲。

2.3.2.3 多孔球壳扩散模型

林微[60]建立了受界面化学反应、气体扩散控制的单个水合物颗粒分解模型，同时推导出了总反应模型。模型假设周围环境能及时提供分解所需热量，所有水合物颗粒初始直径相同且分解过程颗粒直径和形状不变。其中界面化学反应控制的微分方程如式（2-72）所示，气体扩散控制的微分方程如式（2-73）所示。

$$\frac{dr_c}{dt}=k_d(C_g-C_{eq})/\rho_s \tag{2-72}$$

$$\frac{dr_c}{dt}=\frac{D_\infty/\rho_s}{\left(1-\frac{r_c}{r_0}\right)r_c}(C_0-C_g) \tag{2-73}$$

式中，k_d为水合物分解速率常数，cm/s；r_c为未反应的水合物颗粒半径，cm；C_g为水合物表面的气体浓度，mol/cm^3；C_{eq}为三相平衡条件下的气体浓度，mol/cm^3；ρ_s 为水合物相中气体密度，$0.0083mol/cm^3$；C_0为气相主体浓度，mol/cm^3；r_0为某一时刻水合物颗粒半径，cm；D_∞为扩散系数，cm^2/s。

大量研究表明，水合物分解初期的分解速率主要受界面化学反应控制，分解中后期的分解速率主要受扩散过程控制，同时考虑两控制过程可推导出由界面反应和气体扩散共同控制的总反应速率模型方程，如式（2-74）所示，式中可调参数 K 和 k_{d} 可采用单纯形最优化方法拟合实验数据得到，微分方程的数值解采用欧拉方法计算。

$$\frac{\mathrm{d}x}{\mathrm{d}t}=K\frac{C_0-C_{\mathrm{eq}}}{\left(\dfrac{1}{k_{\mathrm{d}}}+\dfrac{r_0x^{1/3}(1-x^{1/3})}{D}\right)x^{-2/3}} \tag{2-74}$$

2.4 运动气泡水合物生成与分解

低温井筒内气泡运移会发生气相、液相及水合物相间的转换，该过程复杂的相间传质、传热规律对气泡的运动特性及井筒动力学过程产生重要影响。因此，预测井筒气相运移过程、控制井筒压力、实现井筒流动保障，需定量分析井筒运移气泡表面水合物的生长、更新过程。基于上述原理，孙宝江等提出了运动气泡水合物生成与分解模型[61, 62]。

2.4.1 运动气泡传质模型

气泡表面各相传质速率与非均匀流场、传质边界层、水合物壳形态密切相关，是描述泡状流气液相作用和运移状态的关键因素[61, 62]，而气泡表面各相传质速率的预测需对运动气泡表面水合物的生长更新过程进行定量描述。气泡表面水合物壳的生长、消融过程如图 2-15 所示，可知影响水合物壳更新速率的子过程主要有气体溶解、水合物生成、水合物溶解及水合物分解[62]。

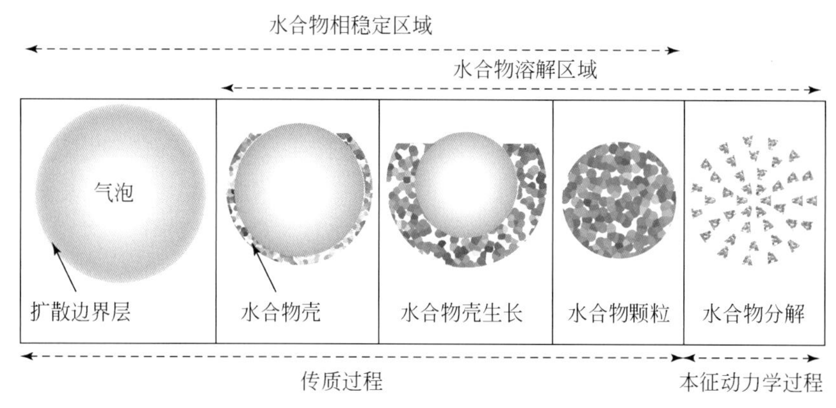

图 2-15　运动气泡水合物壳的生长和消融过程

水合物壳在相平衡区域内生长和更新，运动气泡表面水合物的生成与传质过程如图 2-16 所示[63]，可知自由气体穿过气泡暴露区域并溶解在液相中，同时溶解气运移到水合物壳表面形成固态水合物。受流场、扩散边界层及剪切力影响，移动的水合物壳主要在气泡下部聚集和覆盖。

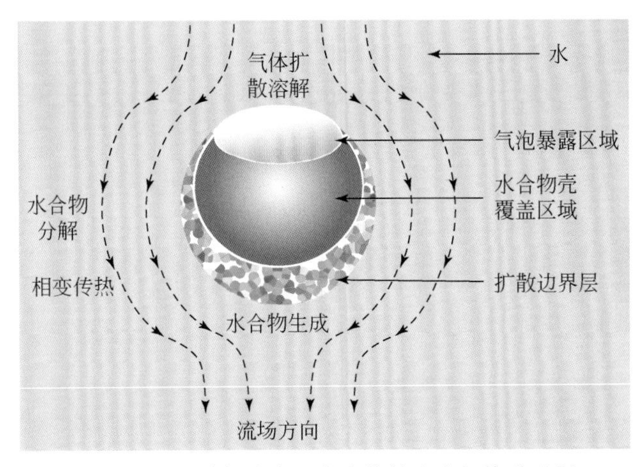

图 2-16 运动气泡表面水合物的生成与传质过程

假设气泡表面水合物壳为局部覆盖，模型主要应用于泡状流条件，不考虑气泡分裂和聚并，多相流条件下液相很快达到溶解饱和或近饱和状态，不考虑水合物的成核、脱落过程，但考虑水合物在液相中的溶解。液相中运动气泡的扩散传质方程为

$$v_r\frac{\partial C}{\partial r}+v_\theta\frac{1}{r}\frac{\partial C}{\partial\theta}=D\left(\frac{\partial^2 C}{\partial r^2}+\frac{2}{r}\frac{\partial C}{\partial r}\right)\tag{2-75}$$

式中，C 为气体浓度，mol/m^3；D 为气体扩散系数，m^2/s；r 为气泡径向距离，m；v_r 为径向速度分量，m/s；v_θ 为角方向上的速度分量，m/s。

由于边界层厚度远小于气泡直径，绕流条件下气泡周围的速度势函数可简化为

$$\phi=-\frac{U_\infty}{2}\sin^2\theta\left(r^2-\frac{3}{2}Rr+\frac{1}{2}\frac{R^3}{r}\right)\approx-\frac{3}{4}U_\infty\sin^2\theta\,(r-R)^2\tag{2-76}$$

$$v_r=\frac{1}{r^2\sin\theta}\frac{\partial\phi}{\partial\theta},\quad v_\theta=-\frac{1}{r\sin\theta}\frac{\partial\phi}{\partial r}\tag{2-77}$$

式中，R 为气泡半径，m；r 为气泡径向距离，m；U_∞ 为多相流条件下气相和液相的速度差，m/s；θ 为气泡的暴露角度，即由垂直向上顺时针旋转的角度，$0\leqslant\theta\leqslant\pi$。

将式（2-77）代入式（2-75）中，结合自由扩散条件（$C|_{r=R}=Cb_{\text{int}}$，$C|_{r=\infty}=0$）通过变量分离法求近似解析解，得到气泡表面不同位置处的扩散速率为

$$M_{\text{A}}(\theta)=D\left(\frac{\partial C}{\partial r}\right)_{r=R}\approx D\,\frac{C_{\text{int}}-C_{\text{b}}}{1.15}\left(\frac{3\,U_\infty}{4D\,R^2}\right)^{1/3}\frac{\sin\theta}{(\theta-\sin\theta\cos\theta)^{1/3}}\tag{2-78}$$

式中，C_{int} 为气液界面上的气体浓度，mol/m^3；C_{b} 为液相基质中的气体浓度，mol/m^3。

运动气泡的传质过程主要发生在气泡周围的传质边界层内，通常传质边界层非常薄，其厚度变化主要受气泡大小以及周围流场的影响，而与浓度分布无关，气泡周围的传质边界层厚度计算如式（2-79）所示，式中 δ_{c} 为气泡周围的传质边界层厚度，m。

$$\delta_{\text{c}}=\frac{M_{\text{A}}(\theta)}{D(C_{\text{int}}-C_{\text{b}})}1.15\,\frac{(\theta-\sin\theta\cos\theta)^{1/3}}{\sin\theta}\left(\frac{4D\,R^2}{3\,U_\infty}\right)^{1/3}\tag{2-79}$$

运动气泡周围的边界层厚度分布不均匀，其随气泡暴露角度的增大逐渐增大，故水合物易在气泡中下部的高溶解气区域中进行初始生长，并覆盖气泡表面。对水合物相平衡区

域内的单个水合物气泡，气体溶解和水合物生成导致的水合物气泡分子物质的量变化为

$$\Delta J = J_{gL} - J_{sh} \tag{2-80}$$

式中，J_{gL}为单个气泡上气相、液相之间的传质速率，mol/s；J_{sh}为单个气泡上溶解气相、水合物相之间的传质速率，mol/s。

气泡表面气、液及水合物相间的传质过程受水合物壳覆盖形态的影响，上部裸露区域内（$0 \leqslant \theta \leqslant \varphi$）气、液相直接接触。自由气体溶解导致的气体消耗速率如式（2-81）所示，其中C_{gL}为气液平衡条件下气体在液相中的溶解度，mol/m^3。

$$J_{gL} = \int_0^{\varphi} 2\pi R^2 \sin\theta\, M_A(\theta)\, d\theta = (C_{gL} - C_b)\, 2\pi R^2 \frac{D}{1.15}\left(\frac{3U_\infty}{4DR^2}\right)^{1/3} \int_0^{\varphi} \frac{\sin^2\theta}{(\theta - \sin\theta\cos\theta)^{1/3}} d\theta \tag{2-81}$$

气泡表面水合物壳覆盖区域内（$\varphi \leqslant \theta \leqslant \pi$）气液间的传质过程被限制，同时水合物壳不断生长和更新，溶解气生成水合物导致的气体消耗速率为

$$J_{sh} = A_h k_h (f_b - f_{eq}) = 2\pi R^2 (1+\cos\theta)\, k_h (f_b - f_{eq}) \tag{2-82}$$

$$f_{eq} = f_{eq}(T,\ p_{eq}) \tag{2-83}$$

$$f_b = f_{sol}(p,\ T) = f^{sat} \exp\left(\int_{p^{sat}}^{p} \frac{\bar{v}_g dp}{R_0 T}\right) \tag{2-84}$$

式中，A_h为气泡表面水合物壳的覆盖面积，m^2；k_h为气泡表面水合物生成的反应常数，mol/(m^2·Pa)；$f_b - f_{eq}$为水合物生成驱动力，即溶解气逸度与当前温度下气液固三相平衡逸度之差；p^{sat}为气体的饱和压力，Pa；f^{sat}为饱和压力下的气体逸度，Pa；$\bar{v}_g$为溶液中气体的偏摩尔体积，mol/m^3；R_0为气体常数，J/（K·mol）；p_{eq}为当前温度所对应的水合物相平衡压力，Pa；T为系统温度，K。

拟稳态条件下液相中气体浓度达到饱和状态，此时溶解气逸度是温压的函数，溶解气逸度计算如式（2-84）所示。液相主体中溶解气达到饱和状态时，气体溶解导致的气体消耗速率等于水合物生成导致的气体减小速率，此时$\Delta J = 0$。将式（2-81）和式（2-82）代入式（2-80）可得

$$\int_0^{\varphi} \frac{\sin^2\theta}{(\theta - \sin\theta\cos\theta)^{1/3}} d\theta = \frac{f_{sol} - f_{eq}}{C_{gL} - C_b} \frac{1.15\, k_h}{D} \left(\frac{4DR^2}{3U_\infty}\right)^{1/3} \tag{2-85}$$

求解式（2-85）可得拟稳态条件下气泡的暴露面积和相间传质速率。此外，水合物气泡的形态变化方程为

$$\delta = R - R\left[1 - \left(\frac{\alpha_h}{\alpha_g + \alpha_h}\right)\frac{2}{(1+\cos\theta)}\right]^{1/3} \tag{2-86}$$

$$R = \left[\frac{3}{4N\pi}(\alpha_g + \alpha_h)\right]^{1/3} \tag{2-87}$$

式中，δ为气泡表面水合物壳的厚度，m；α_g、α_h为多相流条件下气体和水合物的体积分数，%。

气泡表面水合物开始生成的条件为$f_{eq} \leqslant f_b$，因此溶解气的体积分数超过一定值时水合物才会生成。过冷度越低f_{eq}越小，即水合物生成所需的溶解气体积分数越小，欠饱和度越大，系统相间传质最终达到拟稳定状态。当溶解气浓度小于溶解度时（$f_b \leqslant f_{sol}$），水合物

生成导致的气体消耗速率低于自由气相的溶解扩散速率（$J_{sh} \leqslant J_{gl}$），溶解气浓度逐渐增加；之后受流体运移或溶解度变化等因素影响，溶解气将处于过饱和状态（$f_{sol} \leqslant f_b$），此时水合物生成导致的气体消耗速率将变大（$J_{gl} \leqslant J_{sh}$），溶解气浓度逐渐降低最终处于饱和状态。

水合物主要通过水合物溶解和分解形式进行消耗，其中水合物溶解主要受传质过程影响，主要发生在溶解气欠饱和区域，而水合物分解主要受温压条件限制，只发生在水合物相稳定区域外。水合物消耗速率计算形式为

$$J_{hg} = J_{diss} + J_{decom} \tag{2-88}$$

式中，J_{diss}和J_{decom}分别为水合物的溶解和分解速率，mol/s。通常水合物分解速率远远大于水合物溶解速率，水合物相稳定区域内水合物的消耗速率等于其溶解速率，水合物相稳定区域外水合物消耗速率近似等于其分解速率。

多相流动过程中，当水合物气泡运移到溶解气欠饱和区域时水合物主要以对流形式传质。考虑到水合物壳的局部覆盖特性，其溶解速率为

$$J_{diss} = \frac{\rho_h}{M_h}\int_{\varphi}^{\pi} 2\pi R^2 \sin\theta \dot{R} d\theta = \frac{\rho_h}{M_h}\int_{\varphi}^{\pi} 2\pi R^2 \sin\theta \frac{C_{sat} - C_b}{C_{cry} - C_{sat}} \frac{D}{\delta_c} d\theta \tag{2-89}$$

式中，C_{sat}为液-水合物界面上的饱和气体浓度，mol/m^3；C_b 为液相基质中的气体浓度，mol/m^3；C_{cry}为水合物中气体浓度，mol/m^3；$\dot{R}$ 为气泡半径的变化速率，m/s；R 为气泡半径，m；θ 为气泡暴露角度，rad；ρ_h为水合物密度，kg/m^3；M_h为水合物的摩尔质量，kg/mol。

将式（2-79）代入式（2-89）可得水合物溶解速率为

$$J_{diss} = 1.739\pi R^2 D \frac{\rho_h}{M_h}\frac{C_{sat} - C_b}{C_{cry} - C_{sat}}\left(\frac{3U_\infty}{4DR^2}\right)^{1/3}\int_{\varphi}^{\pi}\frac{\sin^2\theta}{(\theta - \sin\theta\cos\theta)^{1/3}} d\theta \tag{2-90}$$

当水合物气泡运移到水合物相平衡稳定区域外时，水合物壳迅速分解成水合物颗粒，其分解速率为

$$J_{decom} = K_d^0 \exp(-\Delta E/R_0 T) A_s (f_{eq} - f_b) \tag{2-91}$$

式中，K_d^0为水合物分解速率常数，mol/(m^2 · Pa · s)；ΔE 为水合物分解活化能，J/mol；R_0为气体常数，J/(K · mol)；A_s为水合物分解的总表面积，m^2。

2.4.2 相间传质速率

式（2-81）、式（2-82）、式（2-90）、式（2-91）分别为气泡表面气体溶解、水合物生成、水合物溶解和水合物分解的传质速率方程。结合“微观”水合物壳的生长变化规律、各相传质规律、“宏观”井筒多相流动规律可得泡状流条件下水合物气泡在各相中的传质模型，各相传质速率为

$$\dot{m}_{ij} = \frac{(\alpha_g + \alpha_h)A}{4\pi R^3} J_{ij} M_i \tag{2-92}$$

式中，i，j 分别为不同的相，包括气相、液相及水合物相；M_i 为 i 相的摩尔质量，kg/mol；A 为有效截面积，m^2；α_g，α_h 为泡状流条件下气体和水合物的体积分数,%；R 为气泡直径，m。

2.4.3 运动气泡水合物生成与分解算例

本节模型考虑了井筒内气泡上升过程中的周围流场分布及非均匀传质边界层，应用模型对井筒泡状流工况下初始半径为 2mm 气泡的速度场、半径及水合物生长情况进行模拟分析。运动气泡的速度势和传质边界层分布如图 2-17 所示，可知受周围流场影响，井筒气泡上升过程中周围扩散边界层厚度由顶部到底部逐渐增大，这是由气泡周围气体传质速率不均匀导致的。

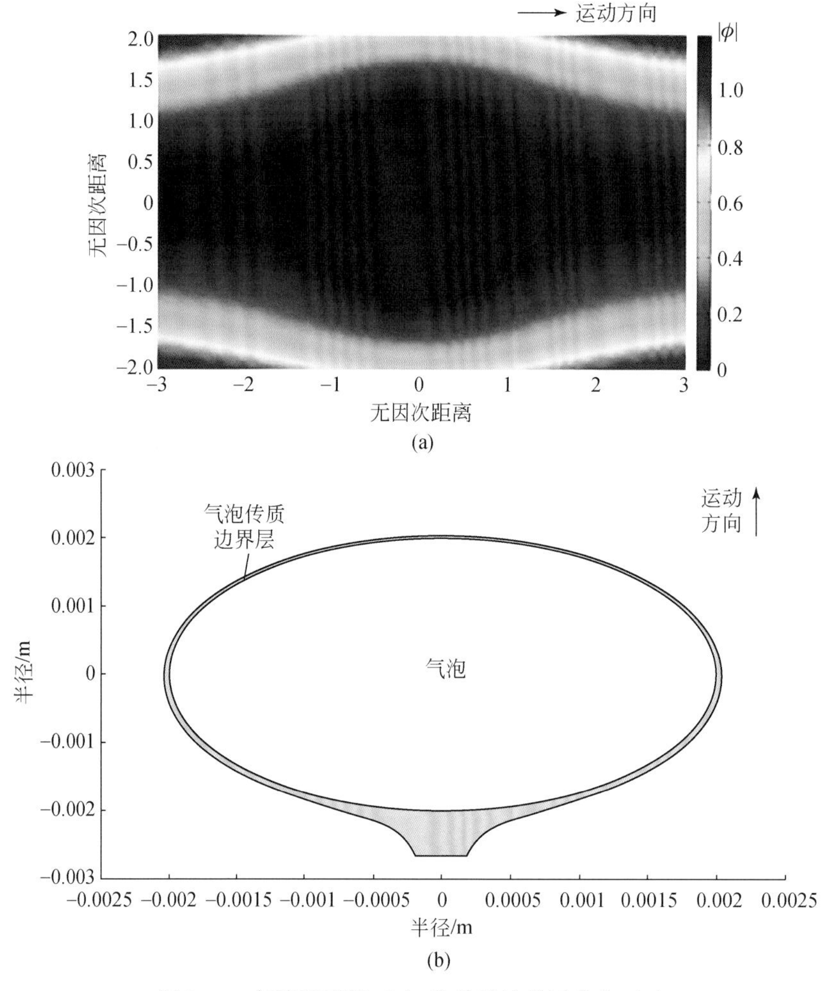

图 2-17　气泡速度势（a）和传质边界层分布（b）

溶解气饱和条件下气泡半径及水合物壳厚度变化如图 2-18 所示，初始条件下气泡压力及过冷度分别为 10MPa 和 2.0K。可知随时间增加，气体与水生成固态水合物，运动气泡周围的水合物壳厚度逐渐增大。另外，随气体消耗气泡内半径逐渐减小，但气泡外半径缓慢增加，主要因为计算条件下气体生成水合物的体积稍大于原来气体的体积。

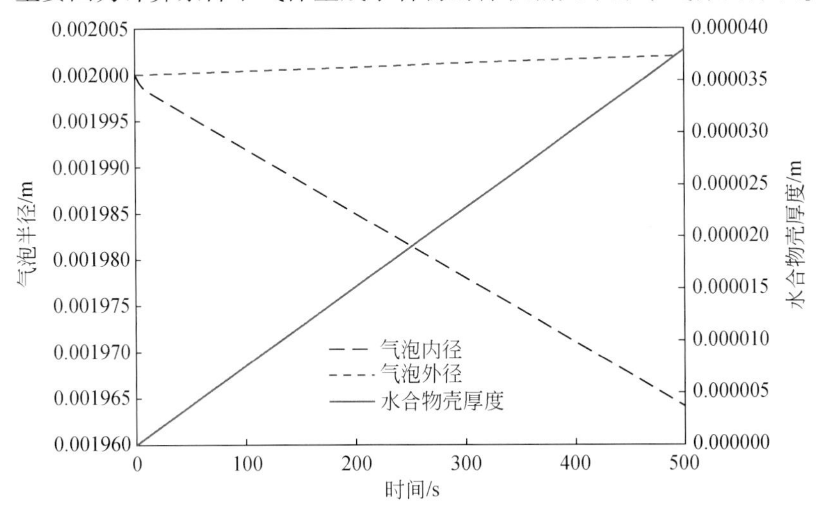

图 2-18 单气泡半径及水合物壳厚度变化

参 考 文 献

[1] Dendy S E. Fundamental principles and applications of natural gas hydrates [J]. Nature, 2003, 426 (6964): 353-363.

[2] Taylor C J, Miller K T, Koh C A, et al. Macroscopic investigation of hydrate film growth at the hydrocarbon/water interface [J]. Chemical Engineering Science, 2007, 62 (23): 6524-6533.

[3] Sloan Jr E D, Koh C A. Clathrate hydrates of natural gases [M]. Boca Raton: CRC press, 2007.

[4] Van der Waals J H, Platteeuw J C. Clathrate solutions [J]. Advances in chemical physics, 1958: 1-57.

[5] 刘培培. 管输天然气水合物形成位置预测模型研究 [D]. 西安: 西安石油大学, 2011.

[6] 陈光进, 孙长宇, 马庆兰. 气体水合物科学与技术 [M]. 北京: 化学工业出版社, 2008.

[7] Holder G D, Angert P F. Simulation of gas production from a reservoir containing both gas hydrates and free natural gas [C] //SPE annual technical conference and exhibition. Society of Petroleum Engineers, 1982.

[8] Kirchner M T, Roland B, Edward B W, et al. Gas hydrate single-crystal structure analyses [J]. Journal of the American Chemical Society, 2004, 126 (30): 9407-9412.

[9] Parrish W R, Prausnitz J M. Dissociation pressures of gas hydrates formed by gas mixtures [J]. Industrial & Engineering Chemistry Process Design and Development, 1972, 1 (11): 26-35.

[10] Ng H J, Robinson D B. Hydrate formation in systems containing methane, ethane, propane, carbon dioxide or hydrogen sulfide in the presence of methanol [J]. Fluid Phase Equilibria, 1985, 21 (1): 145-155.

[11] Katz D L. Prediction of conditions of hydrate formation in natural gases [J]. Transactions of the AIME, 2013, 160 (1): 140-149.

[12] Guang J C, Tian M G. Thermodynamic modeling of hydrate formation based on new concepts [J]. Fluid Phase Equilibria, 1996, 122 (1-2): 43-65.

[13] Vysniauskas A, Bishnoi P R. A kinetic study of methane hydrate formation [J]. Chemical Engineering Science, 1983, 38 (7): 1061-1072.

［14］Englezos P，Kalogerakis N，Dholabhai P D，et al. Kinetics of formation of methane and ethane gas hydrates［J］. Chemical Engineering Science，1987，42（11）：2647-2658.

［15］Turner D，Boxall J，Yang S，et al. Development of a hydrate kinetic model and its incorporation into the OLGA2000 © transient multiphase flow simulator［C］//5th International Conference on Gas Hydrates，Trondheim，Norway. 2005：12-16.

［16］Uchida T，Ebinuma T，Kawabata J，et al. Microscopic observations of formation processes of clathrate-hydrate films at an interface between water and carbon dioxide［J］. Journal of Crystal Growth，1999，204（3）：348-356.

［17］Mori Y H. Estimating the thickness of hydrate films from their lateral growth rates：Application of a simplified heat transfer model［J］. Journal of Crystal Growth，2001，223（1）：206-212.

［18］Mochizuki T，Mori Y H. Clathrate-hydrate film growth along water/hydrate-former phase boundaries—numerical heat-transfer study［J］. Journal of Crystal Growth，2006，290（2）：642-652.

［19］Skovborg P，Rasmussen P. A mass-transport limited model for the growth of methane and ethane gas hydrates［J］. Chemical Engineering Science，1994，49（8）：1131-1143.

［20］Yapa P D，Zheng L，Chen F. A model for deepwater oil/gas blowouts［J］. Marine Pollution Bulletin，2001，43（7）：234-241.

［21］Wang Z，Yu J，Zhang J，et al. Improved thermal model considering hydrate formation and deposition in gas-dominated systems with free water［J］. Fuel，2018，236：870-879.

［22］Wang Z Y，Zhao Y，Sun B J，et al. Heat transfer model for annular-mist flow and its application in hydrate formation risk analysis during deepwater gas well testing［J］. Chinese Journal of Hydrodynamics，2016，31（1）：20-27.

［23］Wang Z，Yang Z，Zhang J，et al. Quantitatively assessing hydrate-blockage development during deepwater-gas-well testing［J］. SPE Journal，2018，23（4）：1166-1183.

［24］Zhang J，Wang Z，Sun B，et al. An integrated prediction model of hydrate blockage formation in deep-water gas wells［J］. International Journal of Heat and Mass Transfer，2019（140）：187-202.

［25］Pan L Hanratty T J. Correlation of entrainment for annular flow in horizontal pipes［J］. International Journal of Multiphase Flow，2002（28）：385-408.

［26］Andreussi P，Asali J C，Hanratty T J. Initiation of roll waves in gas - liquid flows［J］. Aiche Journal，1985，31（1）：119-126.

［27］Lorenzo M D，Aman Z M，Kozielski K，et al. Underinhibited hydrate formation and transport investigated using a single-pass gas-dominant flowloop［J］. Energy & Fuels，2014，28（11）：7274-7284.

［28］Mantilla I，Kouba G，Viana F，et al. Experimental investigation of liquid entrainment in gas at high pressure［C］//8th North American Conference on Multiphase Technology. BHR Group，2012：211-225.

［29］Aman Z M，Di Lorenzo M，Kozielski K，et al. Hydrate formation and deposition in a gas-dominant flowloop：Initial studies of the effect of velocity and subcooling［J］. Journal of Natural Gas Science and Engineering，2016，35：1490-1498.

［30］Wang Z Y，Zhao Y，Sun B，et al. Modeling of hydrate blockage in gas-dominated systems［J］. Energy & Fuels，2016，30（6）：4653-4666.

［31］Turner D，Boxall J，Yang S，et al. Development of a hydrate kinetic model and its incorporation into the OLGA2000 © transient multiphase flow simulator［C］//5th International Conference on Gas Hydrates，Trondheim，Norway，2005：12-16.

[32] Wang Z, Zhang J, Sun B, et al. A new hydrate deposition prediction model for gas-dominated systems with free water [J]. Chemical Engineering Science, 2017, 163: 145-154.
[33] Wang Z, Zhang J, Chen L, et al. Modeling of hydrate layer growth in horizontal gas-dominated pipelines with free water [J]. Journal of Natural Gas Science & Engineering, 2017, 50: 364-373.
[34] Zhang J, Wang Z, Liu S, et al. Prediction of hydrate deposition in pipelines to improve gas transportation efficiency and safety [J]. Applied Energy, 2019 (253): 113521.
[35] Jacob M. Heat transfer in evaporation and condensation II [J]. The Mechnical Engineering, 1936, 58: 729-740.
[36] Majumdar A, Mezic I. Instability of ultra-thin water films and the mechanism of droplet formation on hydrophilic surfaces [J]. Journal of Heat Transfer, 1999, 121 (4): 964-971.
[37] Haraguchi T, Shimada R, Takeyama T. Drop formation mechanism in dropwise condensation on the polyvinylidene chloride surface. (Proposing a film growth hypothesis) [J]. Nihon Kikai Gakkai Ronbunshu B Hen/transactions of the Japan Society of Mechanical Engineers Part B, 1989, 55 (519): 3472-3478.
[38] Tammann G, Boehme W. Die Zahl der Wassertröpfchen bei der Kondensation auf verschiedenen festen Stoffen [J]. Annalen der Physik, 1935, 414 (1): 77-80.
[39] Gorbunov B, Hamilton R. Water nucleation on aerosol particles containing surface-active agents [J]. Journal of Aerosol Science, 1996, 27 (S 1): S385-S386.
[40] Bergh S. Water nucleation on aerosol particles containing both organic and soluble inorganic substances [J]. Atmospheric Research, 1998, 47 (2): 271-283.
[41] Rao I, Koh C A, Sloan E D, et al. Gas hydrate deposition on a cold surface in water-saturated gas systems [J]. Industrial & Engineering Chemistry Research, 2013, 52 (18): 6262-6269.
[42] Zerpa L E, Rao I, Aman Z M, et al. Multiphase flow modeling of gas hydrates with a simple hydrodynamic slug flow model [J]. Chemical Engineering Science, 2013, 99 (32): 298-304.
[43] Rehder G, Kirby S H, Durham W B, et al. Dissolution rates of pure methane hydrate and carbon-dioxide hydrate in undersaturated seawater at 1000-m depth [J]. Geochimica Et Cosmochimica Acta, 2004, 68 (2): 285-292.
[44] Ullerich J W, Selim M S, Sloan E D. Theory and measurement of hydrate dissociation [J]. Aiche Journal, 1987, 33 (5): 747-752.
[45] Selim M S, Sloan E D. Heat and mass transfer during dissociation of hydrates in porous media [J]. Aiche Journal, 2010, 35 (6): 1049-1052.
[46] Kamath V A, Holder G D, Angert P F. Three phase interfacial heat transfer during the dissociation of propane hydrates [J]. Chemical Engineering Science, 1984, 39 (10): 1435-1442.
[47] Kamath V A, Holder G D. Dissociation heat transfer characteristics of methane hydrates [J]. Aiche Journal, 1987, 33 (2): 347-350.
[48] Kim H C, Bishnoi P R, Heidemann R A, et al. Kinetics of methane hydrate decomposition [J]. Chemical Engineering Science, 1987, 42 (7): 1645-1653.
[49] Clarke M, Bishnoi P R. Determination of the intrinsic rate of ethane gas hydrate decomposition [J]. Chemical Engineering Science, 2000, 55 (21): 4869-4883.
[50] Clarke M, Matthew A, Bishnoi R. Measuring and modelling the rate of decomposition of gas hydrates formed from mixtures of methane and ethane [J]. Chemical Engineering Science, 2001, 56 (16): 4715-4724.
[51] 孙长宇，黄强，陈光进．气体水合物形成的热力学与动力学研究进展 [J]．化工学报，2006，

57（5）：1031-1039.

[52] 孙长宇．水合物的生成/分解动力学及相关研究［D］．北京：中国石油大学（北京），2001.

[53] Makogon T Y, And A P M, Jr E D S. Structure H and structure I hydrate equilibrium data for 2,2-dimethylbutane with methane and xenon［J］. Journal of Chemical & Engineering Data, 1996, 41（2）: 315-318.

[54] Jamaluddin A. Modeling of decomposition of a synthetic core of methane gas hydrate by coupling intrinsic kinetics with heat transfer［J］. Phys Chem, 1989（67）: 945-948.

[55] Handa Y P. A calorimetric study of naturally occurring gas hydrates［J］. Industrial & Engineering Chemistry Resenrch, 1988, 27（5）: 872-874.

[56] Takeya S, Shimada W, Kamata Y, et al. In situ X-ray diffraction measurements of the self-preservation effect of CH_4 hydrate［J］. Journal of Physical Chemistry A, 2001, 105（42）: 9756-9759.

[57] Takeya S, Ebinuma T, Uchida T, et al. Self-preservation effect and dissociation rates of CH_4 hydrate［J］. Journal of Crystal Growth, 2002, 237（1）: 379-382.

[58] Takeya S, Uchida T, Nagao J, et al. Particle size effect of hydrate for self-preservation［J］. Chemical Engineering Science, 2005, 60（5）: 1383-1387.

[59] 阎立军，刘翠．活性炭中甲烷水合物的储气量［J］．石油学报（石油加工），2002，18（2）：1-5.

[60] 林微．水合物法分离气体混合物相关基础研究［D］．北京：中国石油大学（北京），2005.

[61] Sun X, Wang Z, Sun B, et al. Modeling of dynamic hydrate shell growth on bubble surface considering multiple factor interactions［J］. Chemical Engineering Journal, 2018, 331: 221-233.

[62] Sun X, Sun B, Wang Z, et al. A hydrate shell growth model in bubble flow of water-dominated system considering intrinsic kinetics, mass and heat transfer mechanisms［J］. International Journal of Heat & Mass Transfer, 2018, 117: 940-950.

[63] Sun X, Sun B, Wang Z, et al. A new model for hydrodynamics and mass transfer of hydrated bubble rising in deep water［J］. Chemical Engineering Science, 2017, 173: 168-178.

第3章 深水气井天然气水合物生成区域预测方法

深水海域的低温高压环境有利于水合物生成，且深水气井井筒/管线中水合物沉积风险极大，现场案例说明深水气井水合物生成会对现场作业造成巨大危害[1-3]。因此，深水气井井筒/管线天然气水合物生成区域的准确预测对分析水合物沉积堵塞风险、设计水合物防治方案、保障现场作业安全至关重要。目前常根据井筒/管线温压场分布与水合物相态平衡曲线间的关系实现水合物生成区域的预测[4-8]。

3.1 水合物行为与多相流动特性的相互耦合关系

水合物的生成、沉积对井筒/管线中多相流动及传热造成显著影响，水合物固相生成后在管壁沉积造成管线过流面积减小，流体流速、管壁表面粗糙度均发生改变，摩阻压降随之变化，再者，水合物生成期间放热将影响系统的传热过程[8-12]。反过来，系统中自由水是否存在、含水量、气液相流型、气液接触关系均对水合物的生成、沉积行为有重要影响，流体流速对水合物沉积也具有一定影响，流速较高时水合物颗粒不易发生沉积。因此，建立多相流动模型需考虑这种耦合关系，水合物行为（水合物生成、运移、沉积等）与多相流动的流体动力学特征、传热特征的相互耦合影响关系如图3-1所示。

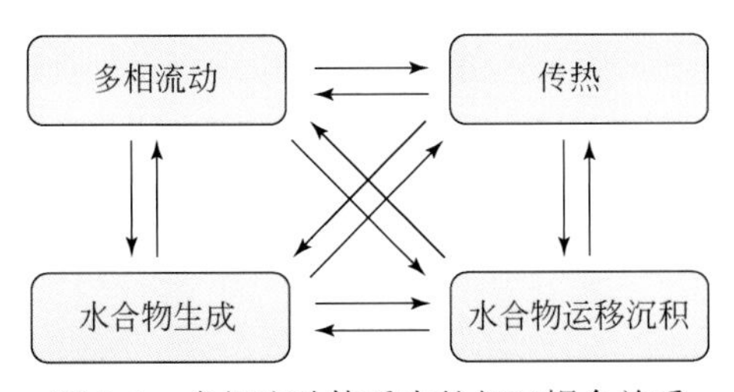

图3-1　多相流动体系中的相互耦合关系

深水完井测试过程中管流与井筒传热的物理模型如图3-2所示。整个系统由井筒、各层套管、隔水管、井筒–套管环空（充填完井液）、套管–套管环空（充填水泥或钻井液）、井筒–隔水管环空（充填完井液）、套管–地层环空（充填水泥）、半径为无穷远的地层和海水等部分组成。

正常生产和测试工况下含水气井井筒内流型通常为环雾流，井筒/管线流动中压力变化大、气体压缩性强，所以气液比、液膜厚度将随井深发生变化，泥线以下井筒环雾流流动结构及传热如图3-3所示。环雾流条件下气液界面扰动波的不稳定性、气液间的性质差异、气液间流动的能量最低原理促使气液相分离，此时流动性较强的气相沿管中心流动并

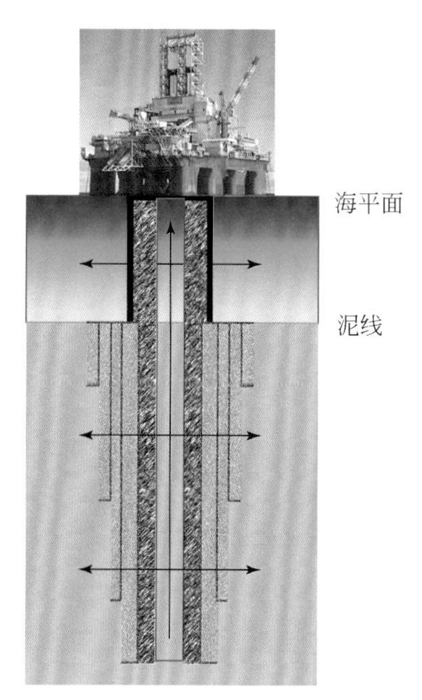

图 3-2　管内流动与井筒传热物理模型

形成连续的气体核心，而流速较低的液相沿管壁形成环状液膜，管壁液膜在气相剪切作用下部分小液滴会进入气体核心并随气相流动。因此，井筒/管线中液相以管壁液膜和气核液滴两种形式存在，其中液相中气核液滴占比较大，液滴速度与气相速度近似相等使液滴流动及传热特征与气相相近[13]。

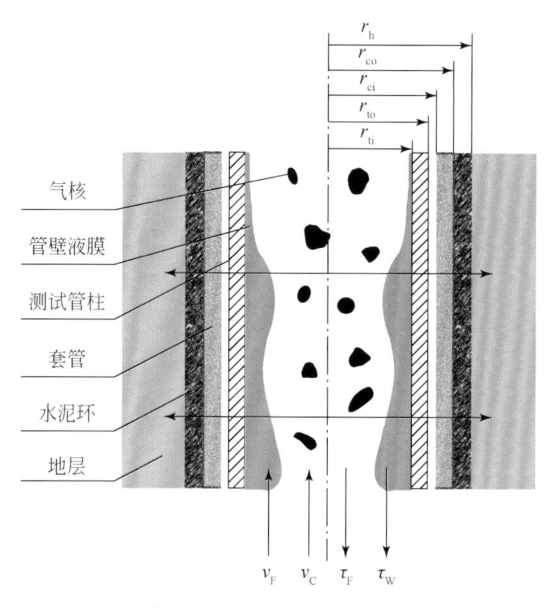

图 3-3　泥线以下井筒环雾流流动及传热示意图

3.2 环雾流条件下深水井筒/管线温压场模型

3.2.1 多相流动模型建立

3.2.1.1 模型假设

井筒多相流动模型应综合考虑水合物生成、沉积的影响以准确计算井筒温压分布，该模型包括连续性方程、动量方程和能量平衡方程[14]，井筒流体流动及传热过程如图 3-4 所示[11]。模型建立时假设：

（1）液相中溶解气体占总气体的比例很小；

（2）水合物生成后一直处于水合物生成区域；

（3）产层流体流入时温压保持恒定；

（4）井筒内流体作一维稳定流动；

（5）流动状态下井筒流体传热为稳定传热，地层和海水中则为非稳定传热；

（6）海水温度分布已知，地层温度是井深的线性函数；

（7）油、套管同心；

（8）管壁液膜中不存在气相，气核与液膜内轴向压力梯度相同。

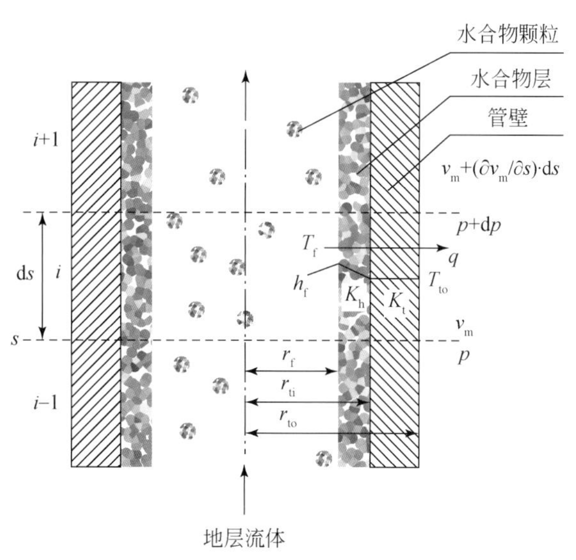

图 3-4 考虑水合物生成与沉积的井筒流动与传热示意图

3.2.1.2 连续性方程

根据上述井筒流动与传热示意图，设置井筒轴线向上的方向为正方向，井底为坐标原点。水合物生成后一部分水合物将随流体流动，井筒流动由气液两相流转变为气–液–固三相流，水合物生成、沉积的时间过程且气体的可压缩性使井筒流动过程具有瞬态特征。取微元体可得气相、液相和水合物相连续性方程分别如式（3-1）~式（3-3）所示[15]。

$$\frac{\partial}{\partial t}(\rho_{\mathrm{g}} A E_{\mathrm{g}})+\frac{\partial}{\partial s}(\rho_{\mathrm{g}} A v_{\mathrm{g}} E_{\mathrm{g}})=-x_{\mathrm{g}} r_{\mathrm{hf}} \tag{3-1}$$

$$\frac{\partial}{\partial t}(A \rho_{\mathrm{l}} E_{\mathrm{l}})+\frac{\partial}{\partial s}(A \rho_{\mathrm{l}} v_{\mathrm{l}} E_{\mathrm{l}})=-(1-x_{\mathrm{g}}) r_{\mathrm{hf}} \tag{3-2}$$

$$\frac{\partial}{\partial t}(A \rho_{\mathrm{h}} E_{\mathrm{h}})+\frac{\partial}{\partial s}(A \rho_{\mathrm{h}} E_{\mathrm{h}} v_{\mathrm{h}})=r_{\mathrm{hf}}-r_{\mathrm{hd}} \tag{3-3}$$

$$x_{\mathrm{g}}=\frac{M_{\mathrm{g}}}{M_{\mathrm{g}}+N \cdot M_{\mathrm{H_2O}}} \tag{3-4}$$

式中，r_{hf}为单位长度管线内水合物生成速率，kg/（s·m）；r_{hd}为单位长度管线内水合物在管壁上的质量沉积速率，kg/（s·m）；E_{g}，E_{l}，E_{h}为气相、液相和水合物相（不含已沉积附着到管壁的部分）的体积分数,%；v_{g}，v_{l}，v_{h}为气相、液相和水合物相的运动速度，m/s；A 为有效截面积，m^2；x_{g}为水合物中气体的质量分数，由式（3-4）计算；N 为水合数，取平均值6；ρ_{l}，ρ_{h}为液相、水合物相密度，$\mathrm{kg/cm^3}$；ρ_{g}为气体密度，$\mathrm{kg/cm^3}$，受温压影响不大，可作常数处理。

管壁水合物沉积使管线有效过流面积减小，管线有效过流面积计算如式（3-5）所示。

$$A=\pi r_{\mathrm{f}}^2 \tag{3-5}$$

$$r_{\mathrm{f}}=r_{\mathrm{ti}}-\delta_{\mathrm{h}} \tag{3-6}$$

式中，r_{f}为水合物膜内径，m，也即管线有效内径，由式（3-6）计算；r_{ti}为管线初始内径，m；δ_{h} 为管壁水合物层厚度，m。

3.2.1.3 动量方程

流体处于静止状态时任意深度的流体压力等于产层压力与该深度下静液柱压力的差值，管内流体流动时克服摩擦阻力、自身重力和加速度，压力逐渐降低，管线内压力分布可通过动量方程进行求解。忽略重力及气液相间的滑脱损失，考虑实际生产作业中的垂直流动、倾斜管流动，建立动量方程如式（3-7）所示[16]，对该动量方程进行积分即可得到井筒压降，该压降公式体现了水合物沉积对压降的影响关系。

$$-\frac{\mathrm{d}p}{\mathrm{d}s}=\frac{\partial}{\partial t}(A\rho_{\mathrm{m}} v_{\mathrm{m}})+\frac{\partial}{\partial s}(A\rho_{\mathrm{m}} v_{\mathrm{m}}^2)+Ag\rho_{\mathrm{m}}\cos\theta+\left|f_{\mathrm{F}}\frac{\rho_{\mathrm{m}} v_{\mathrm{m}}^2}{2\,d_{\mathrm{f}}}\right| \tag{3-7}$$

$$\rho_{\mathrm{m}}=\rho_{\mathrm{g}} E_{\mathrm{g}}+\rho_{\mathrm{l}} E_{\mathrm{l}}+\rho_{\mathrm{h}} E_{\mathrm{h}} \tag{3-8}$$

$$f_{\mathrm{F}}=\left\{-1.737\ \ln\left[0.269\ \frac{\varepsilon}{D}-\frac{2.185}{\mathrm{Re}}\ln\left(0.269\ \frac{\varepsilon}{D}+\frac{14.5}{\mathrm{Re}}\right)\right]^{-2}\right\} \tag{3-9}$$

式中，p 为管线系统压力，MPa；θ 为井筒的井斜角，（°）；ρ_{m}为流动混合物密度，$\mathrm{kg/m^3}$，包括气相、液相和流动水合物颗粒，可由式（3-8）计算；v_{m} 为流动混合物的速度，m/s；f_{F} 为范宁摩阻系数，为表面粗糙度和雷诺数的函数，可由式（3-9）计算；ε 为表面粗糙度，近似等于水合物层厚度 δ_{h}。

3.2.1.4 能量方程

1）海水温度场计算

海水温度对模型求解十分重要，海水温度在垂直方向可划分为混合层、温跃层及恒温层。其中混合层一般存在于大洋表层100m内，该层水温均匀，垂直梯度小；温跃层位于混合层以下、恒温层以上，该层水温垂直梯度大；恒温层位于温跃层以下直到海底，其水温范围为2～6℃。高永海等[17]拟合得到海水温度与水深的函数关系，其中水深大于200m时两者函数关系为式（3-10），水深小于200m时海水温度分布与季节有关，春夏秋冬四个季节中两者的函数关系分别为式（3-11）～式（3-17）。

$$T_{\text{sea}}=a_1+a_2/\left[1+\mathrm{e}^{(h+a_0)/a_3}\right],h>200\mathrm{m} \tag{3-10}$$

春季：

$$T_{\text{sea}}=\frac{T_{\mathrm{S}}(200-h)+13.68h}{200},0\leqslant h<200\mathrm{m} \tag{3-11}$$

夏季：

$$T_{\text{sea}}=T_{\mathrm{S}},0\leqslant h<20\mathrm{m} \tag{3-12}$$

$$T_{\text{sea}}=\frac{T_{\mathrm{S}}(200-h)+13.7(h-20)}{180},20\mathrm{m}\leqslant h<200\mathrm{m} \tag{3-13}$$

秋季：

$$T_{\text{sea}}=T_{\mathrm{S}},0\leqslant h<50\mathrm{m} \tag{3-14}$$

$$T_{\text{sea}}=\frac{T_{\mathrm{S}}(200-h)+13.7(h-50)}{150},50\mathrm{m}\leqslant h<200\mathrm{m} \tag{3-15}$$

冬季：

$$T_{\text{sea}}=T_{\mathrm{S}},0\leqslant h<100\mathrm{m} \tag{3-16}$$

$$T_{\text{sea}}=\frac{T_{\mathrm{S}}(200-h)+13.7(h-100)}{100},100\mathrm{m}\leqslant h<200\mathrm{m} \tag{3-17}$$

式中，$a_1=3.940$，$a_2=37.091$，$a_0=130.137$，$a_3=402.732$；T_{sea}为海水温度，℃；T_{S}为海水表面温度，℃；h 为海水深度，m。

2）地层段与海水段单位长度井筒热损失量

根据井筒周围环境可将海洋深水井筒分为上、下两部分，其中泥线以上井筒处于海水浸泡中（海水段），泥线以下井筒被地层包围（地层段）。海洋深水井筒传热方式有热传导、热对流和热辐射三种，其传热过程如图3-5所示。

确定井筒内温度分布剖面是计算水合物生成速度、预测水合物堵塞动态的关键。考虑多相流动体系中的相互耦合关系，根据能量守恒原理建立井筒流体的能量平衡方程如式（3-18）所示。

$$W_{\mathrm{m}}\left(\frac{\mathrm{d}H_{\mathrm{f}}}{\mathrm{d}s}+v_{\mathrm{j}}\frac{\mathrm{d}v}{\mathrm{d}s}-g\sin\theta\right)-\frac{R_{\mathrm{hf}}\Delta H}{M_{\mathrm{h}}}=-q \tag{3-18}$$

$$\frac{\mathrm{d}H_{\mathrm{f}}}{\mathrm{d}s}=C_{\mathrm{m}}\frac{\mathrm{d}T_{\mathrm{f}}}{\mathrm{d}s}-\mu_{\mathrm{j}}C_{\mathrm{m}}\frac{\mathrm{d}p}{\mathrm{d}s} \tag{3-19}$$

$$C_{\mathrm{m}}=\frac{q_{\mathrm{g}}\rho_{\mathrm{g}}}{q_{\mathrm{g}}+q_{\mathrm{l}}}C_{\mathrm{g}}+\frac{q_{\mathrm{l}}\rho_{\mathrm{l}}}{q_{\mathrm{g}}+q_{\mathrm{l}}}C_{\mathrm{l}} \tag{3-20}$$

$$\mu_{\mathrm{j}}=\left(\frac{\partial T_{\mathrm{f}}}{\partial p}\right)_{H}=\frac{1}{C_{\mathrm{g}}}\left[T_{\mathrm{f}}\left(\frac{\partial V}{\partial T_{\mathrm{f}}}\right)_{p}-V\right]=-\frac{1}{C_{\mathrm{g}}\rho_{\mathrm{g}}}\frac{T_{\mathrm{f}}}{Z_{\mathrm{g}}}\left(\frac{\partial Z_{\mathrm{g}}}{\partial T_{\mathrm{f}}}\right)_{p} \tag{3-21}$$

$$q=\frac{1}{A'}\left(T_{\mathrm{f}}-T_{\mathrm{to}}\right) \tag{3-22}$$

$$A'=\frac{1}{2\pi r_{\mathrm{to}}U_{\mathrm{to}}} \tag{3-23}$$

$$U_{\mathrm{to}}=\frac{r_{\mathrm{to}}}{r_{\mathrm{ti}}h_{\mathrm{f}}}+\frac{r_{\mathrm{to}}\ln\left(\frac{r_{\mathrm{ti}}}{r_{\mathrm{f}}}\right)}{k_{\mathrm{h}}}+\frac{r_{\mathrm{to}}\ln\left(\frac{r_{\mathrm{to}}}{r_{\mathrm{ti}}}\right)}{k_{\mathrm{t}}} \tag{3-24}$$

式中，w_{m}为系统内流体的质量流量，kg/s；H_{f}为流体混合物的比焓，比焓梯度可用温度梯度和压力梯度来表示，如式（3-19）所示；θ 为井斜角，（°）；r_{hf}为单位长度管线的水合物生成速率，kg/(s·m)；ΔH 为水合物生成焓，J/mol；M_{h}为水合物平均摩尔质量，kg/mol；C_{m}为流动混合物的比热，J/(kg·K)，忽略水合物相的比热容，混合物比热容可由式（3-20）计算；μ_{j}为地层测试流体的焦耳–汤姆逊效应系数，可由式（3-21）计算；T_{f}为井筒流体温度,℃；q 为单位长度井筒损失的热量，J，可由式（3-22）计算；T_{to}为管线外壁面温度,℃；$\frac{1}{A'}$为松弛参数，可由式（3-23）计算；r_{f}为管线有效内径，m；r_{ti}为管线初始内径，m；r_{to}为管线外径，m；U_{to}为管线综合传热系数，W/(m^2·K)，可由式（3-24）计算；k_{h}为水合物导热系数，W/(m·K)；k_{t}为管线导热系数，W/(m·K)。

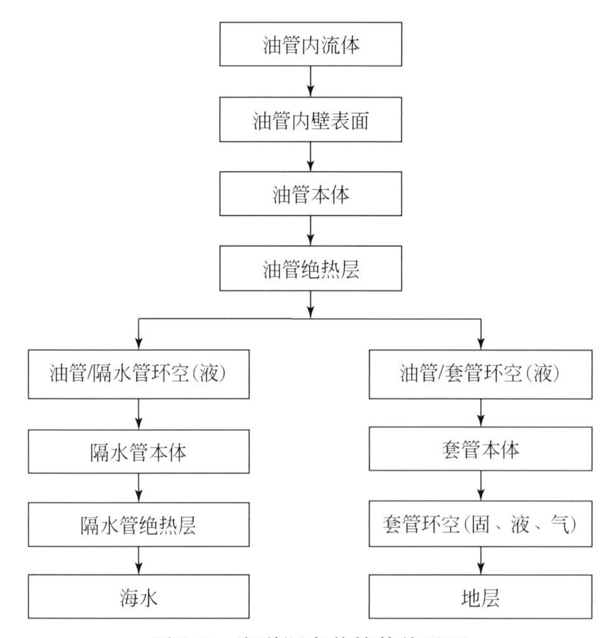

图 3-5　海洋深水井筒传热过程

地层段井筒换热过程包括管内流体与水合物层表面间的强制对流换热、水合物层导热、测试井筒壁导热、环空辐射换热、自然对流换热、套管壁导热、水泥环导热及半无限大地层中的非稳态导热，井筒测试流体与地层间的传热方程如式（3-25）所示。

$$q=\frac{1}{A'}(T_f-T_{ei}) \tag{3-25}$$

$$\frac{1}{A'}=\frac{2\pi r_{to}U_{to}k_e}{k_e+r_{to}U_{to}T_D} \tag{3-26}$$

$$\frac{1}{U_{to}}=\frac{r_{to}}{r_f h_i}+\frac{r_{to}\ln(r_{ti}/r_f)}{k_h}+\frac{r_{to}\ln(r_{to}/r_{ti})}{k_t}+\frac{1}{(h_c+h_r)}+\frac{r_{to}\ln(r_{co}/r_{ci})}{k_c}+\frac{r_{to}\ln(r_{wb}/r_{co})}{k_{cem}} \tag{3-27}$$

式中，$\frac{1}{A'}$为松弛参数，可由式（3-26）计算；T_f为井筒流体温度,℃；T_{ei}为地层/海水温度,℃；T_D为无因次温度；k_e为地层导热系数，W/(m·K)；U_{to}为井筒综合传热系数，W/(m^2·K)，可由式（3-27）计算；r_f为管线有效内径，m；r_{ti}为管线初始内径，m；r_{to}为管线外径，m；r_{wb}为井眼半径，m；r_{ci}为套管内径，m；r_{co}为套管外径，m；h_i为对流换热系数，W/(m^2·K)；h_c为海水传热系数，W/(m^2·K)；k_h为水合物导热系数，W/(m·K)；k_c为套管导热系数，W/(m·K)；k_{cem}为水泥环导热系数，W/(m·K)。

将式（3-25）~式（3-27）代入式（3-18）中可得到地层段井筒流体温度梯度方程为

$$\frac{dT_f}{ds}=\frac{1}{w_f C_m}\left[\frac{1}{A'}\ (T_f-T_{ei})\ +\frac{R_{hf}\Delta H}{M_h}\right]+\mu_j\frac{dp}{ds}-\frac{1}{C_m}\left(-g\sin\theta+v\frac{dv}{ds}\right) \tag{3-28}$$

海水段井筒的换热过程有管内流体与水合物层表面间的强制对流换热、水合物层导热、测试井筒壁导热、环空辐射换热及自然对流换热、隔水管壁导热、隔水管外壁面与海水对流换热。海水段井筒测试流体与海水间的传热方程如式（3-29）所示。

$$q=\frac{1}{B'}(T_f-T_{sea}) \tag{3-29}$$

$$\frac{1}{B'}=2\pi r_{to}U_{to} \tag{3-30}$$

$$\frac{1}{U_{to}}=\frac{r_{to}}{r_f h_i}+\frac{r_{to}\ln(r_{ti}/r_f)}{k_h}+\frac{r_{to}\ln(r_{to}/r_{ti})}{k_t}+\frac{1}{(h_c+h_r)}+\frac{r_{to}\ln(r_{co}/r_{ci})}{k_c}+\frac{r_{to}}{r_{co}h_s} \tag{3-31}$$

式中，$\frac{1}{B'}$为松弛参数，可由式（3-30）计算；T_f为井筒流体温度,℃；T_{sea}为海水温度,℃；U_{to}为井筒综合传热系数，W/(m^2·K)，可由式（3-31）计算；r_{co}为套管外径，m；r_{ci}为套管内径，m；r_{to}为管线外径，m；r_{ti}为管线初始内径，m；h_i为对流换热系数，W/(m^2·K)；h_c为海水传热系数，W/(m^2·K)；k_c为套管导热系数，W/(m·K)；k_h为水合物导热系数，W/(m·K)；h_s为隔水管外表面与海水之间强制对流换热系数，W/(m^2·K)。

将式（3-29）~式（3-31）代入式（3-18）中可得海水段井筒流体温度梯度为

$$\frac{dT_f}{ds}=\frac{1}{w_f C_m}\left[\frac{1}{B'}\ (T_f-T_{sea})\ +\frac{R_{hf}\Delta H}{M_h}\right]+\mu_j\frac{dp}{ds}-\frac{1}{C_m}\left(-g\sin\theta+v\frac{dv}{ds}\right) \tag{3-32}$$

关井停产工况下井筒流体从地层井段获得或海水井段失去的热量直接反映在各点钻井液温度上，井内单位长度钻井液柱存在能量平衡方程如式（3-33）所示，该方程考虑了井筒/管线内水合物生成、沉积对传热过程的影响，包括水合物生成相变热、水合物沉积引起热阻变化、管径变化引起的焦耳–汤姆逊效应。

$$\rho c_{\mathrm{p}} \frac{\partial T}{\partial t} \pi r_{\mathrm{ti}}^{2} = \frac{k(T_{\mathrm{e}}-T) \cdot 2\pi r_{\mathrm{t}}}{r_{\mathrm{to}}-r_{\mathrm{ti}}} \tag{3-33}$$

3.2.2 模型求解

多相流动模型具有非稳态特征，常采用有限差分法对其进行数值求解，求解步骤如图 3-6所示[11]，模型求解时还需根据不同工况建立合适的定解条件。

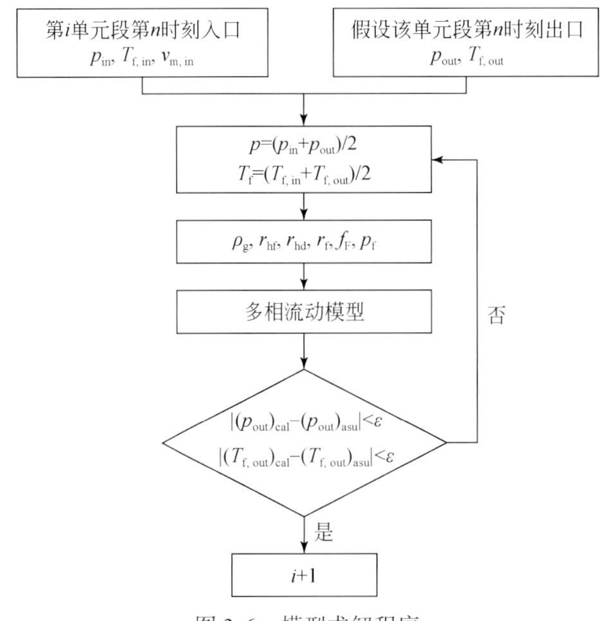

图 3-6　模型求解程序

模型的具体求解步骤如下：

（1）将井筒/管线划分成若干单元段，每单元段足够短，可认为单元段内水合物的生成速率、沉积速率、水合物膜厚度、管壁粗糙度等均不变。

（2）已知第 i 单元段第 n 时刻的入口参数温压、各相体积分数。

（3）假设该单元段第 n 时刻的出口温压 T_{out} 和 P_{out}。

（4）取单元段平均温压 $P_{平均}=(P_{\mathrm{in}}+P_{\mathrm{out}})/2$、$T_{平均}=(T_{\mathrm{f,in}}+T_{\mathrm{f,out}})/2$。

（5）根据 $P_{平均}$ 和 $T_{平均}$ 计算单元段的气体密度、水合物生成速率、水合物沉积速率、水合物膜厚度、管线有效过流面积、管线摩阻压降等参数，若管径有效半径 r_{f} 小于临界值 r_{c}，则认为井筒/管线发生堵塞。

（6）将上述各参数代入多相流动模型得到该单元段的出口温压，与假设温压比较，若在误差允许范围内计算结束，否则，将温压值作为假设值重复上述计算过程，直至满足精度要求。

（7）将第 i 单元段第 n 时刻的出口压力值作为下一单元段（$i+1$）第 n 时刻的入口参数，对第 $i+1$ 单元段第 n 时刻的出口温压进行同样计算过程，得到该段水合物膜厚度及有效管径等参数。

（8）将各单元段第 n 时刻的温压值作为初始值，同样计算过程可得到第 $n+1$ 时刻的参数。

通过上述求解过程可得到井筒/管线内流体温压分布、水合物膜厚度、有效管径等的变化规律。

3.2.3 模型验证

借助多相流动模型对某海域#1 和#2 的井筒温压场进行计算并与其他学者计算结果对比，以验证多相流动模型的可靠性，其中某海域#1 井基本参数如表 3-1 所示[18]，#2 井基本参数如表 3-2 所示[19]。

表 3-1 某海域#1 井基本参数

井深/m	海底深度/m	井底压力/MPa	井底温度/℃	海底温度/℃	海平面温度/℃	井筒内径/mm
2896.6	763	20.6	82	4.4	15.6	76
海底以下井筒总传热系数/[W/(m^2·K)]	海底以上井筒总传热系数/[W/(m^2·K)]	地层导热系数/[W/(m·K)]	地层散热系数/($10^{-6}m^2/s$)	产气量/($10^4m^3/d$)	体积含水率/‰	
5.678	11.356	2.2	1	27	1	

表 3-2 某海域#2 井基本参数

井深/m	海底深度/m	井底压力/MPa	井底温度/℃	海底温度/℃	海平面温度/℃
4450	853.4	28.84	73.33	1.11	12.22
海底以下井筒总传热系数/[W/(m^2·K)]	海底以上井筒总传热系数/[W/(m^2·K)]	井筒内径/mm	产液量/(m^3/d)	含气率/(Nm^3/m^3)	含水率/%
5.6785	11.356	101.6	500	195.8	49

Nm^3 为标准状态下气体体积单位

#1 井井筒温度预测结果如图 3-7 所示，#2 井井筒温压预测结果如图 3-8 所示，可知所建立多相流动模型计算结果与 Alves 等[18]、Hasan 等[19]计算结果吻合程度均较好，其中最大误差小于 5%。

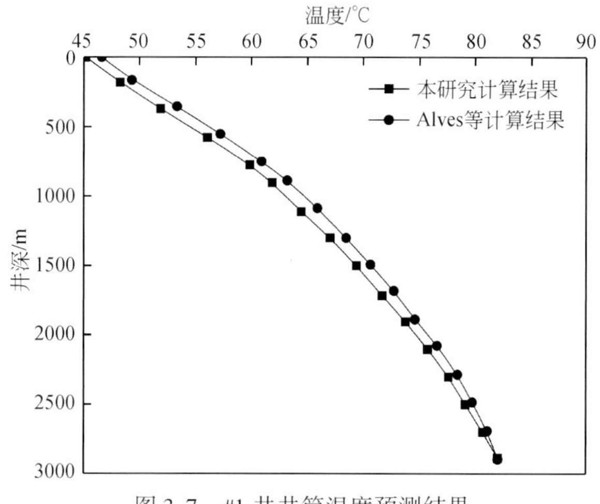

图 3-7 #1 井井筒温度预测结果

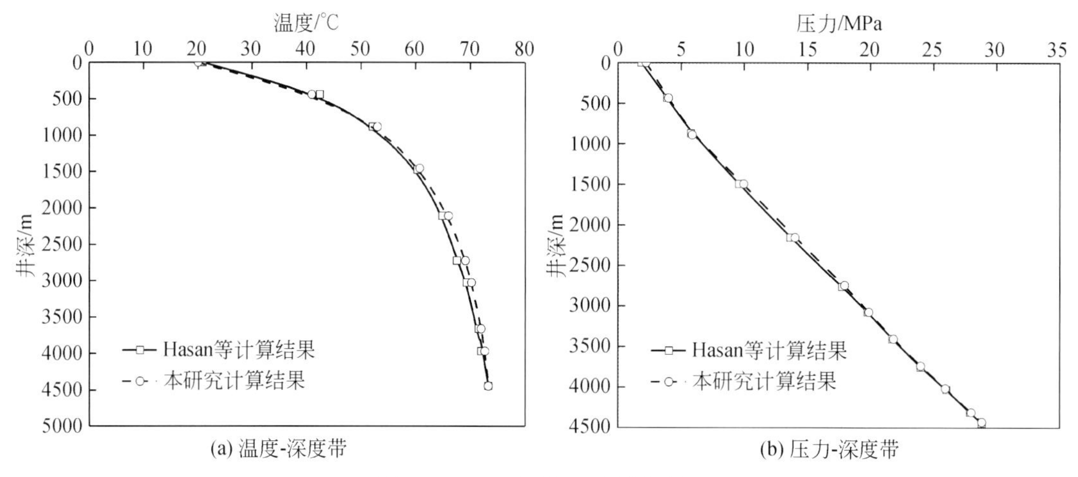

(a) 温度-深度带 (b) 压力-深度带

图 3-8 #2 井井筒温压预测结果

3.3 饱和气单相流动条件下井筒/管线温压场预测模型

综合考虑水合物沉积行为、系统传热特征、管内流体动力学的动态耦合特征，建立饱和气单相流动条件下深水井筒/管线的温压场耦合计算模型，模型基本假设条件为

（1）管内流体与周围环境传热形式为一维径向传热；

（2）管内流体流动传热为稳定传热；

（3）水合物生成区域内水合物稳定存在；

（4）忽略温压变化引起的管路形变。

3.3.1 温度场模型

饱和气单相流动条件下高温流体与外界换热是井筒/管线温度降低的原因，系统内温度分布如图 3-9 所示[20]，根据能量平衡原理建立井筒/管线内流体能量平衡方程如下[8]：

$$W_{\mathrm{m}}\left(C_{\mathrm{p}}\frac{\mathrm{d}T_{\mathrm{B}}}{\mathrm{d}s}-\mu_{\mathrm{j}}C_{\mathrm{p}}\frac{\mathrm{d}p}{\mathrm{d}s}+U_{\mathrm{g}}\frac{\mathrm{d}U_{\mathrm{g}}}{\mathrm{d}s}-g\sin\theta\right)=-q_1+q_2 \tag{3-34}$$

式中，μ_{j}为焦耳–汤姆逊系数；U_{g}为流体流速，m/s；w_{m}为流体的质量流量，kg/s；T_{B}为流体温度，K；q_1为管流与周围环境间的传热，W/m；q_2为水合物生成放热，W/m；C_{p}为井筒/管线主流区的流体比热容，J/(kg · K)。

忽略水合物相比热容，C_{p}可表示为式（3-35），单位长度热损失率可表示为式（3-36）。

$$C_{\mathrm{p}}=\frac{q_{\mathrm{g}}\rho_{\mathrm{g}}}{q_{\mathrm{g}}+q_{\mathrm{l}}}C_{\mathrm{g}}+\frac{q_{\mathrm{g}}\rho_{\mathrm{l}}}{q_{\mathrm{g}}+q_{\mathrm{l}}}C_{\mathrm{l}} \tag{3-35}$$

$$q_1=2\pi r_{\mathrm{c}}U\ (T_{\mathrm{B}}-T_{\mathrm{e}}) \tag{3-36}$$

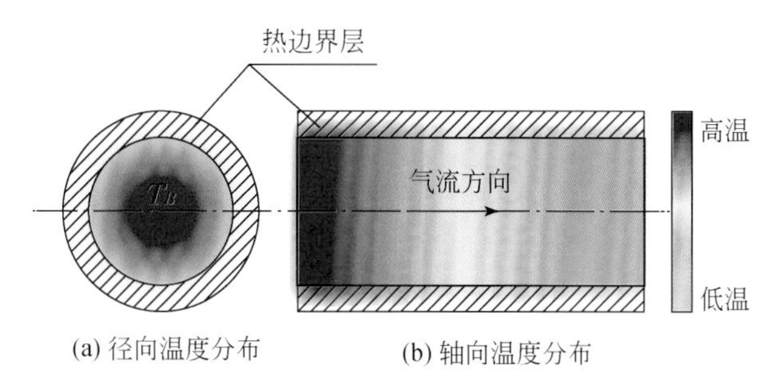

图 3-9 饱和气单相流动条件下井筒/管线温度分布

$$\frac{1}{U}=\frac{r_{\mathrm{c}}}{r_{\mathrm{w}}h_{\mathrm{B}}}+\frac{r_{\mathrm{c}}\ln(r_{\mathrm{w}}/r_{\mathrm{i}})}{k_{\mathrm{h}}}+\frac{r_{\mathrm{c}}\ln(r_{\mathrm{c}}/r_{\mathrm{w}})}{k_{\mathrm{t}}} \tag{3-37}$$

$$h_{\mathrm{B}}=\frac{Nu\ k_{\mathrm{B}}}{D_{\mathrm{i}}}=0.023\ \frac{k_{\mathrm{B}}}{D_{\mathrm{i}}}Re^{4/5}Pr^{1/3} \tag{3-38}$$

式中，q_1为控制单元内管线热损失量，W/m；T_{B} 为流体温度，K；T_{e}为管线外部环境温度，K；U 为总传热系数，W/(m · K)，以管壁外壁面为参考面，总传热系数可表示为式(3-37)；k_{h}为水合物层的导热系数，W/(m · K)，其随温压变化不敏感，近似为常数0.5；k_{t} 为管线导热系数，W/(m · K)；h_{B}为内部传热系数，W/(m · K)，其随管径和雷诺数变化，可由式（3-38）计算；k_{B}为管线内主流区的流体导热系数，W/(m · K)；Re 为雷诺数；Nu 为努塞尔数；Pr 为普朗特数。

水合物生成放出热量将引起系统温度升高，其放热量与水合物生成速率成正比，可通过式（3-39）进行计算。

$$q_2=\frac{\Delta H}{M_{\mathrm{h}}}\cdot\frac{\partial m_1}{\partial t\partial s} \tag{3-39}$$

式中，ΔH 为输气管线的水合物生成焓，J/mol；M_{h}为水合物的摩尔质量，kg/mol；$\frac{\partial m_1}{\partial t\partial s}$为水合物生成速率，kg/(s · m)。

水合物层的导热热阻随水合物层生长不断增大，将式（3-36）和式（3-39）代入能量守恒方程［式（3-34）］中可得系统流体的温度梯度方程为

$$\frac{\mathrm{d}T_B}{\mathrm{d}s}=\frac{q_1+q_2}{w_{\mathrm{f}}C_{\mathrm{p}}}+\mu_{\mathrm{j}}\frac{\mathrm{d}p}{\mathrm{d}s}-\frac{1}{C_{\mathrm{p}}}\left(-g\sin\theta+U_{\mathrm{g}}\frac{\mathrm{d}U_{\mathrm{g}}}{\mathrm{d}s}\right) \tag{3-40}$$

3.3.2 压力场模型

以深水输气管线流体入口处作为坐标原点，取主流区流体的流动方向为正，建立管线坐标系如图 3-10 所示。

在水平管流压降计算方法基础上，考虑管壁水合物层对过流面积、壁面粗糙度、管线流体流动瞬态特征的影响关系，忽略气液相间滑脱损失，结合图 3-10 建立单位控制体内

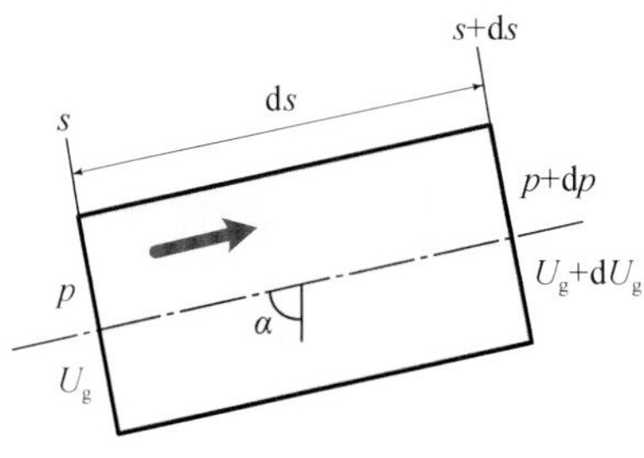

图 3-10　管线坐标示意图

的动量方程如式（3-41）所示，该式左侧第三项为系统流体的压力梯度项。

$$\frac{\partial}{\partial t}\left(A\rho U_{g}\right)+\frac{\partial}{\partial s}\left(A\rho U_{g}^{2}\right)+\frac{\mathrm{d}p}{\mathrm{d}s}+\left|32 f_{F}\frac{w_{m}^{2}}{\rho\pi^{2}D_{i}^{5}}\mathrm{d}s\right|=0 \tag{3-41}$$

$$f_{F}=\left\{-1.737\ln\left[0.269\frac{\varepsilon}{D_{i}}-\frac{2.185}{Re\ln\left(0.269\frac{\varepsilon}{D_{i}}+\frac{14.5}{Re}\right)}\right]^{-2}\right\} \tag{3-42}$$

式中，f_F为范宁摩阻系数，可由式（3-42）计算；ε 为表面粗糙度。

3.4　井筒/管线天然气水合物相平衡的影响因素

甲烷气体水合物的相态曲线如图 3-11 所示，可知温度对甲烷气体水合物生成压力的影响较大，其中温度越高水合物生成的临界压力越大，温度越低水合物形成的临界压力越小。气体水合物生成存在临界温度，若环境温度高于临界温度，无论压力大小均不能形成水合物，各种气体水合物的临界温度如表 3-3 所示。

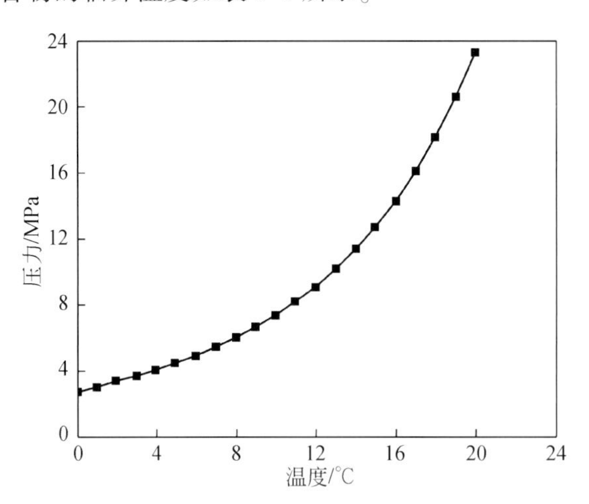

图 3-11　甲烷水合物生成相平衡曲线

表 3-3　天然气水合物生成的临界温度

气体组分	CH_4	C_2H_6	C_3H_8	$i\text{-}C_4H_{10}$	CO_2	H_2S
水合物生成的临界温度/℃	21.5	14.5	5.5	2.5	10.0	29.0

3.4.1 天然气组分

针对 4 种天然气组分来分析相平衡条件的变化规律，不同甲烷、乙烷、丙烷、正丁烷含量下水合物生成的温压条件如图 3-12 所示。可知不同组分天然气对水合物生成的敏感程度不同。随乙烷、丙烷及正丁烷含量的增加，混合气体水合物相态曲线均向右移，表明三者较甲烷更容易生成水合物，除此之外，丙烷比乙烷更容易生成水合物，正丁烷和丙烷两者水合物的形成条件基本相同。重烃组分正丁烷对Ⅱ型水合物中的大洞穴稳定作用较好，因此其较少的含量就能生成Ⅱ型结构水合物，相较轻烃气体分子其对水合物生成影响较大。

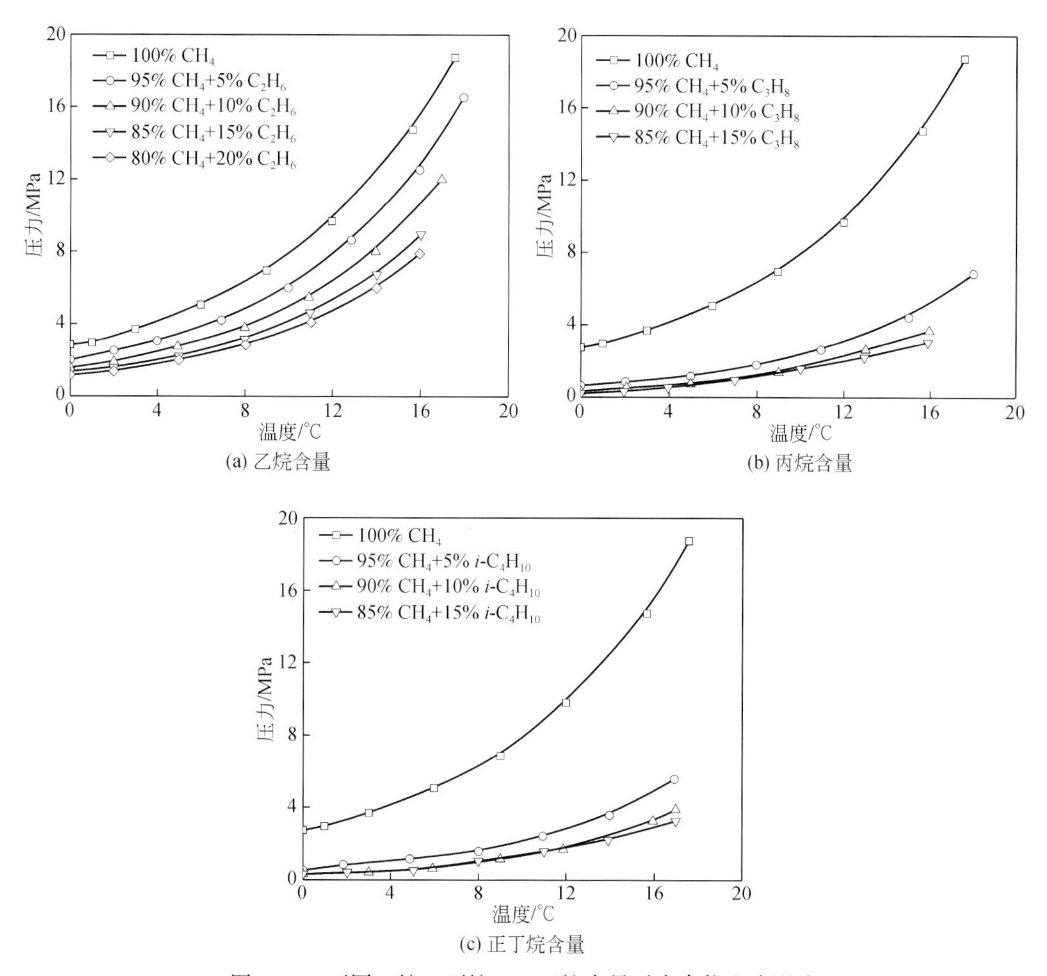

图 3-12 不同乙烷、丙烷、正丁烷含量对水合物生成影响

3.4.2 天然气密度

不同构造天然气的组分不同，不同组分天然气水合物生成试验的工作量巨大，因此常

将天然气组分对水合物生成的影响转化为天然气相对密度的影响，得到天然气密度与水合物生成的相态曲线如图 3-13 所示。可知同一组分天然气，压力越高水合物形成的临界温度越高，压力越低水合物形成的临界温度也将降低；同一压力下，天然气相对密度越高，水合形成的临界温度越高，当温度超过临界温度后无水合物生成。

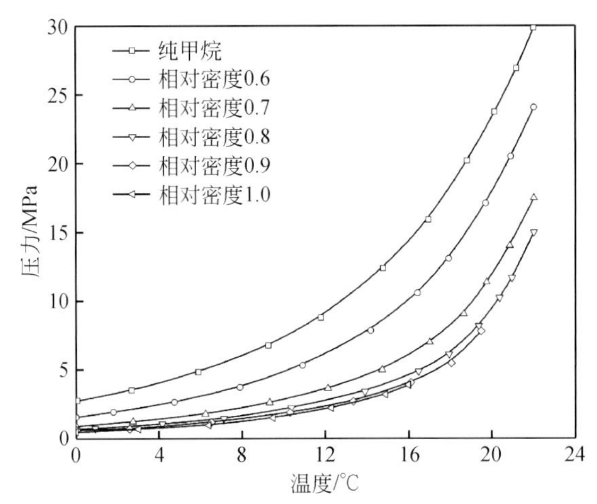

图 3-13　不同相对密度天然气水合物的相平衡曲线

3.4.3　热力学抑制剂

热力学抑制剂对天然气水合物相平衡曲线的影响关系如图 3-14 所示，热力学抑制剂能改变水分子、气体分子间的热力学平衡条件，水溶液或水合物的化学势随之改变，水合物相平衡曲线左移，在同等温压条件下水合物生成难度增大，且部分已生成水合物可能不再稳定。

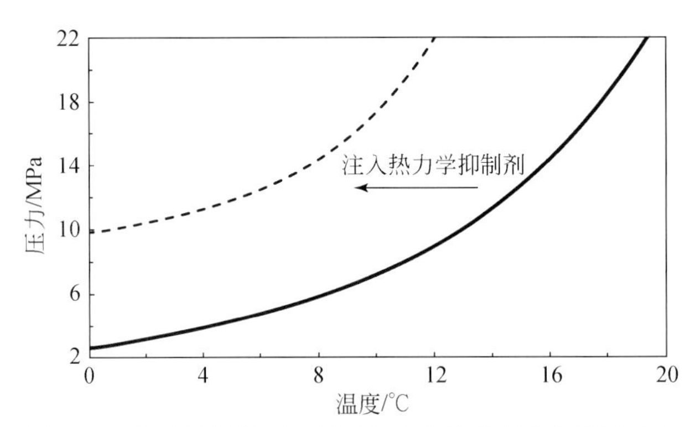

图 3-14　热力学抑制剂对天然气水合物相平衡曲线的影响

3.4.4　含砂量

为揭示流体砂粒对水合物生成热力学和动力学规律的影响关系，向高压反应釜中加入石英砂来模拟深水井底出砂和多孔介质环境，分别测试搅拌体系下不同石英砂粒径条件下的水合物相态曲线并对比分析，实验方案如表 3-4 所示。实验设备采用中国石油大学（华东）水合物研究中心设计的高压搅拌式水合物实验装置，如图 3-15 所示，其主要由反应釜（容积为 1L）、电磁搅拌器、低温水浴、供气系统和温压测试系统等组成。该实验步骤如下：

（1）洗砂。用蒸馏水清洗石英砂并烘干备用。

（2）填砂。按照砂和蒸馏水 1∶3 的重量比将石英砂填充至釜中。

（3）抽真空。

（4）充气加压并静置。加压后静置 12h，让釜内甲烷充分扩散、溶解，直至釜内压力不变。

（5）水合物生成。开启搅拌器，设定低温形成过冷度，水合物开始生成。

（6）水合物分解。水合物生成完毕后，逐步升温进行水合物分解实验，并记录温压变化。

（7）重复以上步骤。改变釜内压力，重复以上步骤以测得多个水合物相态点。

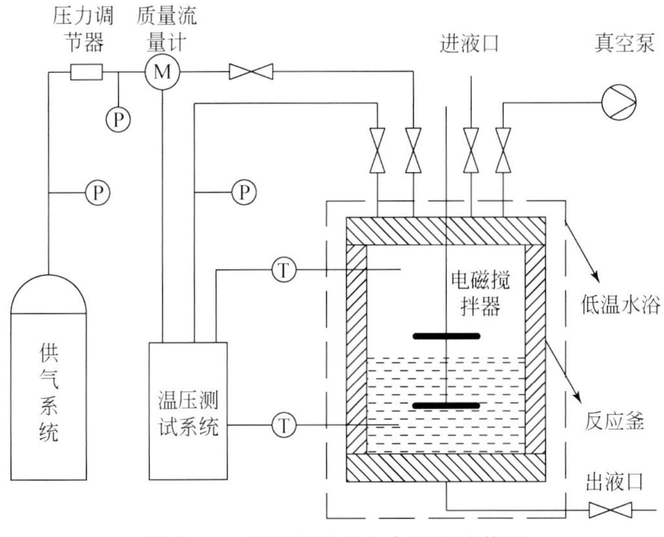

图 3-15　高压搅拌式水合物实验装置

表 3-4　实验方案

石英砂沉积层类型	石英砂粒径/μm	温度/K	压力/MPa
1	96～180	281.6～284.3	6.0～8.0
2	180～380	281.1～284.2	5.8～7.8
3	212～380	274.7～282.8	3.3～6.7
4	380～830	275.0～282.7	3.2～6.8

不同粒径石英砂搅拌与纯水体系中甲烷水合物相态曲线如图 3-16 所示。由图可知，搅拌体系下四种石英砂沉积层中甲烷水合物相态点与 Deaton 和 Frost[21]、Nakamura 等[22]、

Adisasmito 等[23]实验得到纯水体系中甲烷水合物的相态点基本吻合，这表明搅拌体系下粒径大于 96μm 的石英砂对水合物相态几乎不存在影响关系。

与加砂搅拌实验相比，填砂模型实验更能反映出砂粒对水合物相态点的影响。Anderson 和 Tohidi 利用纳米级砂粒进行了填砂水合物生成实验，结果表明相较纯水体系，水合物在石英砂多孔介质体系内（孔隙半径<50nm）较难形成，同等压力下石英砂体系中水合物的形成温度较纯水体系低 1℃左右。过小的砂粒粒径（或孔隙半径）不利于水合物成核，这可能因为孔隙毛细管力能使水进入多孔介质中微孔的所需压力变大，且孔隙毛细管力会改变水的活度，因此最终影响水合物生成。Turner 等[24]实验表明石英砂沉积层中孔隙半径大于 60nm 时，毛细管作用对水合物生成将不产生影响，然而陈强等[25]根据水合物相平衡数据计算得出石英砂沉积层中毛细管作用对水合物生成产生影响的临界尺寸为 58.68nm。

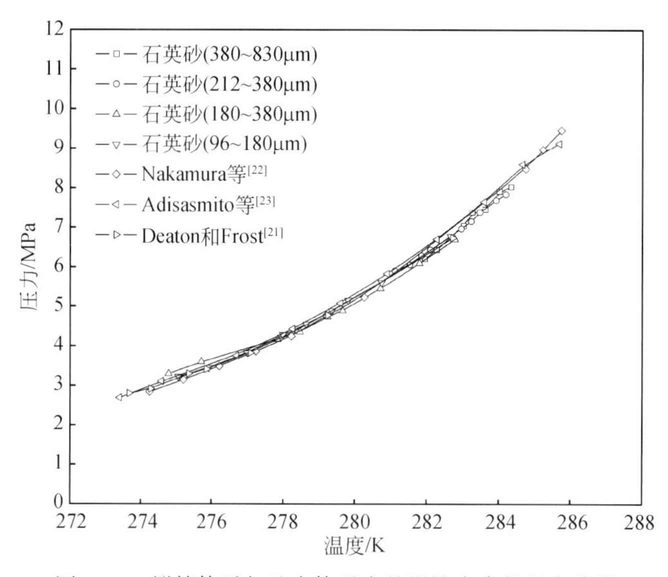

图 3-16　搅拌体系与纯水体系中的甲烷水合物相态曲线

3.5　深水气井天然气水合物生成区域预测方法及影响因素

3.5.1　不同工况下水合物生成区域预测方法

深水气井开采主要包括钻井、井控、测试、生产等多个作业过程，其中钻井、井控、测试、生产工况下的水合物生成区域预测方法基本类似，王志远、孙宝江等[14, 26-29]提出了综合考虑井筒/管线温度场分布与水合物相平衡特性的深水气井水合物生成区域预测方法，其中井筒/管线内水合物生成区域分别如图 3-17、图 3-18 所示，水合物生成区域预测的流程如下：

（1）数值求解不同工况下的井筒温度场、管线温压场分布规律；

（2）根据天然气水合物相态方程求解水合物相平衡温压曲线；

（3）将水合物相平衡温压曲线转换为井筒内水合物相平衡温度-深度曲线；

（4）分别将井筒温度场分布曲线与井筒内水合物相平衡温度-深度曲线、管线温压场分布曲线与管线内水合物相平衡温压曲线同比例绘于同一张图中，两曲线交叉区域即为水合物生成区域。

由图 3-17、图 3-18 可注意到两曲线交叉区域纵向长度越大，水合物生成区域越大；交叉区域横向宽度越大，水合物生成的过冷度越大，此时水合物生成速率越快。

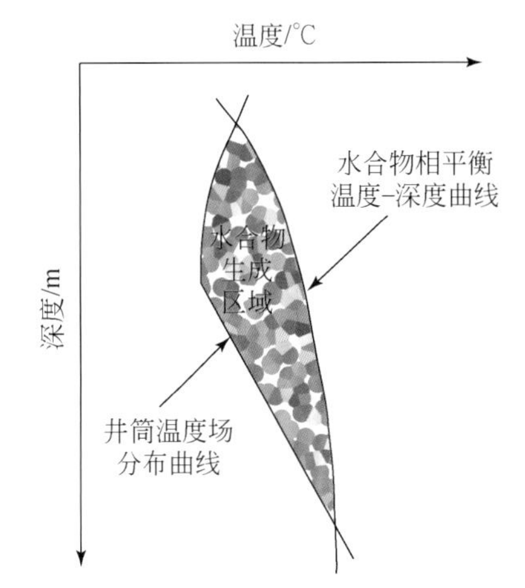

图 3-17　井筒水合物生成区域示意图

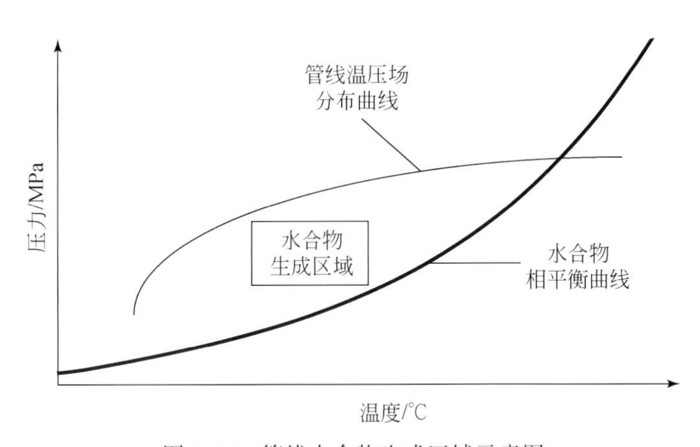

图 3-18　管线水合物生成区域示意图

3.5.2　钻井期间水合物生成区域的影响因素

结合某深水井分析钻井液循环流量、泥浆池入口温度、抑制剂浓度等参数对钻井期间水合物生成区域的影响规律。该井参数为水深 1500m，244.5mm 套管下至水面下 3500m，127mm 钻具，215.9mm 钻头，节流管线内径为 76.2mm，正常钻进时排量为 54L/s，海底温度为 2℃，地层温度梯度为 3℃/100m，地层破裂当量密度为 1.27g/cm^3。

3.5.2.1 钻井液循环流量

通过上述水合物生成区域预测方法，计算得到不同钻井液循环流量下的水合物生成区域如图3-19所示[30]。可知因低循环流量下井筒流体与外界环境的热交换时间较长，受低温海水段、高温地层段影响，随循环流量减小泥线（1500m）上方环空温度降低而井底附近环空温度升高，即随循环流量降低整个环空温度曲线呈靠近外部环境温度曲线的趋势，该趋势使过冷度及水合物生成区域均逐渐增加。再者，水合物容易在海底防喷器附近聚集生成，可适当提高流量使该位置脱离水合物生成区域，从而减小防喷器管线阻塞风险。

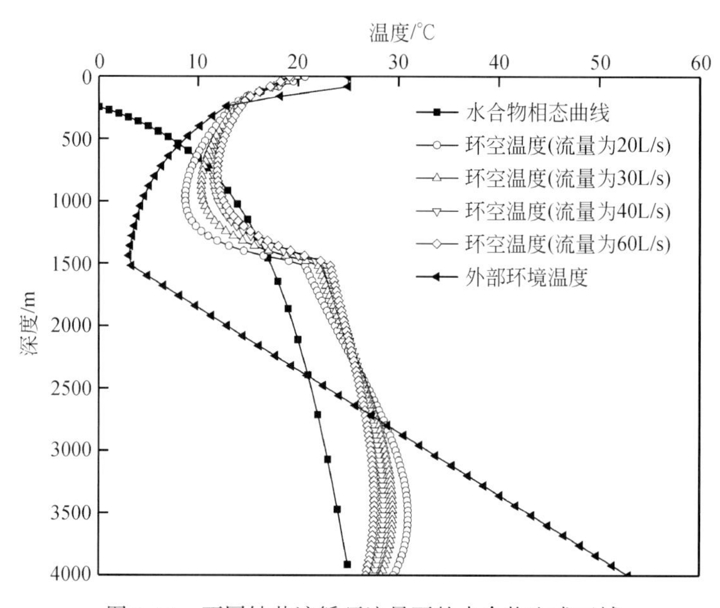

图3-19　不同钻井液循环流量下的水合物生成区域

3.5.2.2 钻井液入口温度

计算得到不同钻井液入口温度下的水合物生成区域如图3-20所示[14]。可知钻井液入口温度的变化明显影响循环状态下的环空温度分布，且水合物生成区域随钻井液入口温度增加逐渐减小，当钻井液入口温度达到30℃时井筒内无水合物生成，因此对井筒返排钻井液实施保温措施可一定程度上降低水合物堵塞风险。

3.5.2.3 含抑制剂钻井液体系

向钻井液中注入抑制剂是深水钻井期间最为普遍的水合物防治方法。不同NaCl及乙醇浓度下的水合物生成情况如图3-21所示[14]。可知随NaCl及乙醇浓度的升高水合物相态曲线均向左下方向偏移，水合物生成区域逐渐变小，井筒无水合物生成所对应NaCl、乙醇抑制剂浓度的临界值分别为12%、8%，这说明乙醇对水合物生成的抑制效果优于NaCl。

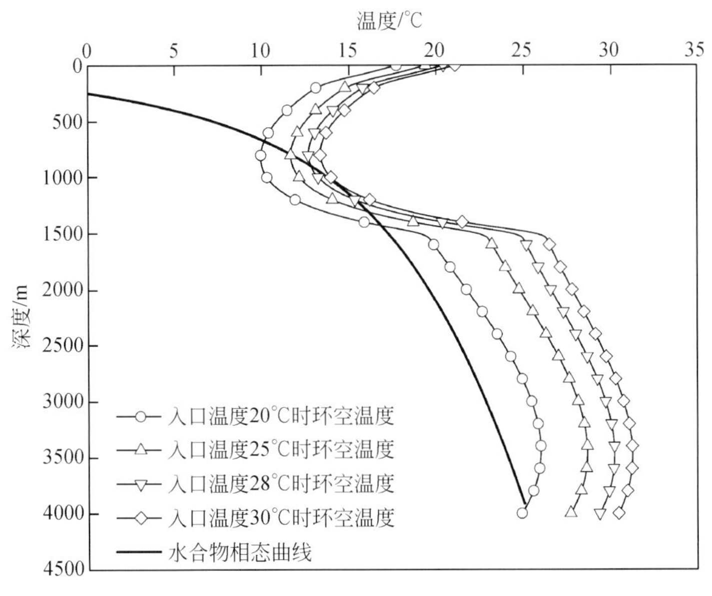

图 3-20 不同钻井液入口温度下的水合物生成区域

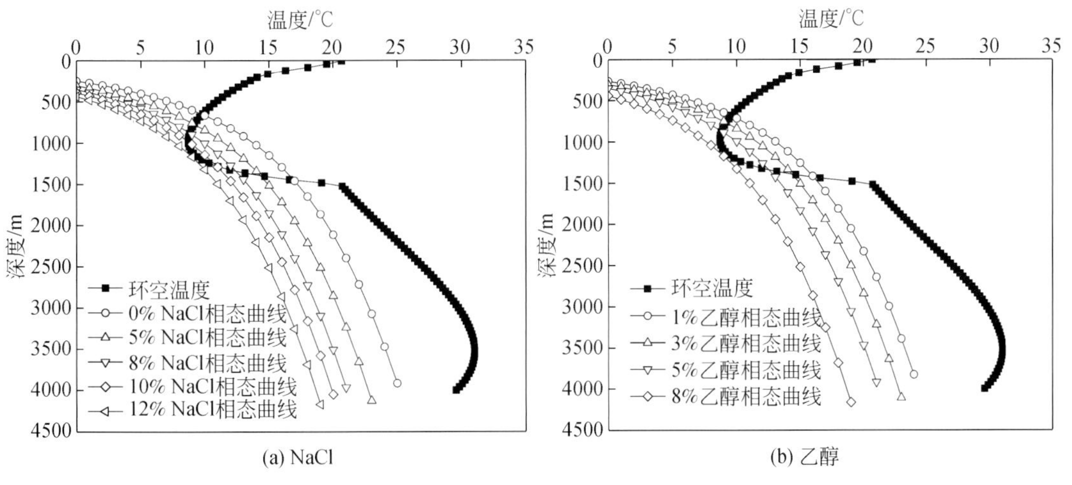

图 3-21 不同抑制剂浓度下的水合物生成区域

3.5.3 井控期间水合物生成区域的影响因素

根据某深水井相关参数计算分析关井时间、节流管线内径对井控期间水合物生成区域的影响关系[5]，该深水井相关数据见 3.5.2 节。

3.5.3.1 关井时间

计算得到不同关井时间下的水合物生成区域如图 3-22 所示。随关井时间增加过冷度及水合物生成区域均逐渐增大，这是因为关井时间越长环空流体与外界环境热交换越充分，环空温度曲线接近外界低温环境温度曲线，停钻时间 1h 时环空温度基本与外界环境温度相同。注意到关井时间越长泥线处温度越低，使水合物易在防喷器附近管线中生成，因此深水井控期间应尽量缩短关井时间以防止水合物生成。

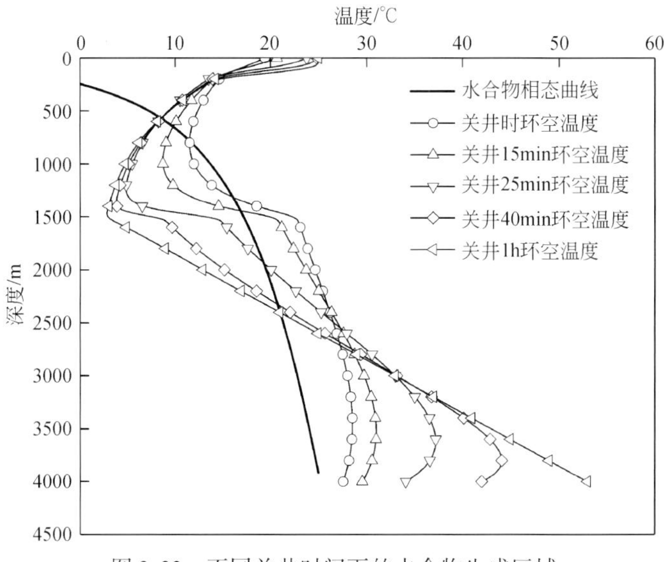

图 3-22　不同关井时间下的水合物生成区域

3.5.3.2　节流管线内径

计算得到不同节流管线内径下的水合物生成区域如图 3-23 所示。深水井控压井期间节流管线较长，尺寸较小，节流管线内摩阻较大，环空压力随之增加，造成环空水合物相态曲偏移。由图可知，随节流管线内径减小水合物相态曲线逐渐从正常钻进时的相态曲线向右上方向偏移，过冷度及水合物生成区域均变大，因此压井期间可通过选择合适内径的节流管线以减小水合物生成区域。

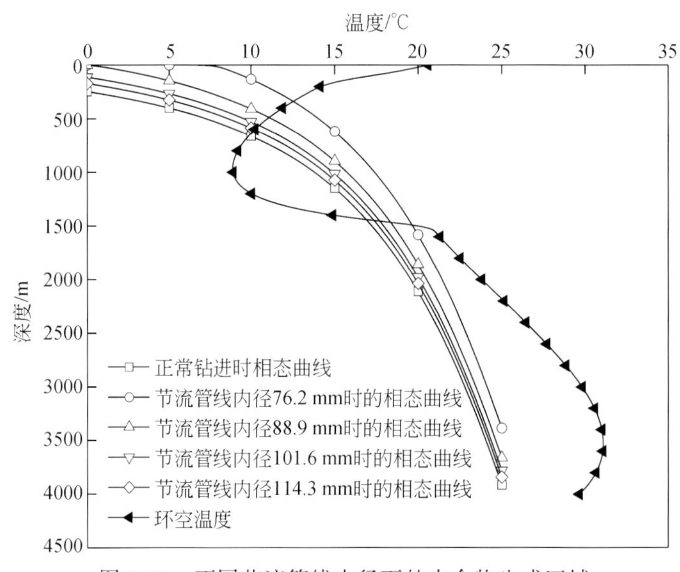

图 3-23　不同节流管线内径下的水合物生成区域

3.5.4 测试期间水合物生成区域的影响因素

结合某深水井分析天然气产量、地温梯度、海水深度等参数对测试期间水合物生成区域的影响关系，该井参数为海面水温25℃，井底压力28MPa，地温梯度1.77℃/100m，海水深度768m，井筒深度1942.59m。

3.5.4.1 天然气产量

计算得到产气量从$1\times10^4\ m^3/d$增至$150\times10^4\ m^3/d$时的水合物生成区域如图3-24所示。可知随产量增加井筒同一深度的温度增加，并且产量低于$15\times10^4\ m^3/d$时水合物生成区域较大，产量达到$15\times10^4\ m^3/d$时只有井口附近生成水合物，产量高于$20\times10^4\ m^3/d$时井筒内无水合物生成。原因在于井底温压一定时，产量越低井口压力越高，此时井筒内流体与外界低温环境热交换充分，流体温度较低，因而水合物容易生成；受高温储层影响，在较高产量的开井工况下井内流体温度远高于水合物生成温度，因此井筒内不可能形成水合物。

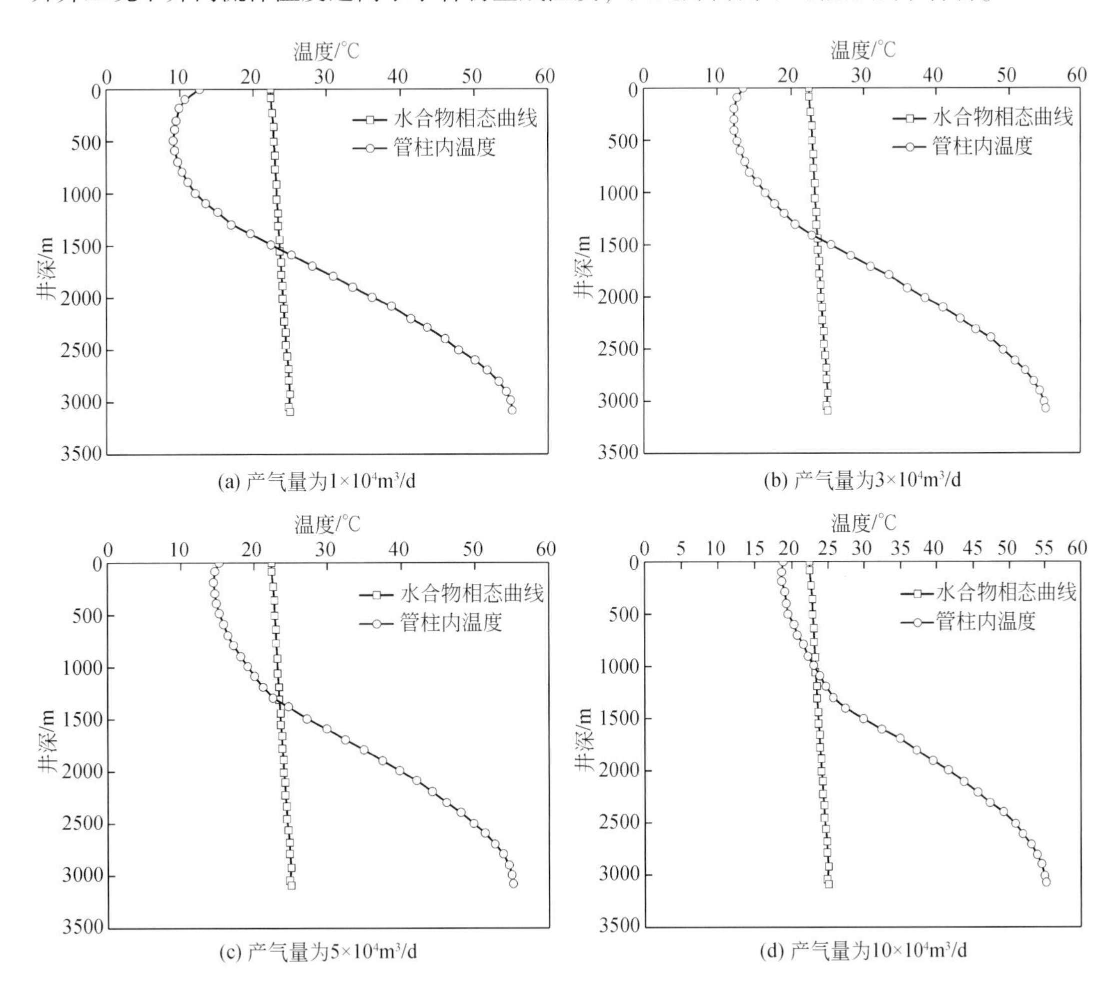

(a) 产气量为$1\times10^4 m^3/d$

(b) 产气量为$3\times10^4 m^3/d$

(c) 产气量为$5\times10^4 m^3/d$

(d) 产气量为$10\times10^4 m^3/d$

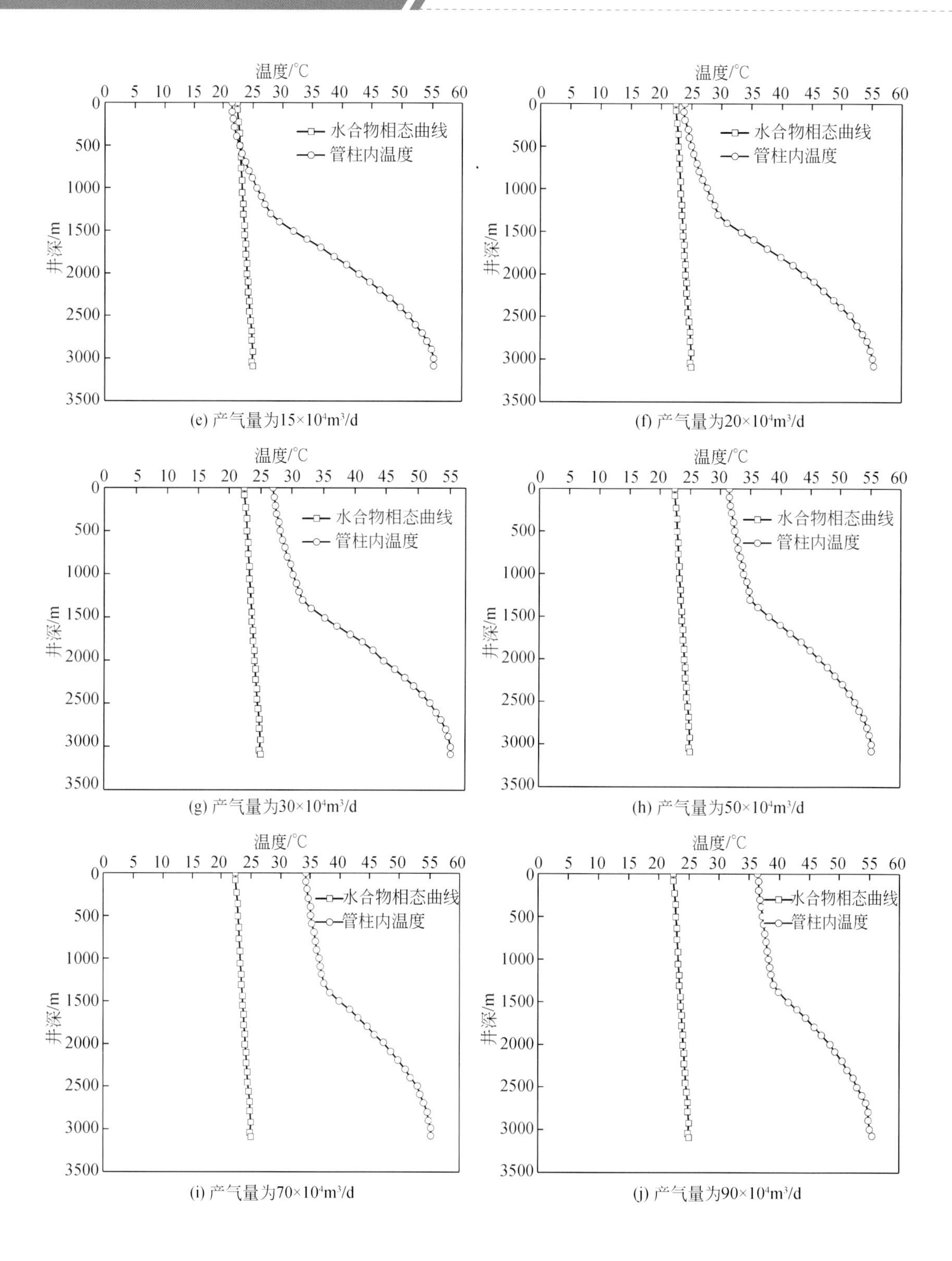

(e) 产气量为15×10⁴m³/d

(f) 产气量为20×10⁴m³/d

(g) 产气量为30×10⁴m³/d

(h) 产气量为50×10⁴m³/d

(i) 产气量为70×10⁴m³/d

(j) 产气量为90×10⁴m³/d

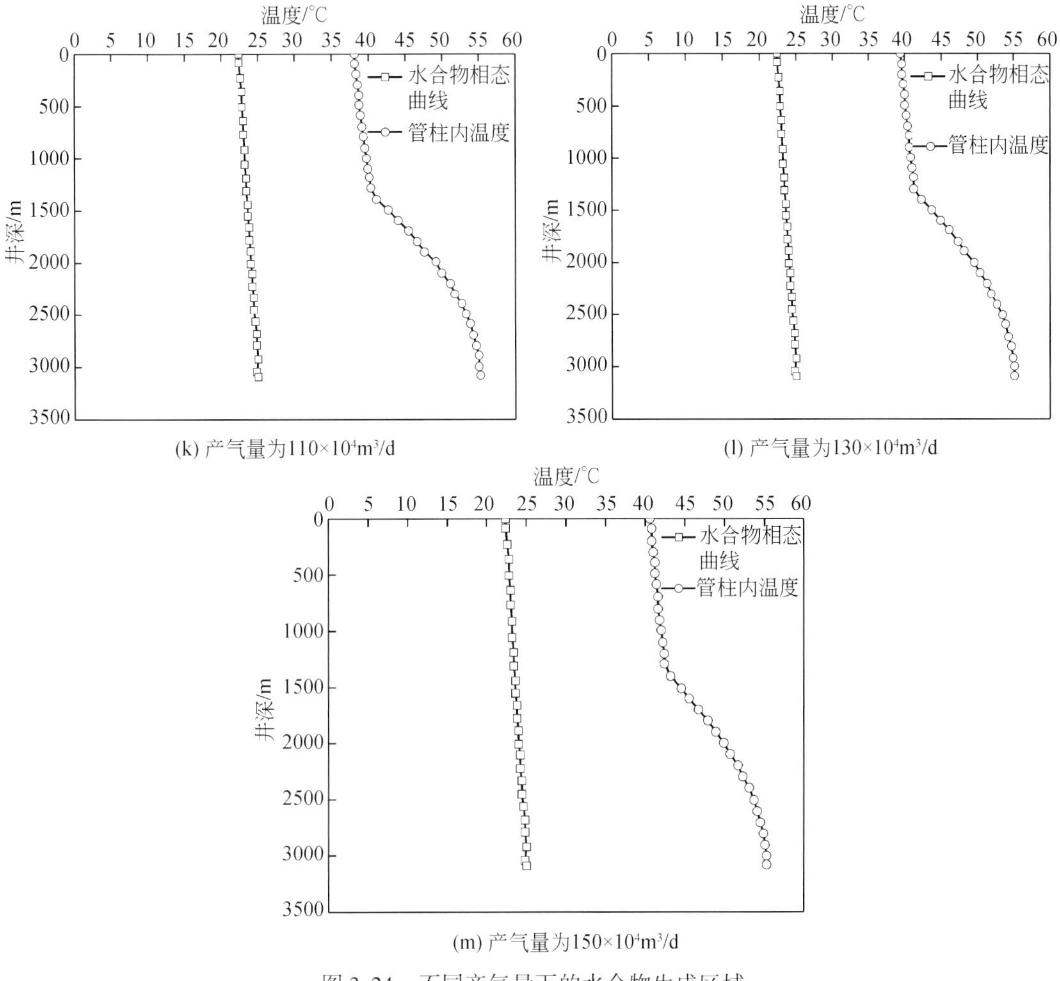

图 3-24 不同产气量下的水合物生成区域

3.5.4.2 地温梯度

计算得到不同地温梯度下的水合物生成区域如图 3-25 所示[28]，可知水合物生成区域随地温梯度增大逐渐变小，其中 1.0℃/100m 地温梯度下水合物生成区域为 420 ~ 1400m，1.5℃/100m 地温梯度下水合物生成区域为 500 ~ 1090m，地温梯度高于 2.0℃/100m 时井筒无水合物生成，这是因为地层温度升高使井筒温度变高，不利于水合物生成。因此，应注意深水气井测试期间较小地温梯度下的水合物生成问题。

3.5.4.3 海水深度

计算得到不同海水深度下的水合物生成区域如图 3-26 所示[28]，可知随海水深度增加水合物生成区域逐渐扩大，其中 1000m 水深时水合物生成区域为 0 ~ 1224m，750m 水深时水合物生成区域为 0 ~ 623m，500m 及 250m 水深时无水合物生成。原因在于随海水深度增加海底泥线附近温度变低，同时海水对井筒冷却时间变长，因此水合物生成区域变大。

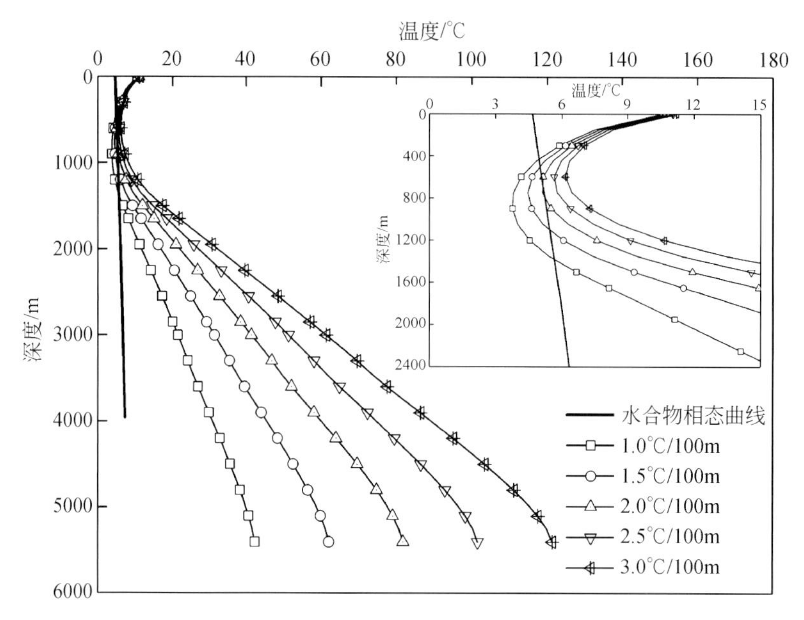

图 3-25　不同地温梯度下的水合物生成区域

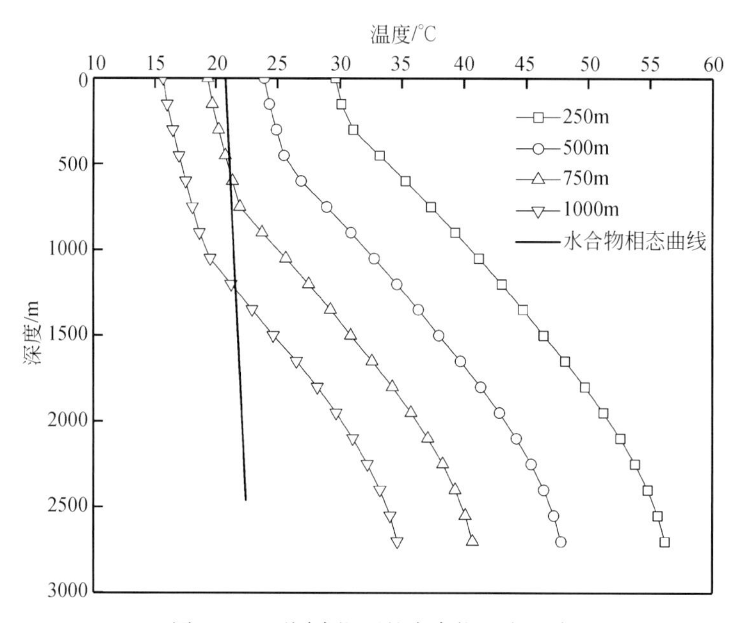

图 3-26　不同水深下的水合物生成区域

参 考 文 献

[1] Reyna E M, Stewart S R. Case history of the removal of a hydrate plug formed during deep water well testing [C] //SPE/IADC drilling conference. Society of Petroleum Engineers, 2001.

[2] Arrieta V V, Torralba A O, Hernandez P C, et al. Case history: Lessons learned from retrieval of coiled

tubing stuck by massive hydrate plug when well testing in an ultradeepwater gas well in Mexico [J]. Spe Production & Operations, 2011, 26 (4): 337-342.
[3] Trummer S A, Mohallem R, Franco E, et al. Hydrate remediation during well testing operations in the deepwater Campos Basin, Brazil [C] //SPE/ICoTA Coiled Tubing & Well Intervention Conference & Exhibition. Society of Petroleum Engineers, 2013.
[4] 王志远, 孙宝江, 高永海, 等. 深水司钻法压井模拟计算 [J]. 石油学报, 2008 (5): 786-790.
[5] 王志远, 孙宝江, 程海清, 等. 深水井控过程中天然气水合物生成区域预测 [J]. 应用力学学报, 2009, 26 (2): 224-229.
[6] 张振楠, 孙宝江, 王志远, 等. 深水气井测试天然气水合物生成区域预测及分析 [J]. 水动力学研究与进展A辑, 2015, 30 (2): 167-172.
[7] 赵阳, 王志远, 孙宝江, 等. 深水含水气井气液两相流传热特征及水合物生成区域预测 [C]. 第二十七届全国水动力学研讨会, 2015.
[8] 王志远, 赵阳, 孙宝江, 等. 井筒环雾流传热模型及其在深水气井水合物生成风险分析中的应用 [J]. 水动力学研究与进展A辑, 2016, 31 (1): 20-27.
[9] Wang Z, Yu J, Zhang J, et al. Improved thermal model considering hydrate formation and deposition in gas-dominated systems with free water [J]. Fuel, 2018, 236: 870-879.
[10] Wang Z, Liao Y, Zhang W, et al. Coupled temperature field model of gas-hydrate formation for thermal fluid fracturing [J]. Applied Thermal Engineering, 2018, 133: 160-169.
[11] Wang Z Y, Zhao Y, Sun B, et al. Modeling of hydrate blockage in gas-dominated systems [J]. Energy & Fuels, 2016, 30 (6): 4653-4666.
[12] Sun X, Sun B, Wang Z, et al. A hydrate shell growth model in bubble flow of water-dominated system considering intrinsic kinetics, mass and heat transfer mechanisms [J]. International Journal of Heat & Mass Transfer, 2018, 117: 940-950.
[13] Sawant P, Ishii M, Mori M. Prediction of amount of entrained droplets in vertical annular two-phase flow [J]. International Journal of Heat & Fluid Flow, 2009, 30 (4): 715-728.
[14] Wang Z Y, Sun B J, Cheng H Q, et al. Prediction of gas hydrate formation region in the wellbore of deepwater drilling [J]. Petroleum Exploration & Development, 2008, 35 (6): 731-735.
[15] 王志远, 孙宝江, 高永海, 等. 水合物藏钻探中的环空多相流溢流特性研究 [J]. 应用基础与工程科学学报, 2010, 18 (1): 129-140.
[16] Lorenzo M D, Aman Z M, Kozielski K, et al. Underinhibited hydrate formation and transport investigated using a single-pass gas-dominant flowloop [J]. Energy & Fuels, 2014, 28 (11): 7274-7284.
[17] 高永海, 孙宝江, 王志远, 等. 深水钻探井筒温度场的计算与分析 [J]. 中国石油大学学报 (自然科学版), 2008 (2): 58-62.
[18] Alves I N, Alhanati F J S, Shoham O. A unified model for predicting flowing temperature distribution in wellbores and pipelines [J]. SPE Production Engineering, 1992, 4 (7): 363-367.
[19] Hasan A R, Kabir C S, Sayarpour M. Simplified two-phase flow modeling in wellbores [J]. Journal of Petroleum Science & Engineering, 2010, 72 (1): 42-49.
[20] Zhang J, Wang Z, Liu S, et al. Prediction of hydrate deposition in pipelines to improve gas transportation efficiency and safety [J]. Applied Energy, 2019 (253): 113521.
[21] Deaton W M, Frost E M. Gas hydrates and their relation to the operation of natural-gas pipe lines [M]. American Gas Association, 1949.
[22] Nakamura T, Makino T, Sugahara T, et al. Stability boundaries of gas hydrates helped by methane—

structure-H hydrates of methylcyclohexane and cis -1, 2-dimethylcyclohexane [J]. Chemical Engineering Science, 2003, 58 (2): 269-273.

[23] Adisasmito S, Frank R J, Sloan E D. Hydrates of carbon dioxide and methane mixtures [J]. Journal of Chemical & Engineering Data, 1991, 36 (1): 68-71.

[24] Turner D, Boxall J, Yang S, et al. Development of a hydrate kinetic model and its incorporation into the OLGA2000 © transient multiphase flow simulator [C] //5th International Conference on Gas Hydrates, Trondheim, Norway. 2005: 12-16.

[25] 陈强, 业渝光, 刘昌岭, 等. 多孔介质体系中甲烷水合物生成动力学的模拟实验 [J]. 海洋地质与第四纪地质, 2007 (1): 111-116.

[26] Wang Z Y, Sun B J, Wang X R, et al. Prediction of natural gas hydrate formation region in wellbore during deep- water gas well testing [J]. Journal of Hydrodynamics, Ser. B, 2014, 26 (4): 568-576.

[27] Zhang J, Wang Z, Sun B, et al. An integrated prediction model of hydrate blockage formation in deep-water gas wells [J]. International Journal of Heat and Mass Transfer, 2019 (140): 187-202.

[28] Wang Z, Sun B, Wang X, et al. Prediction of natural gas hydrate formation region in wellbore during deep-water gas well testing [J]. Journal of Hydrodynamics, 2014, 26 (4): 568-576.

[29] Wang Z, Yang Z, Zhang J, et al. Flow assurance during deepwater gas well testing: Hydrate blockage prediction and prevention [J]. Journal of Petroleum Science & Engineering, 2018, 163: 211-216.

[30] Wang Z, Sun B. Annular multiphase flow behavior during deep water drilling and the effect of hydrate phase transition [J]. Petroleum Science, 2009, 6 (1): 57-63.

第4章 天然气水合物相变对深水井筒多相流动的影响

钻井作业过程中，高压低温条件下侵入井筒的气体将生成水合物，之后水合物上移过程中发生分解，这种相变将影响气侵规律和溢流特征。本章首先介绍了水合物相变对钻井液流变性的影响，其次建立了深水钻井环空多相流模型，分析了水合物相变对气泡运移的影响，最后讨论了无抑制剂、含抑制剂两种情况下水合物相变对井筒多相流动的影响关系。

4.1 天然气水合物相变对钻井液流变性的影响规律

学术界对水合物相变对钻井液流变性的影响已进行了大量研究[1-5]，Peysson 等[6]认为颗粒和流体等同于具有新摩擦因子的相，水合物颗粒会增加其与管壁间的摩擦因子，致使流动压降增加；Peixinho 等[7]研究了水合物生成后油包水乳状液体系中的流变特性，发现过冷度对体系黏度有明显影响；Webb 等[8,9]利用高压流变仪研究了水合物生成后油包水体系的流变特性，探讨了时间、剪切速率、含水量和温度对体系流变性的影响。王志远、孙宝江等[10-12]通过搭建水合物多相流实验装置进一步探讨了水合物相变对钻井液流变性的影响规律，本节主要对该工作进行介绍。

4.1.1 实验设备介绍

多相流实验装置如图4-1所示[10,11]，装置总体积达$9.602\times10^{-3}m^3$，试验段主要由1号管、2号管、3号管三根不锈钢水平管组成，其长度分别为3.07m、0.76m、4.43m，管道内径0.0254m，外径0.0635m。其中，1号管和2号管间装有用于观察的透明PVC管（长度0.3m、内径0.0254m），1号管、2号管、3号管和离心泵间的连接采用高压软管，且为避免热量损失所有管道和离心泵均涂有隔热材料，1号管、2号管和3号管的压差、温差分别由压差变送器和温度传感器测量。

水合物生成实验均在4.5%空隙率下进行，流型为气泡流，为避免过冷度引起偏差，实验初始过冷度确定为6.0K，实验气体采用纯度为99.99%的甲烷。实验开始前，首先用真空泵对流体回路抽真空，之后系统通过纯甲烷气瓶向流通回路注气增压，在此期间电磁流量计测量流体回路中气体的体积流量，待系统温压稳定至目标值后，柱塞泵将去离子水输送到流体回路中，此时水合物开始生成。整个过程采用高速摄像机记录PVC管内流体的输送现象和流型变化，计算机实时监测并采集每个时间间隔的温压、压降、流量。

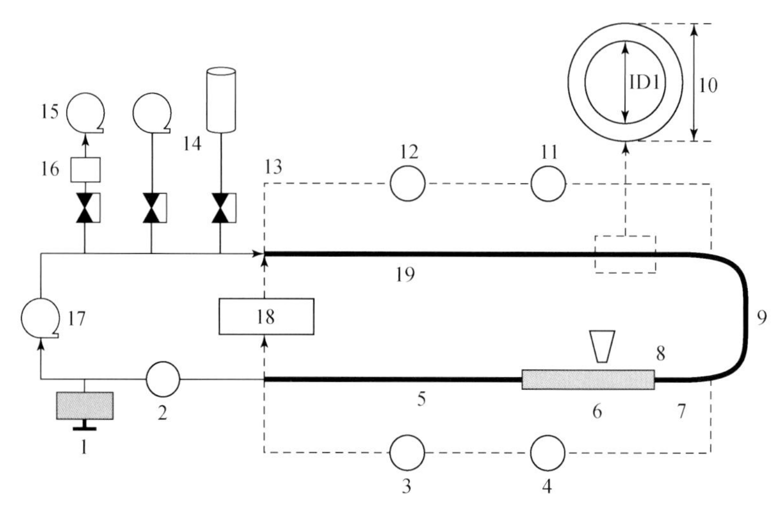

图 4-1　多相流实验装置

1. 计算机；2. 电磁流量计；3. 温度传感器；4. 压差信号传送器；5. 水平管 1；6. PVC 透明管；7. 水平管 2；8. 高速摄像机；9. 水平管 4；10. 管道外径；11. 压差信号传送器；12. 温度传感器；13. 气瓶；14. 柱塞泵；15. 真空泵；16. 缓冲瓶；17. 电动泵；18. 冷却机；19. 水平管 3

实验所用携带液为黄原胶水溶液（简称 XG 溶液），其属于非牛顿流体，不能忽略流变性对传质的影响。多相流动系统中传质系数和界面面积主要取决于携带液的流变性能，因界面面积难以精确测量，常采用体积传质系数进行计算[13-15]。

4.1.2　考虑水合物生成的钻井液流变模型

多相流实验装置可提供足够的搅拌以降低流动系统阻力，可忽略气体分子从液相向固相水合物颗粒运移的过程，因此水连续相中水合物生成可归结为甲烷分子从气相向水相扩散的过程[11]。甲烷分子质量通量可通过式（4-1）计算，水合物生成驱动力为水合物相平衡条件下气-水界面上甲烷分子浓度与水中甲烷体积浓度的差值。

$$J_{CH_4}=k_{CH_4}(C_1-C_{eq}) \tag{4-1}$$

式中，J_{CH_4}为甲烷分子质量通量，kg/(m^2·s)；k_{CH_4}为甲烷传质系数，m/s；C_1为气-水界面上的甲烷浓度，kg/m^3；C_{eq}为平衡条件下水中甲烷浓度，kg/m^3。

水合物生成与气液相间的表面积有关[16]，将式（4-1）中驱动力简化为气-水界面上甲烷摩尔分数与水中甲烷摩尔分数之差，此时甲烷水合物的生成速率如式（4-2）所示[17]。

$$\frac{dn_{CH_4}}{dt}=\frac{dn_H}{dt}=\frac{1}{M_{CH_4}}k_{CH_4}\alpha V_{tot}(C_1-C_{eq})=\frac{1}{M_{CH_4}}k_{CH_4}\alpha V_{tot}C_w(x_1-x_{eq}) \tag{4-2}$$

式中，dn_{CH_4}/dt 为甲烷分子的传质速率，mol/s；dn_H/dt 为水合物生成引起的甲烷消耗速率，mol/s；M_{CH_4}为甲烷分子的摩尔质量，kg/mol；V_{tot}为系统总体积，m^3；α 为特定区域浓度，m^{-1}；x_1为气-水界面的气体摩尔分数；x_{eq}为平衡状态下水中气体摩尔分数。

Kawase 等[18]推导出非牛顿流体的舍伍德数计算方程如式（4-3）所示：

$$Sh = 12C\frac{1}{\sqrt{\pi}}\sqrt{1.07}\,n^{1/3}Sc^{0.5}Re^{\frac{2n}{2(1+n)}}Fr^{\frac{11n-4}{30(1+n)}}Bo^{0.6} \tag{4-3}$$

式中，C 为舍伍德数的经验常数；n 为 XG 溶液的非牛顿指数；Sh 为舍伍德数；Sc 为施密特数；Re 为雷诺数；Fr 为弗劳德数；Bo 为键数，代表气体与非牛顿流体界面张力的影响。

界面张力一般对环境温度敏感，对非牛顿流体界面张力还受添加剂浓度的影响。Muthamizhi 等[19]研究了浓度为 0.1%～0.6% 时 XG 溶液的界面张力，认为界面张力是环境温度和 XG 溶液浓度的函数关系。本实验 XG 溶液浓度为 0.1%～0.3%，黄原胶水溶液的界面张力可计算为

$$\sigma_{XG} = 0.860052 - 0.00473\,T_{sys} - 0.03529\,C_{XG} + 0.00015\,T_{sys}C_{XG} + 0.00000705\,T_{sys}^2 - 0.00345\,C_{XG}^2 \tag{4-4}$$

式中，σ_{XG}为黄原胶溶液的界面张力，N/m；T_{sys}为环境温度，K；C_{XG}为黄原胶浓度，%。

测试的流动环截面为水平段，XG 溶液的流变特性可采用毛细管黏度计法进行评价。非牛顿流体剪切应力可表示为n'指数、K'系数和溶液流速的函数如式（4-5）所示，非牛顿流体剪切速率是流体速度和n'指数的函数如式（4-6）所示。因此，非牛顿流体剪切应力可进一步表示屈服应力、应力速率、n'指数和K'系数的函数[20]如式（4-7）所示。

$$\tau_{XG} = \frac{D}{4}\frac{\Delta P}{L} = K'\left(\frac{8\,v_{XG}}{D}\right)^{n'} \tag{4-5}$$

$$\gamma_{XG} = \frac{8\,v_{XG}}{D}\frac{3n'+1}{4n'} \tag{4-6}$$

$$\tau_{XG} = \tau_0 + K'\gamma_{XG}^{n'} \tag{4-7}$$

式中，ΔP 为水合物在水平管流动中的压降，Pa；L 为管道长度，m；K'为稠度系数；v_{XG}为 XG 溶液流速，m/s；n'为非牛顿行为指数；τ_0为屈服应力，Pa；τ_{XG}为 XG 溶液的剪切应力，Pa；γ_{XG}为 XG 溶液的剪切速率，s^{-1}。

当 XG 溶液浓度从 0.1% 增加到 0.3% 时，流体剪切速率与剪切应力间的关系如图 4-2 所示，可知剪切应力随剪切速率增加呈对数增长，并且随 XG 溶液浓度增加（0.1%～0.3%）剪切应力表现出更大的对数性。此外，实验数据的所有回归线均从原点开始，这表明式(4-7)中的屈服应力为零，因此黄原胶水溶液的表观黏度μ_{XG}可表示为

$$\mu_{XG} = \frac{\tau_{XG}}{\gamma_{XG}} = K'\gamma_{XG}^{n'-1} \tag{4-8}$$

n'指数、K'系数与 XG 溶液浓度之间的关系如图 4-3 所示，对 n'指数、K'系数分别进行经验指数函数回归有

$$n' = -265.65\,C_{XG} + 1.2831 \tag{4-9}$$

$$K' = 2\times10^{10}C_{XG}^{\ 4.094} \tag{4-10}$$

将式（4-9）、式（4-10）代入式（4-8）可得黄原胶水溶液表观黏度的最终表达式为

$$\mu_{XG} = 2\times10^{10}C_{XG}^{\ 4.094}\gamma_{XG}^{-265.65C_{XG}+0.2831} \tag{4-11}$$

以上相关函数为经验函数，因此提出的钻井液流变模型仅在实验范围内（XG 溶液浓

度为0.1%~0.3%，剪切速率为2.94~723s^{-1}）表现良好。

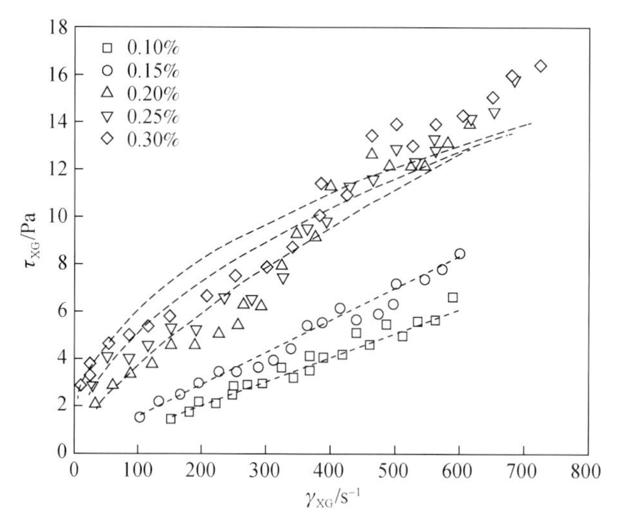

图4-2　剪切应力与剪切速率的关系

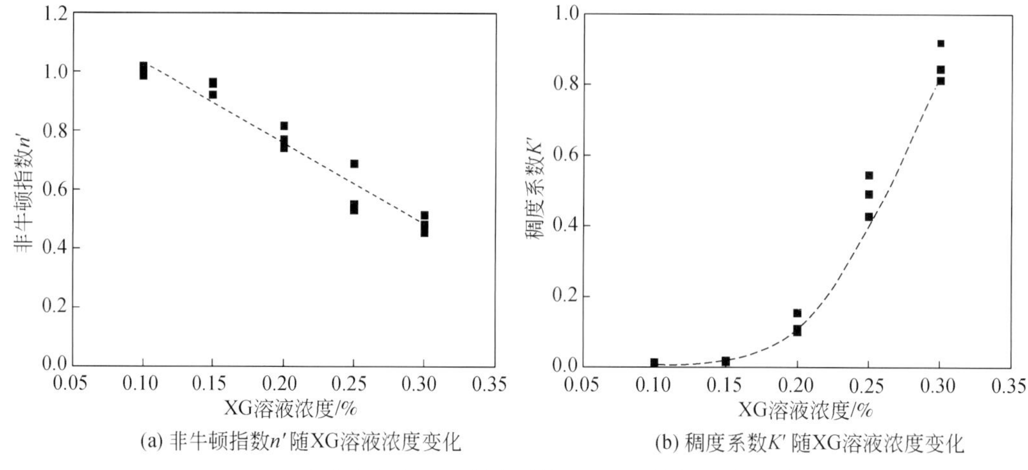

(a) 非牛顿指数n'随XG溶液浓度变化　(b) 稠度系数K'随XG溶液浓度变化

图4-3　非牛顿指数n'、稠度系数K'与XG溶液浓度的关系

4.1.3　水合物生成积分常数的确定方法

水合物生成实验中水合物生成起始时刻的过冷度接近6.0K，结束时刻过冷度接近0K。环路1.18m/s流速下甲烷水合物生成速率随时间的变化关系如图4-4（a）所示。可知当XG溶液浓度为0%和0.10%时水合物生成速率在初期时间段急剧下降，之后生成速率基本保持不变，然而，水合物生成速率在末期时间段却急剧增加，这表明多相流系统中水合物的生成过程并不完全受过冷条件的控制。

初期时间段水合物壳首先在气泡表面生成[21,22]，气泡表面水合物壳向内、向外生长阻止气液相的进一步接触，因而水合物生成速率受到抑制。中期时间段气泡在剪切力作用下发生碰撞、破裂，气液界面面积增大，气泡表面水合物壳开始二次生长，水合物生成速率提高，在水合物壳延伸生长的抑制作用、气泡碰撞破裂的促进作用共同影响下水合物生成速率呈恒定趋势。末期时间段过冷度较小（1.0K 内），气泡强度较低，气泡破裂可能性大，突然增大的气液界面面积将促使水合物生长速率急剧增加。

还注意到，XG 溶液浓度从0%增加到0.3%时水合物生成率明显降低，XG 在0.3%浓度下的水合物生成速率较浓度为0%下的值大幅降低，这说明 XG 溶液对水合物生成具有一定的抑制作用，因此黄原胶水溶液可作为水溶性聚合物的动力学抑制剂。

不同 XG 溶液流速下水合物生成速率随过冷度的变化关系如图 4-4（b）所示，可知 1.5m/s 下的水合物生成速率明显高于 1.18m/s 下所对应的速率值，原因是流速增大会加剧气液传质现象，有利于水合物生成。还发现水合物生成速率在 5.0K、1.0K 两节点处分别迅速降低、增加，根据两节点将 6.0K 至 5.0K、1.0K 至 0K 两区域标记为“开始区域”和“结束区域”，恒定水合物生成速率 5.0K 至 1.0K 区域标记为“生成区域”，造成该现象的原因是水合物壳生成对水合物生成的抑制作用、气泡破裂对水合物生成的促进作用的共同影响。

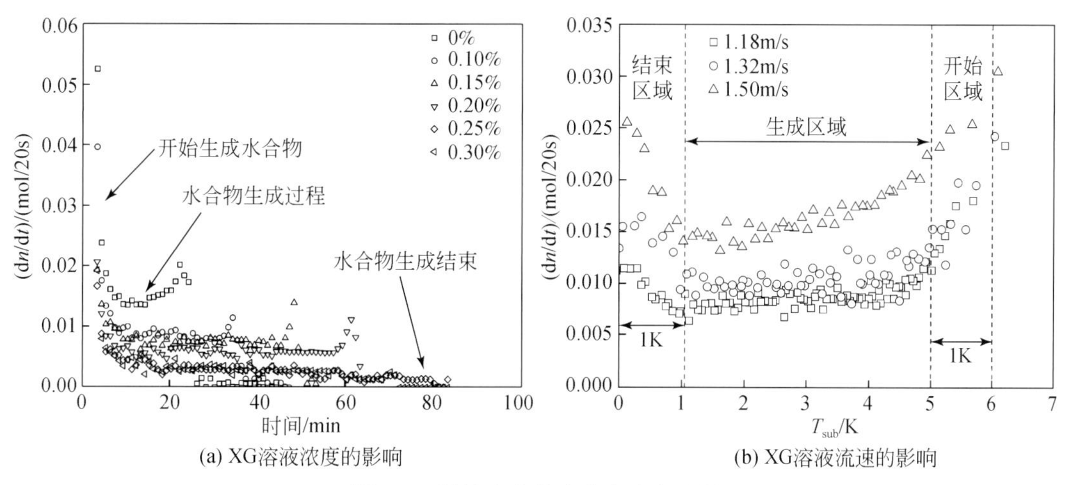

(a) XG溶液浓度的影响　　(b) XG溶液流速的影响

图 4-4　甲烷水合物生成实验全过程

在传质模型中加入可调参数 C_{HF}（称为水合物生成的积分常数）以符合实验数据，此时水合物生成速率可表示为式（4-12）。可调参数 C_{HF} 可由实验水合物生成速率与理论计算水合物生成速率的比得出，如式（4-13）所示。水合物生成经历了开始区域、生成区域和结束区域三个阶段，提出可调参数 $C_{HF,O}$ 来描述开始区中水合物壳生成对水合物生成速率的抑制作用，提出可调参数 $C_{HF,F\text{-}E}$ 来描述生成区和结束区中水合物壳改造、气泡破裂对水合物生成速率的影响。因此，水合物生成的积分常数可表示为式（4-14）。

$$\frac{\mathrm{d}n_{CH_4}}{\mathrm{d}t}=\frac{\mathrm{d}n_H}{\mathrm{d}t}=C_{HF}\frac{1}{M_{CH_4}}k_{CH_4}aV_{tot}C_w(x_1-x_{eq}) \tag{4-12}$$

$$C_{HF}=\frac{(\mathrm{d}n/\mathrm{d}t)_{HF,exp}}{(\mathrm{d}n/\mathrm{d}t)_{HF,pred}} \tag{4-13}$$

$$C_{HF}=C_{HF,O}+C_{HF,F\text{-}E} \tag{4-14}$$

为揭示 $C_{HF,O}$与过冷度 T_{sub} 的关系，将水合物生成起始时刻标记为 1.0K（实验中为 6.0K），水合物生成结束时刻标记为 0K。不同 XG 溶液流速下 $C_{HF,O}$随过冷度 T_{sub}变化的分布规律如图 4-5 所示[11]。可知 $C_{HF,O}$随过冷度降低呈指数下降，这表明水合物壳在气泡表面生成，气液传质速率降低，$C_{HF,O}$与过冷度的关系可拟合为式（4-15）的形式。其中，由图 4-6 可知 α 和 β 与 XG 溶液浓度的线性关系可由式（4-16）、式（4-17）表示，a、b、c 和 d 与流速间的线性趋势可由式（4-18）表示。将式（4-18）代入式（4-16）、式（4-17）中可计算出 α 和 β 的表达式，最终 $C_{HF,O}$可表示为式（4-19）。

$$C_{HF,O}=\alpha\exp(\beta T_{sub}) \tag{4-15}$$

$$\alpha=a C_{XG}+b \tag{4-16}$$

$$\beta=c C_{XG}+d \tag{4-17}$$

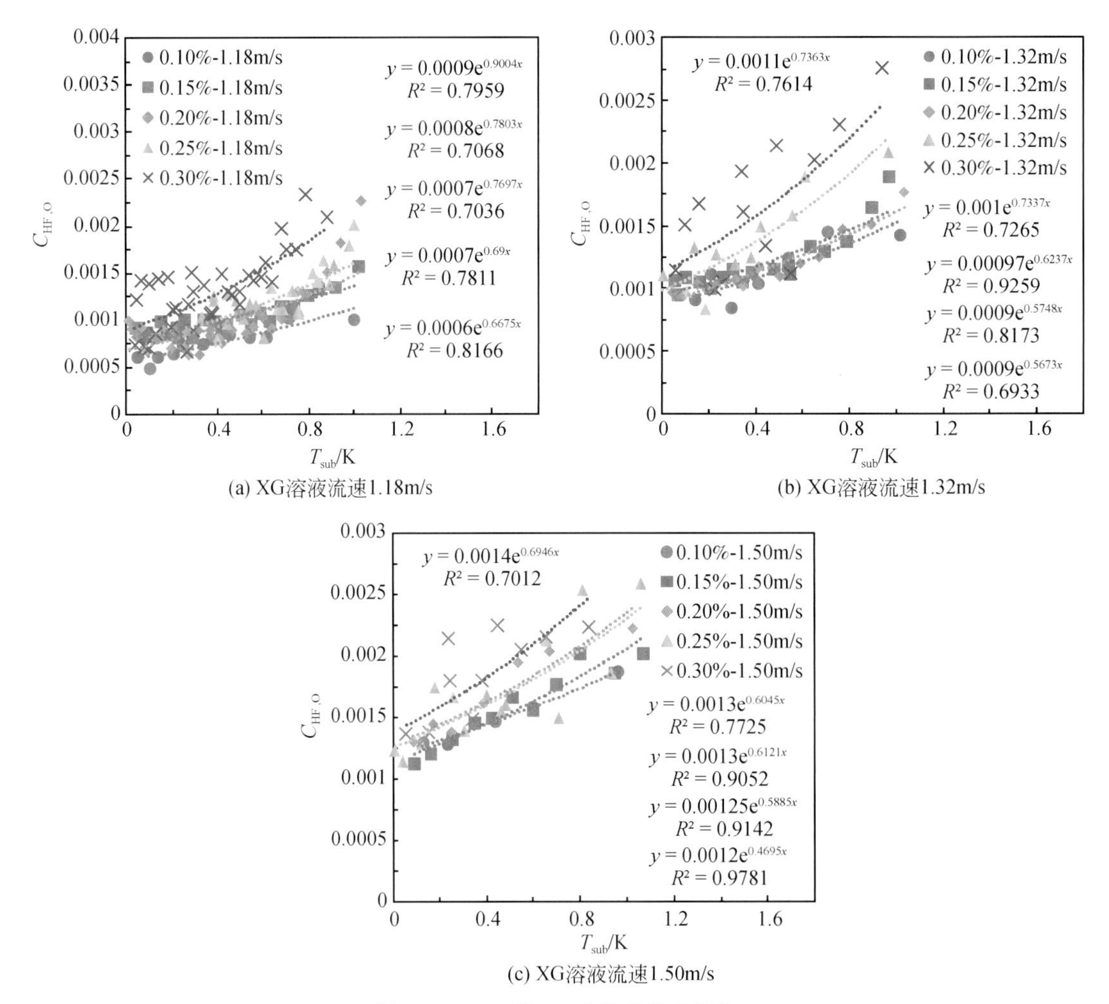

(a) XG溶液流速1.18m/s

(b) XG溶液流速1.32m/s

(c) XG溶液流速1.50m/s

图 4-5 $C_{HF,O}$随 T_{sub}变化的分布规律

$$\begin{cases} a=-0.1516\, v_{XG}+0.3121 \\ b=0.0019\, v_{XG}-0.0017 \\ c=-36.764\, v_{XG}+153.63 \\ d=-0.4566\, v_{XG}+1.0618 \end{cases} \tag{4-18}$$

$$C_{HF,O}=[(-0.1516v_{XG}+0.3121)C_{XG}+(0.0019v_{XG}-0.0017)] \times e^{[(-36.764v_{XG}+153.63)C_{XG}+(-0.4566v_{XG}+1.0618)]T_{sub}} \tag{4-19}$$

式中，α 为可调节参数的系数；β 为可调节参数的指数；a 为 α 系数；b 为 α 截距；c 为 β 的系数；d 为 β 截距。

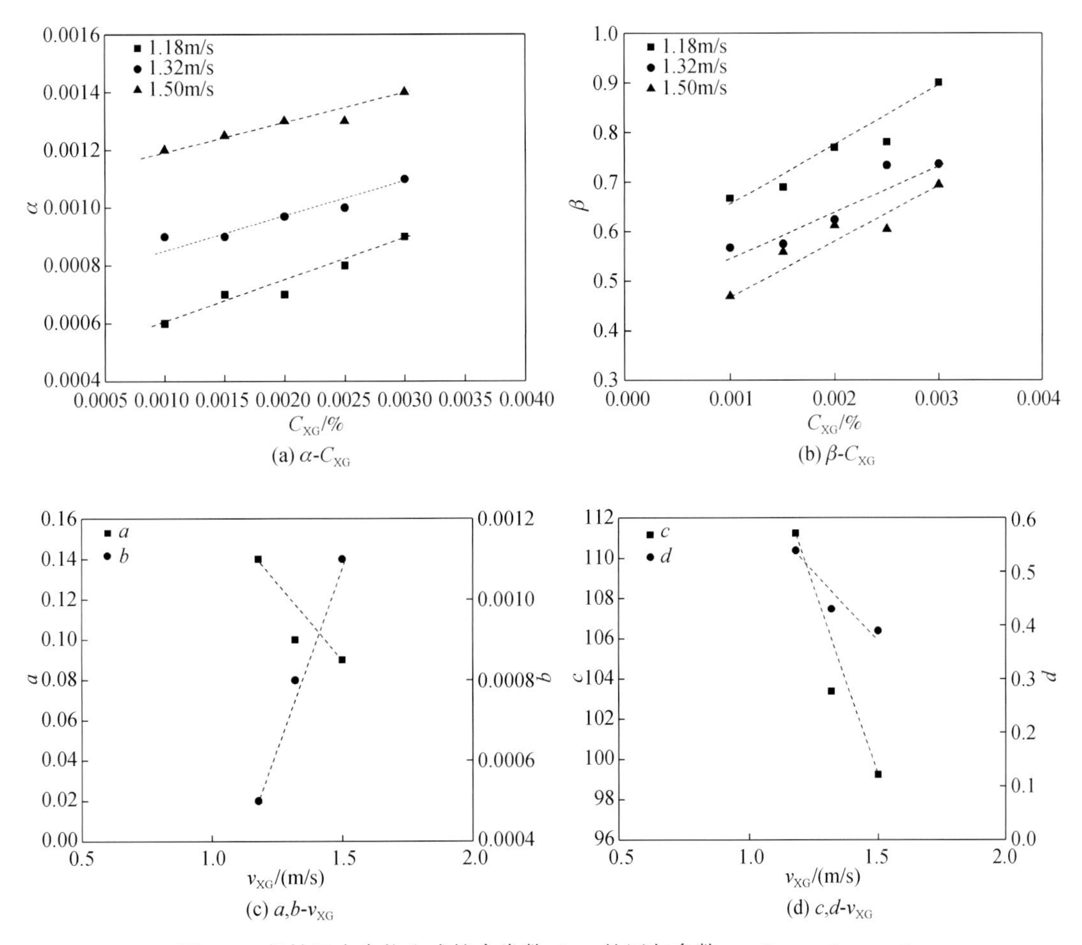

图 4-6 起始区水合物生成综合常数 $C_{HF,O}$的回归参数 α、β、a、b、c、d

同理，不同 XG 溶液流速下 $C_{HF,F\text{-}E}$随过冷度 T_{sub}变化的分布规律如图 4-7 所示，$C_{HF,F\text{-}E}$将随水合物的生成而增加，表明水合物壳体改性和剪切力引起的气泡破碎提高了水合物的生成速率，拟合得到 $C_{HF,F\text{-}E}$是过冷度 T_{sub}的幂函数，如式（4-20）所示。其中，由图 4-8 可知 α 和 β 与 XG 溶液浓度的线性关系可由式（4-21）、式（4-22）表示，a、b、c 和 d 与流速间的线性趋势可由式（4-23）表示。将式（4-23）代入式（4-21）、式（4-22）可计算

出 α 和 β 的表达式，最终 $C_{\text{HF,F-E}}$ 可表示为式（4-24）。

$$C_{\text{HF,F-E}}=\alpha\, T_{\text{sub}}^{\beta} \tag{4-20}$$

$$\alpha=a\, C_{\text{XG}}+b \tag{4-21}$$

$$\beta=c\, C_{\text{XG}}+d \tag{4-22}$$

$$\begin{cases} a=1.6451\, v_{\text{XG}}-4.3001 \\ b=0.0066\, v_{\text{XG}}+0.0029 \\ c=-181.17\, v_{\text{XG}}+439.15 \\ d=-0.0075\, v_{\text{XG}}-1.4093 \end{cases} \tag{4-23}$$

$$C_{\text{HF,F-E}}=\left[(1.6451v_{\text{XG}}-4.3001)C_{\text{XG}}+(0.0066v_{\text{XG}}+0.0029)\right] \times T_{\text{sub}}^{\left[(-181.17v_{\text{XG}}+439.15)C_{\text{XG}}+(-0.0075v_{\text{XG}}-1.4093)\right]} \tag{4-24}$$

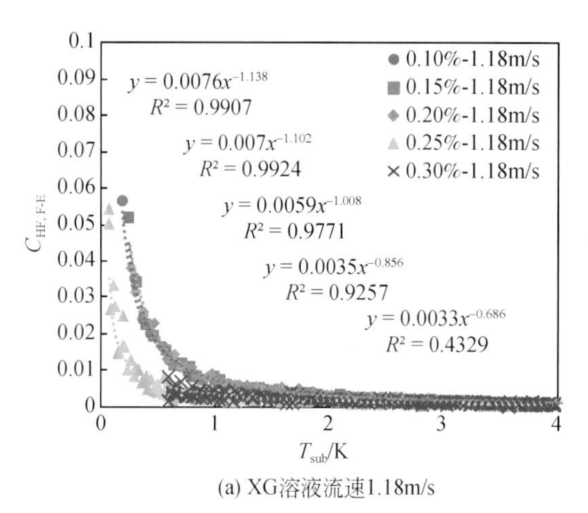

(a) XG溶液流速1.18m/s

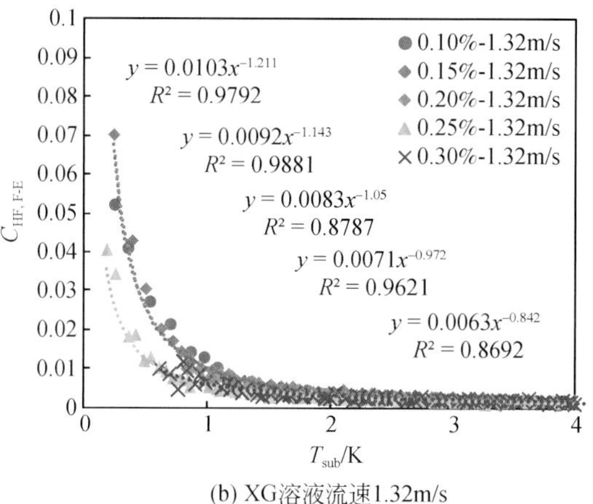

(b) XG溶液流速1.32m/s

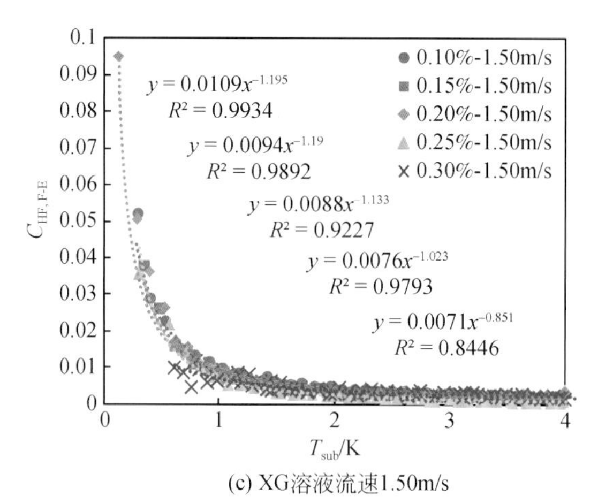

(c) XG溶液流速1.50m/s

图 4-7　$C_{\text{HF,F-E}}$ 随 T_{sub} 变化的分布规律

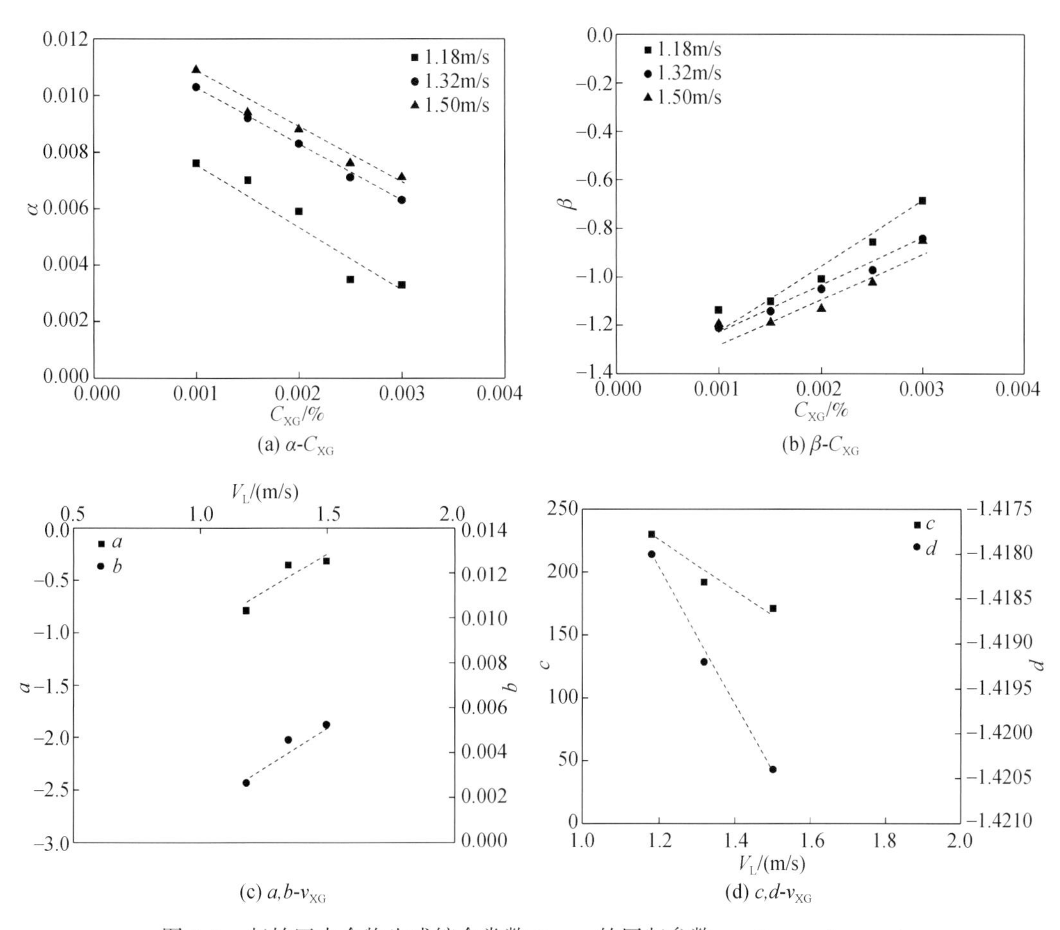

图 4-8 起始区水合物生成综合常数 $C_{HF,F-E}$的回归参数 α、β、a、b、c、d

4.2 天然气水合物相变对深水钻井多相流动的影响规律

4.2.1 深水钻井环空多相流模型

深水钻探过程中天然气侵入井筒后可能生成固态水合物并随钻井液一起上返，当水合物脱离其生成区域后重新相变为气体，这种相变过程将给钻井和生产工艺参数设计、隔水管设计带来新的问题和挑战[23,24]。自 20 世纪 60 年代开始，诸多学者建立了许多环空多相流模型，1968 年 Le Blanc 和 Lewis[25]建立了第一个井涌数学模型，该模型是一种均流模型；1972 年 Records[23]提出了考虑环空摩阻损失的井涌流动模型；1981 年 Horberock 和 Stanbery[24]建立了井涌流动模型，该模型用动量方程来求解井筒中压力；1982 年 Santos[26]在气液滑脱、两相流区摩阻损失基础上提出了深水井涌流动模型，模型中两相流采用泡状流流型，使用 Orkiszewski 方法计算两相流区的摩阻损失；1987 年 Nickens[27]通过分析泥浆和气体状态方程、气液相质量变化及气液混合物动量变化得到了多相流动模型；1991 年 Santos[28]将多相流动模型应用于水平井井涌计算，发现水平井关井允许的最大气侵量较直井要大；1995 年 Ohara[29]基于 Nickens 模型提出了考虑井眼环空、气层、节流管线和气液两相流区别的深水井控模型，并将模型划分为几个子模型进行计算；2002 年 Nunes[30]建立了井涌解析模型，并采用迭代方法求解得到稳态时每时间步长环空及节流管线中的压力分布及气液百分比，该模型假定井涌期间井底压力保持恒定，且基于段塞流流型进行压力计算；2007 年高永海[31]考虑到钻探过程中水合物分解和相变热的影响，建立了水合物层钻井中的井筒多相流动模型和传热模型；2009 年 Wang 和 Sun[32]建立了深水井涌模型，初步探讨了水合物生成对井涌流动参数的影响规律；王志远、孙宝江及其合作者针对井筒内天然气水合物的相变问题建立了溢流期间环空各相流体的连续性方程、动量方程以及能量方程[33-37]。

4.2.1.1　基本假设

深水钻井环空多相流动示意图如图 4-9 所示，根据深水钻井过程中的具体情况对井筒内流动作如下假设[35]：

（1）各相流体均由连续质点组成；

（2）忽略水合物相变产气与地层产气间的物理性质差异；

（3）井涌过程中不考虑化学处理剂对水合物相变的影响；

（4）建立能量方程时需考虑水合物相变引起的热量变化；

（5）建立能量方程时主要考虑对能量转化起主要作用的气相、液相、固相水合物因素。

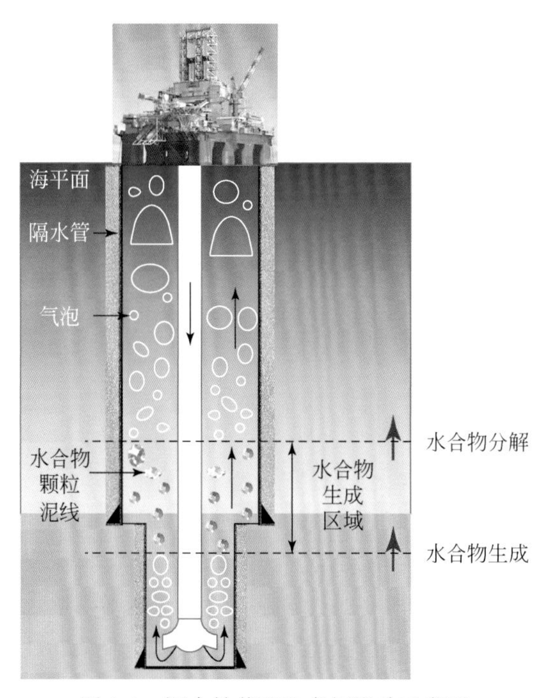

图 4-9　深水钻井环空多相流动示意图

4.2.1.2 环空多相流动方程组

井筒环空多相流动问题的控制方程主要包含各组分的连续性方程、动量守恒方程和能量守恒方程，其中产气、液相、岩屑、固相水合物的连续性方程分别如式（4-25）~式（4-28）所示，动量方程如式（4-29）所示，海底以下井段能量方程如式（4-30）所示[35,37,38]。

$$\frac{\partial}{\partial t}(A\rho_g E_g)+\frac{\partial}{\partial s}(A\rho_g v_g E_g)=q_g-x_g r_H \tag{4-25}$$

$$\frac{\partial}{\partial t}(A\rho_m E_m)+\frac{\partial}{\partial s}(A\rho_m v_m E_m)=-(1-x_g)r_H \tag{4-26}$$

$$\frac{\partial}{\partial t}(A\rho_c E_c)+\frac{\partial}{\partial s}(A\rho_c E_c v_c)=q_c \tag{4-27}$$

$$\frac{\partial}{\partial t}(A\rho_H E_H)+\frac{\partial}{\partial s}(A\rho_H E_H v_H)=r_H \tag{4-28}$$

$$\begin{aligned}&\frac{\partial}{\partial t}(AE_g\rho_g v_g+AE_m\rho_m v_m+AE_c\rho_c v_c+AE_H\rho_H v_H)\\&+\frac{\partial}{\partial s}(AE_g\rho_g v_g^2+AE_m\rho_m v_m^2+AE_c\rho_c v_c^2+AE_H\rho_H v_H^2)\\&+Ag\cos\theta(E_g\rho_g+E_m\rho_m+E_c\rho_c+E_H\rho_H)+\frac{\mathrm{d}(Ap)}{\mathrm{d}s}+\frac{\mathrm{d}A(F_r)}{\mathrm{d}s}=0\end{aligned} \tag{4-29}$$

$$\begin{aligned}&\frac{\partial}{\partial t}\left[\rho_g E_g\left(h+\frac{1}{2}v_g{}^2-gs\cos\theta\right)\right]+\left[\rho_m E_m\left(h+\frac{1}{2}v_m^2-gs\cos\theta\right)\right]A+\frac{r_H\cdot A\Delta H_H}{M_H}\\&-\left\{\frac{\partial\left[w_g\left(h+\frac{1}{2}v_g^2-gs\cos\theta\right)\right]}{\partial s}+\frac{\partial\left[w_m\left(h+\frac{1}{2}v_m^2-gs\cos\theta\right)\right]}{\partial s}\right\}=2\left[\frac{1}{A'}(T_{ei}-T_a)-\frac{1}{B'}(T_a-T_t)\right]\end{aligned} \tag{4-30}$$

其中

$$A'=\frac{1}{2\pi}\frac{k_e+r_{co}U_aT_D}{r_{co}U_ak_e} \tag{4-31}$$

$$B'=\frac{1}{2\pi r_{ti}U_t} \tag{4-32}$$

海底以上井段能量方程与式（4-30）相同，差别在于 A' 的表达式不同：

$$A'=\frac{1}{2\pi r_{co}U_a} \tag{4-33}$$

式中，E_H，E_c，E_m，E_g 分别为水合物、岩屑、液相和气相的体积分数,%；v_H，v_c，v_m，v_g 分别为水合物、岩屑、液相和气相的上返速度，m/s；ρ_H，ρ_c，ρ_m，ρ_g 分别为水合物、岩屑、液相和气相的密度，kg/m^3；q_g 为单位水合物藏长度的分解速率，kg/（s・m）；q_c 为单位长度下岩屑的生成速度，kg/s；x_g 为水合物中天然气的质量分数，无因次；r_H 为单位井筒长度天然气水合物的生成/分解速率，kg/（s・m）；A 为环形截面面积，m^2；θ 为井斜角,°；F_r 为环空摩阻，Pa；p 为环空压力，Pa；h 为焓，包括内能和动能，J；ΔH_H 为水合物的分解热，J/mol，水合物生成时 ΔH_H 为正值，分解时为负值；w_g，w_m 分别为气相、液相的质量流量，kg/s；T_{ei}，T_a，T_t 分别为地层/海水、环空和钻杆的温度,℃；T_D 为瞬态传热的函数；r_{co}为套管外径，m；r_{ti}为管线初始内径，m；U_a为环空流体与地层的总传热系数，W/(m^2·K)；U_t 为钻杆的总传热系数，W/(m^2·K)；k_e为地层导热系数，W/(m·K)；s为单位长度，m。

4.2.1.3 初始和边界条件

1）温度场定解条件

钻井过程中地层流体的侵入会导致流体运动状态发生改变，此时瞬时温度场的初始条件为稳态条件下计算得到的井筒及钻柱内温度。

钻柱入口的液体温度可直接测量，因此：

$$T_c(0,t)=T_{in} \tag{4-34}$$

钻柱内液体和环空液体在井底处的温度相等，即

$$T_c(H,t)=T_a(H,t) \tag{4-35}$$

海水温度场已知，表示为

$$T_s=T_0+T_s(h_s,s) \tag{4-36}$$

地层温度场已知，表示为

$$T_G=T_s(H_s,s)+K_{Gr}h \tag{4-37}$$

式中，T_{in}为钻柱入口温度,℃；T_a 为环空温度,℃；T_c 为钻柱内液体温度,℃；T_s 为海水温度,℃；T_G 为地层温度,℃；K_{Gr}为地温梯度,℃/m；H 为井底深度，m；h 为某点处井深，m；H_s为海水总深度，m；h_s为某点处海水深度，m。

2）压力及流动参数的定解条件

正常钻井时，当钻到储层顶部，此时还没有地层流体涌入，则有

$$E_H(S,0)=E_g(S,0)=E_c(S,0)=E_m(S,0)=0 \tag{4-38}$$

$$E_c(S,0)=\frac{v_{sc}(S,0)}{C_c v_{mm}(S,0)+v_{cr}(S,0)} \tag{4-39}$$

$$E_m=1-E_c \tag{4-40}$$

$$v_m(S,0)=\frac{Q_m(S,0)}{A(s)E_m(S,0)} \tag{4-41}$$

$$v_c(S,0)=\frac{Q_c}{A(s)E_c(S,0)} \tag{4-42}$$

$$p(S,0)=p(S) \tag{4-43}$$

$$S=h+h_s \tag{4-44}$$

式中，v_{sc}为岩屑的表观流速，m/s；C_c 为速度分布系数；v_{mm}为混合物流速，m/s；Q_m为泥浆泵排量，m^3/s；Q_c为岩屑排量，m^3/s；v_{cr}为岩屑的滑脱速度，m/s。

通过求解以上方程可确定初始时刻多相流沿井深的压强、速度和相体积分数等参数。压井开始前，通过测定关井后稳定的立压、套压及泥浆池增量，确定地层压力和加重泥浆密度，根据 $V_{sl}=0$ 及滑脱速度等确定每点的各相速度。这些参数确定后可作为压井阶段定解的初始条件。

钻进溢流工况为

$$\begin{cases} p(0,t) = p_s \\ q_g(H,t) = q_g \\ q_c(H,t) = q_c \end{cases} \tag{4-45}$$

式中，q_c为岩屑排量，m^3/s；q_g 为产气量，m^3/d；p_s为大气压力，Pa。

4.2.1.4 辅助方程

为使多相流控制方程组封闭进而能够求解，还需针对含水合物相变的多相流动过程建立辅助方程，主要包括速度方程、气相滑脱速度方程、流体 PVT 方程、几何方程、体积分数方程、流体黏度方程、沿程摩阻损失方程、隔水管和压井节流管线外海水温度场方程、地层温度场方程、钻柱内流动模型和钻柱内能量方程等。以上辅助方程可与控制方程组构成封闭的方程组体系，使求解多相流控制方程组成为可能。

4.2.2 水合物相变对气泡运移的影响

某一深水井海水深度为 1500m，假设水合物颗粒生成后上升速度为 0.05m/s，停钻工况下一直径为 1cm 的甲烷气泡以 0.2m/s 的速度在钻井液中上升，该深水钻井停钻时井筒水合物生成区域如图 4-10 所示，可知井深大于 200m 时夏冬两季的井筒温度场基本一致，且水合物生成区域为 580～1500m。

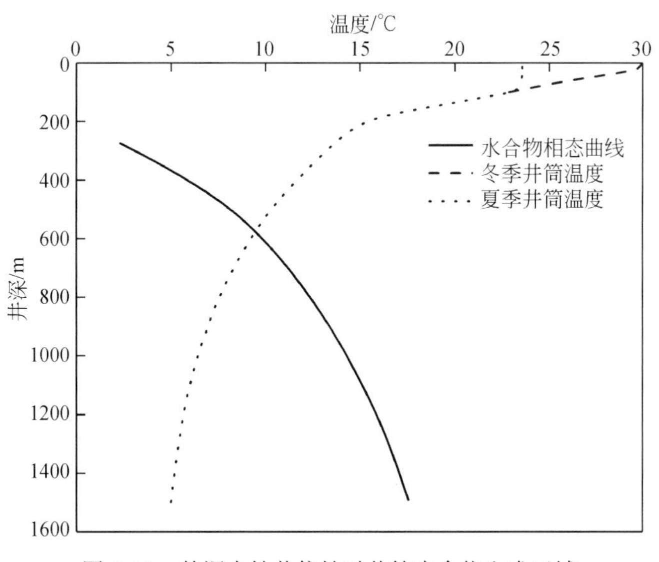

图 4-10 某深水钻井停钻时井筒水合物生成区域

井筒中直径为 1cm 的甲烷气泡从 1500m 处上升至井口过程中水合物相变曲线如图 4-11 所示。由图可知，深水井筒条件下水合物的生成速度远大于其分解速度，其中 4.2min 时甲烷气泡完全相变为水合物，水合物从 C 处开始分解至 D（D′）处完全分解用时 155.9min（夏季）及 168.3min（冬季）。此外还发现冬季水合物完全分解的深度（91m）要小于夏季时的深度（54m），原因在于冬季海水表层温度较低，其水合物分解速度低于夏季。

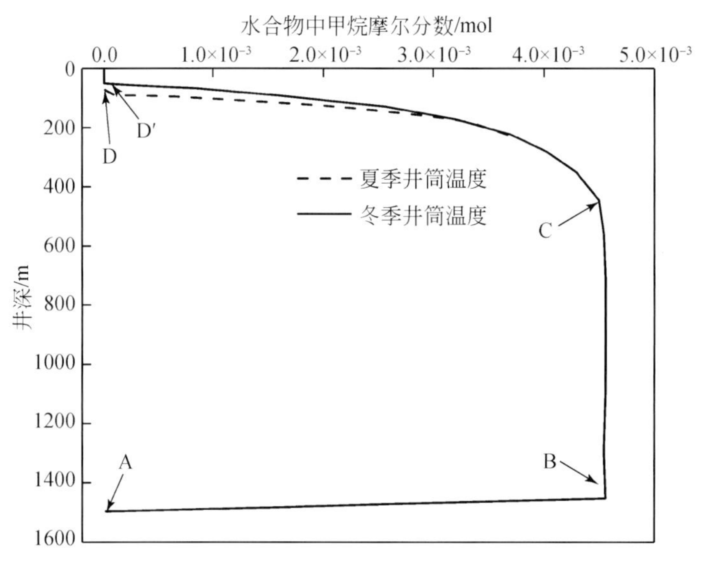

图 4-11　直径为 1cm 的甲烷气泡上升至井口过程中水合物相变曲线

不同直径甲烷单气泡从 1500m 处上升至井口过程中的水合物相变曲线如图 4-12 所示。可知甲烷单气泡直径影响井筒水合物的相变过程，随单气泡直径增大气液交界面面积增大，水合物生成及分解速率随之增大。当单气泡直径为 5cm 时，其运移至井口时仍有 2.4% 的水合物未分解，而单气泡直径为 0.25cm、3cm 时其运移至 183m、32m 处已全部相变为气体。

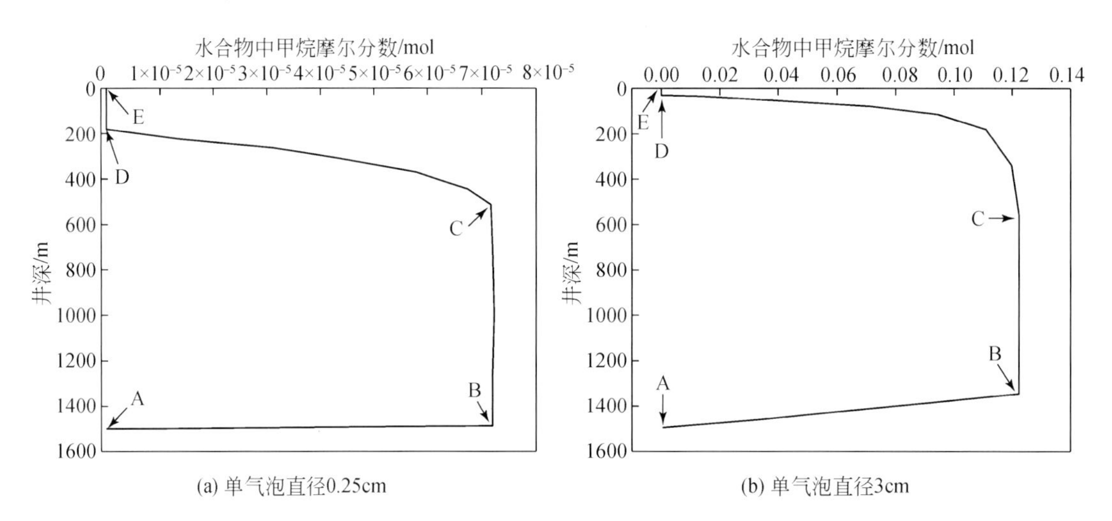

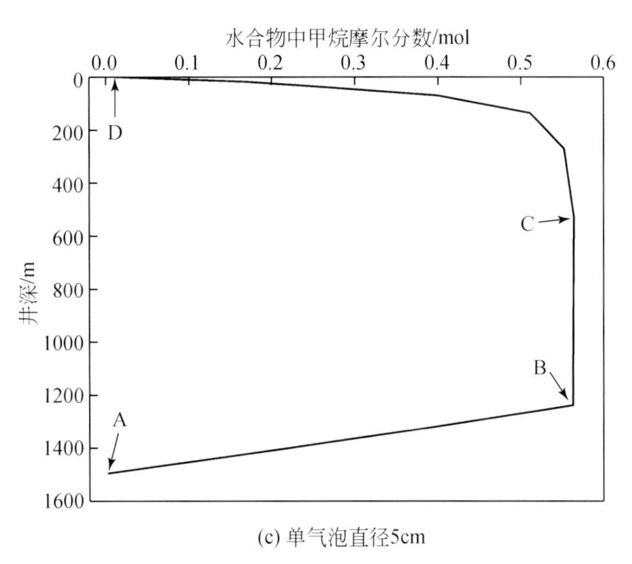

图 4-12 不同直径甲烷单气泡上升至井口过程中水合物相变曲线

4.2.3 无抑制剂情况下水合物相变对井筒多相流动的影响

4.2.3.1 水合物相变对气体体积分数的影响

溢流过程持续 75min 时，气体体积分数随气泡直径的变化曲线如图 4-13 所示[35]，可知溢流期间气体体积分数随气泡直径的增大而逐渐增大，且水合物相变对气体体积分数的

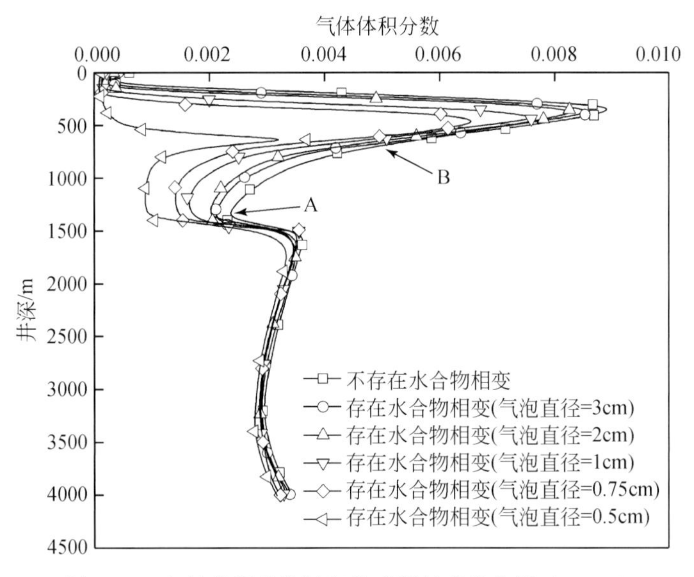

图 4-13 气体体积分数随气泡直径的变化曲线（75min）

影响程度随平均气泡直径的减小而增大。原因在于一定气体体积分数下，气泡直径越小，气液界面面积越大，水合物的生成速率就越大。还发现气体体积分数曲线在A点（泥线附近）和B点存在拐点，分别为水合物形成区域的上边界和下边界。泥线以上立管截面面积大于井环面积，因此A点附近截面面积的突然增大、气体进入水合物生成区域共同导致气体体积分数减小，之后气体逐渐离开水合物生成区域，气体体积分数开始增加。水合物生成使环空气体体积分数降低，泥浆池增量随之减小，及时发现溢流带来延迟，使深水钻井气侵、井涌具有“隐蔽”性。

4.2.3.2 水合物相变对泥浆池增量的影响

不同气泡直径下泥浆池增量随溢流时间的变化曲线如图4-14所示[35]。可看出随溢流时间增加，泥浆池增量总体上成指数增长，这是因为随地层气体进入井筒，井底与地层压差增加，井涌量因此增加。还注意到，溢流初期不同气泡直径的泥浆池增量曲线重叠，55min之后泥浆池增量曲线开始互相偏离且偏离程度不断增大，这主要是气体进入水合物生成区域后气体大量消耗引起的。再者，气泡直径越小水合物生成速率越大，水合物相变对泥浆池增量的影响随之增大，且水合物相变降低了泥浆池增量，这给井涌的早期检测带来更大的挑战。

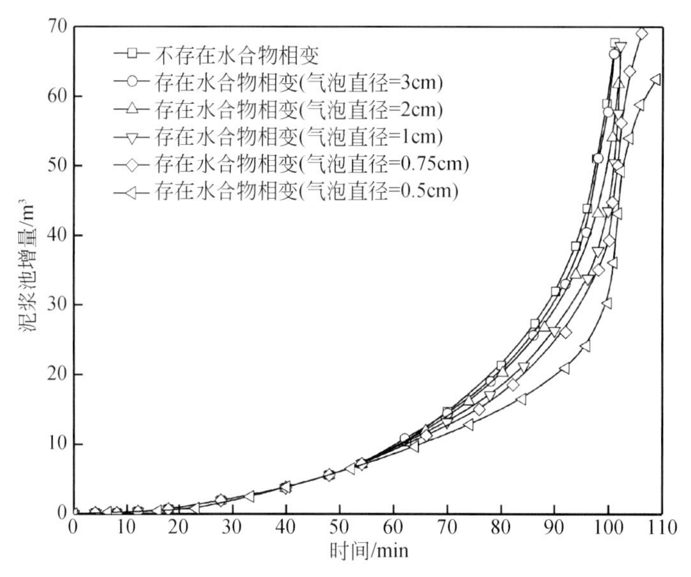

图4-14 不同气泡直径下泥浆池增量随时间的变化规律

4.2.3.3 水合物相变对井底压力、关井套管压力的影响

不同气泡直径下井底压力、关井套管压力随时间的变化曲线分别如图4-15、图4-16所示[35]，可知水合物相变延缓了井底压力及关井套管压力的变化，且气泡直径越小该延缓作用越明显。由于水合物相变对关井压力的延缓影响，根据关井套压与关井立压的差值来判断气侵程度或判断侵入流体类型时往往会出现误判。

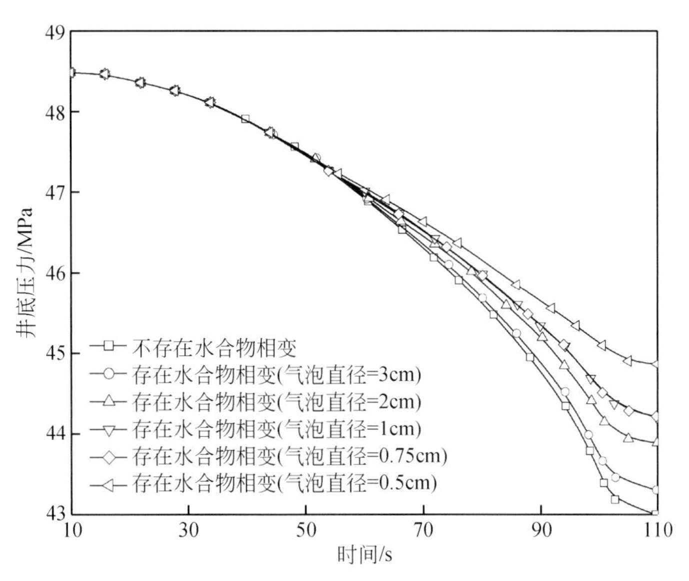

图 4-15 不同气泡直径下井底压力随溢流时间的变化曲线

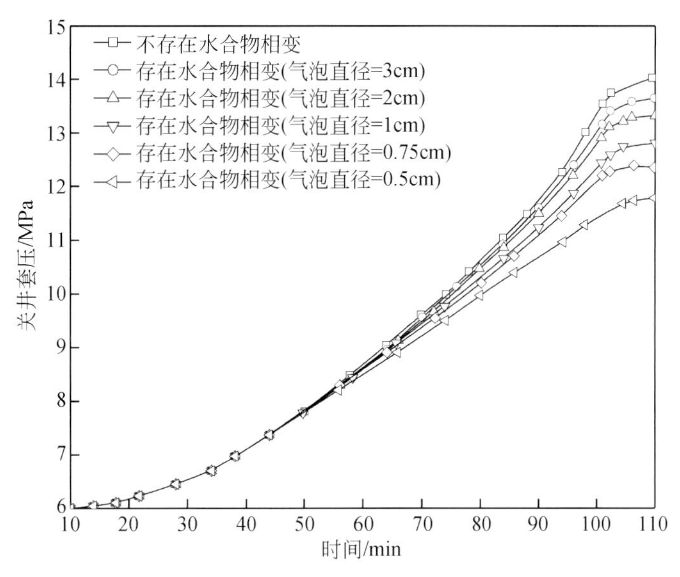

图 4-16 不同气泡直径下关井套管压力随溢流时间的变化曲线

4.2.3.4 压井过程中水合物相变对套压的影响

水合物相变也会对压井过程产生影响，关井时泥浆池增量为 $2m^3$，压井排量为 15L/s，压井方式采用司钻法压井。压井过程套压随时间的变化曲线如图 4-17 所示，可知考虑水合物相变时的套压值要低于不考虑水合物相变时的套压值，因此，现场压井时若不考虑水合物相变影响，所使用套压将大于实际需要的值，地层被压裂风险增大。

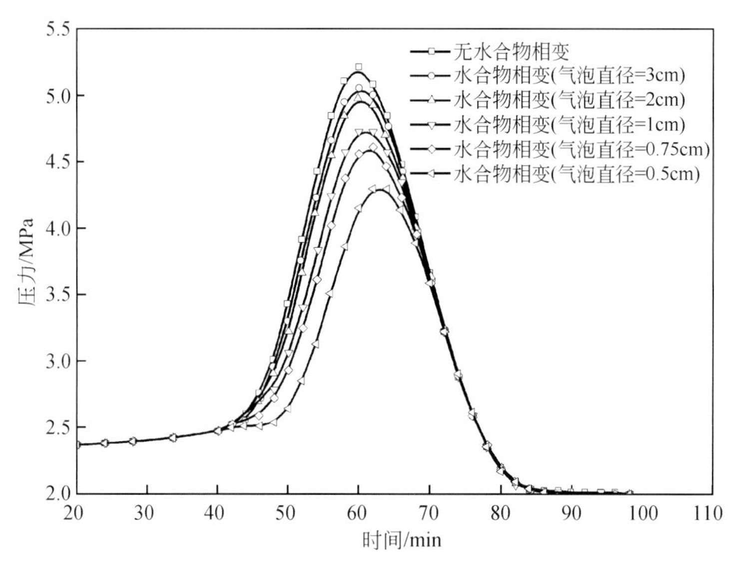

图 4-17　压井过程中套压随时间的变化曲线

4.2.4　含抑制剂情况下水合物相变对井筒多相流动的影响

注入甲醇抑制剂时水合物相变对气体体积分数、泥浆池增量的影响关系分别如图 4-18、图 4-19 所示[35]。可知溢流期间气体体积分数、泥浆池增量均随甲醇浓度的增大而逐渐增大，且水合物相变对气体体积分数的影响程度随甲醇浓度的增大而减小。

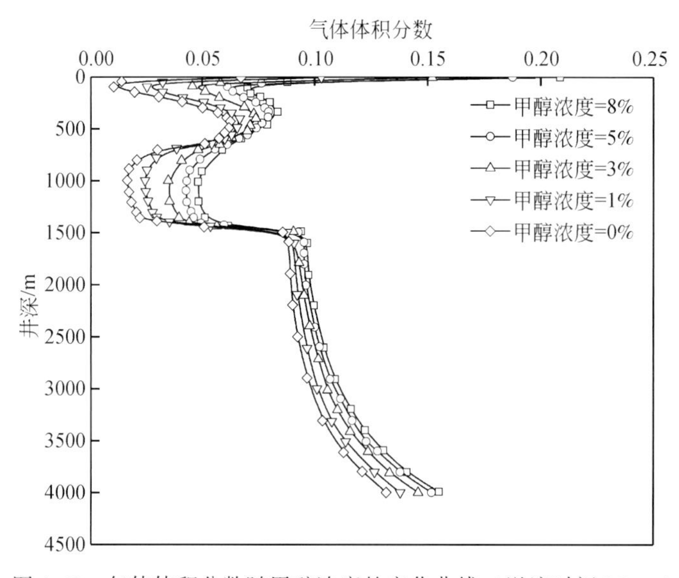

图 4-18　气体体积分数随甲醇浓度的变化曲线（溢流时间 95min）

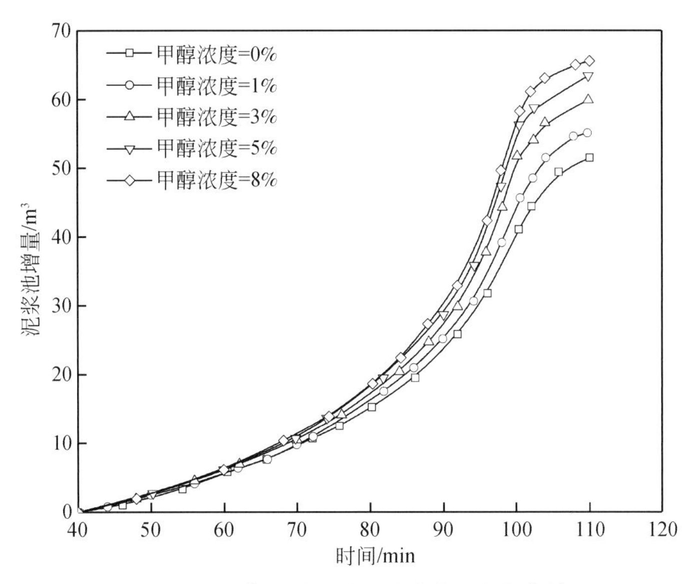

图 4-19 泥浆池增量随甲醇浓度的变化曲线

参 考 文 献

[1] Jing G, Shi B, Zhao J. Natural gas hydrate shell model in gas-slurry pipeline flow [J]. Journal of Natural Gas Chemistry, 2010, 19 (3): 261-266.

[2] Li X S, Yang B, Li G, et al. Experimental study on gas production from methane hydrate in porous media by huff and puff method in pilot-scale hydrate simulator [J]. Fuel, 2012, 94 (1): 486-494.

[3] Chen L, Sloan E D, Sum A K, et al. Methane hydrate formation and dissociation on suspended gas bubbles in water [J]. Journal of Chemical & Engineering Data, 2014, 59 (4): 261-283.

[4] Yang M, Zhe F, Zhao Y, et al. Effect of depressurization pressure on methane recovery from hydrate-gas-water bearing sediments [J]. Fuel, 2016, 166: 419-426.

[5] Wang Z, Zhang J, Sun B, et al. A new hydrate deposition prediction model for gas-dominated systems with free water [J]. Chemical Engineering Science, 2017, 163: 145-154.

[6] Peysson Y, Nuland S, Maurel P, et al. Flow of hydrates dispersed in production lines [C] //SPE Annual Technical Conference and Exhibition. Society of Petroleum Engineers, 2003.

[7] Peixinho J, Karanjkar P U, Lee J W, et al. Rheology of Hydrate Forming Emulsions [J]. Langmuir the Acs Journal of Surfaces & Colloids, 2010, 26 (14): 11699–11704.

[8] Webb E B, Rensing P J, Koh C A, et al. High pressure rheometer for in situ formation and characterization of methane hydrates [J]. Review of Scientific Instruments, 2012, 83 (1): 015106.

[9] Webb E B, Koh C A, Liberatore M W. Rheological properties of methane hydrate slurries formed from AOT+ water + oil microemulsions [J]. Langmuir, 2013, 29 (35): 10997-11004.

[10] Fu W, Wang Z, Yue X, et al. Experimental study of methane hydrate formation in water-continuous flow loop [J]. Energy & fuels, 2019, 33 (3): 2176-2185.

[11] Fu W, Wang Z, Sun B, et al. Multiple controlling factors for methane hydrate formation in water-continuous system [J]. International Journal of Heat and Mass Transfer, 2018, 131 (2019): 757-771.

[12] Fu W, Wang Z, Duan W, et al. Characterizing methane hydrate formation in the non- Newtonian fluid flowing system [J] . Fuel, 2019 (253): 474-487.

[13] Kawase Y, Hashiguchi N. Gas—liquid mass transfer in external- loop airlift columns with newtonian and non-newtonian fluids [J] . Chemical Engineering Journal & the Biochemical Engineering Journal, 1996, 62 (1): 35-42.

[14] Deng Z, Wang T, Zhang N, et al. Gas holdup, bubble behavior and mass transfer in a 5m high internal-loop airlift reactor with non- Newtonian fluid [J] . Chemical Engineering Journal, 2010, 160 (2): 729-737.

[15] Fu W, Wang Z, Sun B, et al. A mass transfer model for hydrate formation in bubbly flow considering bubble-bubble interactions and bubble-hydrate particle interactions [J] . International Journal of Heat and Mass Transfer, 2018, 127: 611-621.

[16] Mohebbi V, Naderifar A, Behbahani R M, et al. Determination of Henry's law constant of light hydrocarbon gases at low temperatures [J] . Journal of Chemical Thermodynamics, 2012, 51 (10): 8-11.

[17] Nakamura T M T S T. Stability boundaries of gas hydrates helped by methane-structure-H hydrates of methy-cychexane and cis-1, 2-dimethylcyclohexane [J] . Chemical Engineering Science, 2003 (58): 269-273.

[18] Kawase Y, Halard B, Moo- Young M. Theoretical prediction of volumetric mass transfer coefficients in bubble columns for Newtonian and non-Newtonian fluids [J] . Chemical Engineering Science, 1987, 42 (7): 1609-1617.

[19] Muthamizhi K, Kalaichelvi P, Powar S T, et al. Investigation and modelling of surface tension of power-law fluids [J] . Rsc Advances, 2014, 4 (19): 9771-9776.

[20] Dodge D W, Metzner A B. Turbulent flow of non-newtonian systems [J] . Aiche Journal, 2010, 5 (2): 189-204.

[21] Ma C, Chen G, Guo T. Kinetics of hydrate formation using gas bubble suspended in water [J] . Science in China Series B: Chemistry, 2002, 45 (2): 208-215.

[22] Shi B H, Gong J, Sun C Y, et al. An inward and outward natural gas hydrates growth shell model considering intrinsic kinetics, mass and heat transfer [J] . Chemical Engineering Journal, 2011, 171 (3): 1308-1316.

[23] Records L R. Mud systems and well control. [J] . 1972, 44 (2): 97-108.

[24] Hoberock L L, Stanbery S R. Pressure Dynamics in wells during gas kicks: Part 2-component models and results [J] . Journal of Petroleum Technology, 1981, 33 (8): 1367-1378.

[25] Leblanc J L, Lewis R L. A mathematical model of a gas kick [J] . Journal of Petroleum Technology, 1968, 20 (08): 888-898.

[26] Santos O A. A mathematical model of a gas kick when drilling in deep waters [J] . Colorado School of Mines, 1982.

[27] Nickens H V. A dynamic computer model of a kicking well [J] . SPE Drilling Engineering, 1987, 2 (2): 159-173.

[28] Santos O L A. A well operations in horizontal wells [J] . SPE Drilling Engineering, 1991 (6): 111-117.

[29] Ohara S. Improved method for selecting kick tolerance during deep water drilling operations [J] . Baton Rouge: Louisiana State University, 1995.

[30] Nunes J O L, Bannwart A C, Ribeiro P R. Mathematical modeling of gas kicks in deep water scenario

[C] //IADC/SPE Asia Pacific Drilling Technology. Society of Petroleum Engineers, 2002.
[31] 高永海. 深水油气钻探井筒多相流动与井控的研究 [D]. 青岛: 中国石油大学（华东）, 2007.
[32] Wang Z Y, Sun B J. Multiphase flow behavior in annulus with solid gas hydrate considering nature gas hydrate phase transition [J]. Petroleum Science, 2009 (6): 57-63.
[33] 王志远, 孙宝江, 高永海, 等. 深水司钻法压井模拟计算 [J]. 石油学报, 2008 (5): 786-790.
[34] 王志远, 孙宝江, 程海清, 等. 深水钻井井筒中天然气水合物生成区域预测 [J]. 石油勘探与开发, 2008, 35 (6): 731-735.
[35] Wang Z Y, Sun B J. Deepwater gas kick simulation with consideration of the gas hydrate phase transition [J]. Journal of Hydrodynamics, 2014, 26 (1): 94-103.
[36] Sun B J, Sun X, Wang Z Y, et al. Effects of phase transition on gas kick migration in deepwater horizontal drilling [J]. Journal of Natural Gas Science & Engineering, 2017, 46: 710-729.
[37] 王志远, 孙宝江, 高永海, 等. 水合物藏钻探中的环空多相流溢流特性研究 [J]. 应用基础与工程科学学报, 2010, 18 (1): 129-140.
[38] Wang Z Y, Sun B J. Annular multiphase flow behavior during deep water drilling and the effect of hydrate phase transition [J]. Petroleum Science, 2009, 6 (1): 57-63.

第5章 深水气井天然气水合物沉积堵塞机理与预测方法

深水气井测试和生产过程中往往伴随着一定的产水量，井筒内流动多为环雾流。环雾流中气体为连续相，液体为分散相，系统自由水存在形式为管壁液膜、气相液滴两种，高压低温下两种形式的自由水均会生成水合物，水合物生成后井筒/管线内气液两相流动变为气液固三相流动，随水合物不断沉积还将出现气固两相流动、饱和气体单相流动[1,2]。随水合物生成沉积垂直管路、水平管路不同流动体系的演化分别如图5-1、图5-2所示。

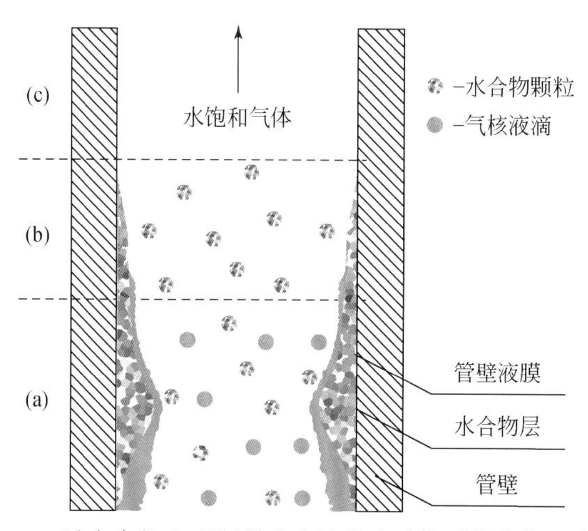

图5-1　随水合物生成沉积垂直管路流动体系的演化示意图

（a）气液固三相流动；（b）气固两相流动；（c）饱和气单相流动

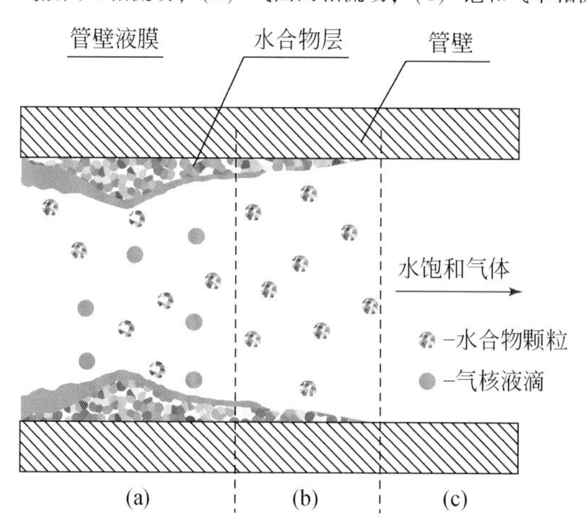

图5-2　随水合物生成沉积水平管路流动体系的演化示意图

（a）气液固三相流动；（b）气固两相流动；（c）饱和气单相流动

不同流动体系下的水合物生成、沉积、堵塞机理不同，本章在介绍水合物颗粒间相互作用及运移沉积基础上，建立不同流动体系的水合物堵塞模型，实现深水气井水合物堵塞的定量预测。

5.1 水合物颗粒间相互作用

探索微观层面上水合物颗粒间交互作用对分析水合物聚集沉积机理至关重要。Yang 等[3]考虑水合物颗粒间范德瓦尔斯力、毛细管力、排斥接触弹性力、基于斯托克斯定律的流体-颗粒拖曳力，利用二维离散单元模型模拟了流动过程中管线水合物颗粒聚集，结果表明当只考虑范德瓦尔斯力时管道中无明显颗粒聚集，当考虑毛细管力时颗粒聚集现象显著。Herri[4]、Camargo 等[5]认为水合物颗粒形成液桥后会产生毛细管力，该力是引起水合物颗粒聚集的主要作用力，并导致聚集过程的不可逆，而水合物完全生成后将不存在自由水及毛细管力，这说明导致水合物堵塞的主要原因是水合物颗粒的可润湿性。朱超等[6]研究发现当表面间距、半填充角、接触角不变时，液桥力随粒径、半填充角的增大而增大，随表面间距增加而减小，表面间距超过一定距离后液桥失稳且液桥力消失。Yang 等[3]利用微机械力测试仪器首次测量了不同温度下冰-正葵烷水合物、冰-四氢呋喃水合物、正葵烷-四氢呋喃水合物间的吸附力。结果表明冰粒和水合物颗粒间的吸附力累计分布曲线非常接近，且吸附力具有明显分散性。Taylor 等[7]通过改进 Yang 等的测试装置研究了正葵烷中四氢呋喃水合物颗粒间的吸附力，结果表明水合物颗粒间的吸附力与接触力、接触时间、流体界面、温度能成正比。

为保持四氢呋喃水合物颗粒的稳定性，吸附力测试过程中系统温度必须控制在零度以下，但这会导致结冰影响实验结果，因此，后续研究中多以环戊烷水合物作为研究对象。Dieker 等[8]测试了少量原油存在时（≤8%）环戊烷水合物颗粒间的黏聚力，发现原油能减小水合物颗粒间的黏聚力，将原油中表面活性物质去除后吸附力呈增长趋势。Aman 等[9-11]测试了含表面活性剂和两亲聚合物矿物油体系中（黏度 200cP①）环戊烷水合物颗粒间的作用力，结果表明两亲聚合物、商用环烷酸混合物可明显降低水合物颗粒间的聚集趋势。2011 年 Aman 等[9]认为水合物颗粒接触时间小于 30s 时水合物吸附力由毛细管力主导，而接触时间超过 30s 时该吸附力由水合物拉伸强度主导，并且水合物拉伸强度约 0.91MPa，气相中水合物颗粒黏聚力约 9.1mN/m（3℃）。2012 年 Aman 等[10]指出所有的表面活性物质均能降低油水界面张力，但只有部分羟酸能降低水合物间的黏聚力。同年，Aman 等[11]指出对转化完全的水合物颗粒，其在气相中吸附力较液态烃中吸附力大 2 倍左右，较水相中吸附力大 6 倍左右。水相中水合物吸附力主要为固-固吸附形式，当水合物颗粒表面有多余水时气相中水合物黏聚力约增加 3 倍，这进一步说明液桥对水合物黏聚力具有重大影响，Liu 等[12]基于此提出一种改进的摆式液体桥模型。

---

① $1cP=10^{-3}Pa \cdot S$。

Maeda 等[13]研究了环戊烷水合物颗粒间和水合物微凸体间的吸附滞后规律，指出温度对水合物吸附滞后的影响不明显，当施加预载力较大时水合物壳破裂，内核中未转化的水会流出并生成水合物微凸体。Lee 等[14]通过高压微机械力测试装置测量了 CH_4/C_2H_6 体系中水合物颗粒黏聚力，发现该黏聚力数值约是环戊烷水合物颗粒间黏聚力的 10 倍。Song 等[15]指出对阳离子和阴离子型表面活性剂体系，水合物颗粒-液滴初始接触力、总吸附能均随活性剂浓度增大而减小，对非离子型聚合物抑制剂，吸附能不随抑制剂浓度而变化，吸附力基本保持恒定。Cha 等[16]研究了液滴水量对环戊烷水合物颗粒-水滴吸附力的影响，指出液滴水量小于 300μL 时，水合物颗粒-液滴间接触力随液滴水量增加而增加，液滴水量超过 300μL 时，接触力增长速率明显变缓。刘海红等[17]明确了水合物颗粒间液桥力为静态液桥力和动态黏性力之和，指出接触角、半填充角、颗粒表面间距的增加及颗粒粒径的减小均能有效降低甚至消除颗粒间液桥力，因此可通过添加表面活性剂以增大接触角、添加防聚剂以控制水合物颗粒粒径、增大体系中含水量以增大半填充角等措施来降低颗粒间液桥力，防止水合物颗粒聚集。

上述研究表明，体系中水合物颗粒-颗粒、水合物颗粒-液滴、水合物颗粒-液滴-水合物颗粒间的作用力大小对水合物生成过程中的分散相聚集、沉积具有重要作用，因此可通过测量作用力来描述水合物颗粒的聚集行为及趋势[18]。Liu 等[19,20]提出利用微机械力仪直接测量环戊烷水合物颗粒与水桥相互作用力的新方法来研究不同条件下环戊烷水合物颗粒与水滴的相互作用行为，本节主要对该工作进行介绍。

5.1.1 水合物颗粒间作用力

5.1.1.1 实验过程

环戊烷水合物实验允许在常压下进行，实验对设备要求低，操作简单且安全；环戊烷与水主要形成Ⅱ型水合物，这与管道中实际形成的水合物类型相同；环戊烷在水中溶解度与甲烷、乙烷等天然气体类似；因此实验对象选为环戊烷水合物。

玻璃纤维往往贯穿整个液滴，当液滴转化为水合物后水合物颗粒的接触端会有一露头，致使两颗粒接触时不能进行“正对”测量，只能进行“侧对”测量，玻璃纤维垂直排列时测量水合物颗粒作用力示意图如图 5-3 所示。假设颗粒间仅有沿两球心的作用力 F，此时实际测量的力为 F 沿垂直方向的分力，即

$$F_y = k\delta = F\sin\theta \tag{5-1}$$

对移动悬梁臂进行改进以避免分力测量问题，改进的玻璃纤维水合物颗粒作用力测量示意图如图 5-4 所示，此时悬梁臂可实现水合物颗粒间的“正对”测量。

冰粒诱导法生成水合物颗粒示意图和实物图如图 5-5 所示，该法首先利用滴管在玻璃纤维上制造粒径为 10^2μm 级的液滴，然后将液滴浸入液氮中 20s 以生成冰粒，再将冰粒迅速转移到冷却环戊烷器皿中，冰粒升温融解，水合物开始生成。

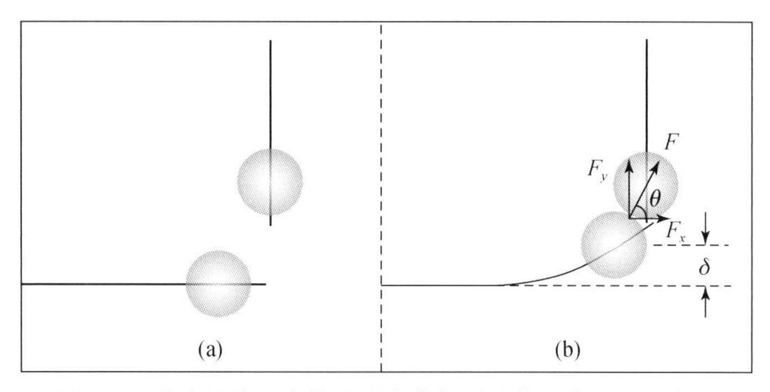

图 5-3　玻璃纤维垂直排列时水合物颗粒作用力测量示意图

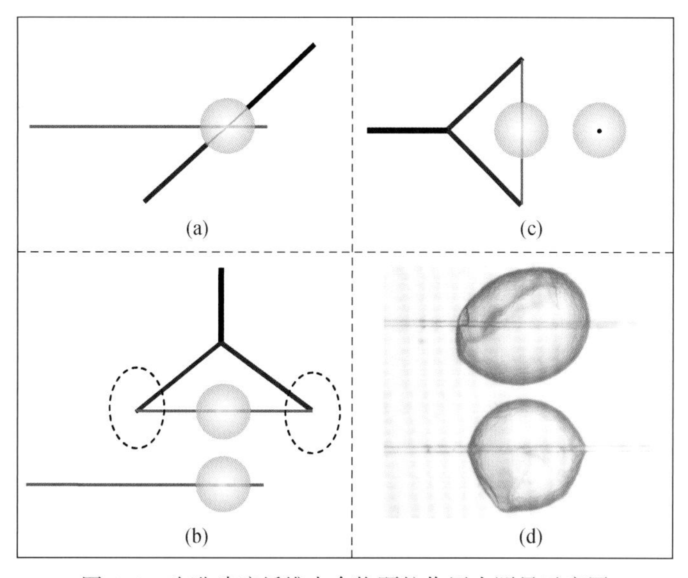

图 5-4　改进玻璃纤维水合物颗粒作用力测量示意图

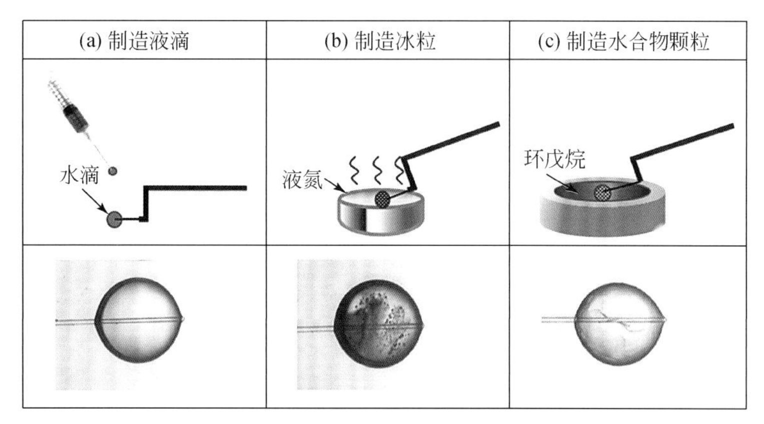

图 5-5　冰粒诱导法水合物颗粒生成示意图和实物图

水合物颗粒–颗粒作用力的测量如图5-6所示。当系统温度达到设定值时，将末端带有铝板的移动杆浸入环戊烷器皿中，然后在玻璃纤维上生成另一液滴，并在环戊烷中将液滴从玻璃纤维转移至铝板表面，待液滴平衡30min后开始进行颗粒间的作用力测量。

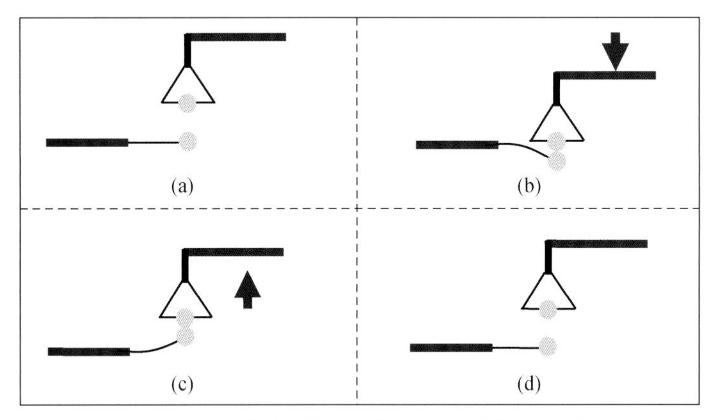

图5-6　水合物颗粒–颗粒作用力测量示意图

5.1.1.2　结果分析

3℃条件下水合物颗粒间的作用力测试结果如图5-7所示，可知“正对”测量的黏聚力非常小，有时几乎为零，相较“正对”测量，“侧对”测量的黏聚力值整体大得多，但会出现黏聚力为零的情况。

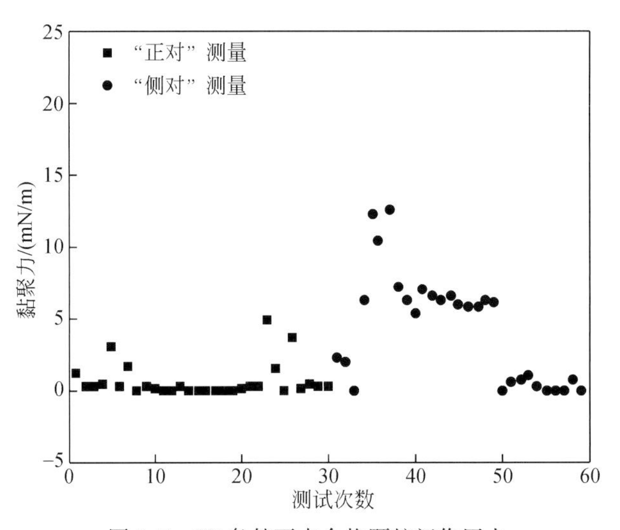

图5-7　3℃条件下水合物颗粒间作用力

目前有报道水合物颗粒间黏聚力来源于毛细管力，即水合物颗粒表面有一层厚几十纳米的薄水膜，液桥在两水合物颗粒接触时毛细管力作用下形成，然而目前并无法直观证明液膜的存在。

由水合物颗粒图像可看出颗粒表面非但不光滑，而且还有较大粗糙度。颗粒表面的粗糙度远大于薄水膜的厚度，因此考虑水合物颗粒间作用力时不能忽略粗糙度影响，考虑粗糙度的“正对”和“侧对”测量示意图如图 5-8 所示。执行“侧对”测量时两颗粒切线方向上会产生一静摩擦力来阻碍颗粒间相互运动，该摩擦力产生沿移动方向的分力致使实际测量的力为毛细管力、摩擦力的合力。“正对”测量时静摩擦力方向与移动方向垂直，此时移动方向不存在静摩擦力的分力，因此实际测量的力主要包括毛细管力，导致“正对”测量作用力较“侧对”测量要小。注意到正对测量时也会出现较大的作用力，原因是颗粒表面接触时表面突起可能嵌入非刚性的颗粒薄壳内，从而产生附加作用力，该附加作用力的本质为水合物颗粒表面粗糙度的影响。

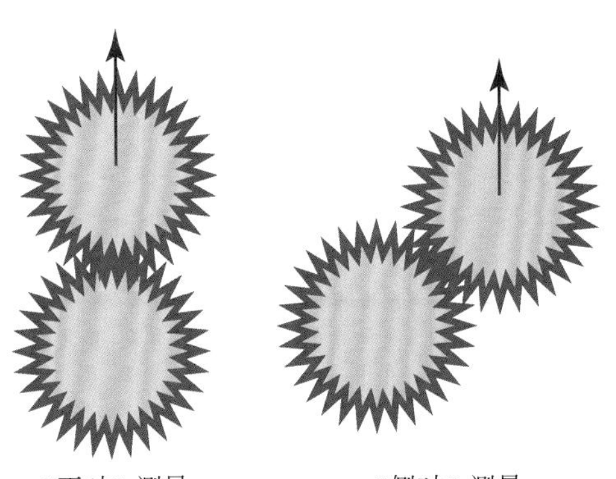

图 5-8 考虑粗糙度的“正对”和“侧对”测量示意图

3℃时“侧对”测量的水合物颗粒黏聚力结果如图 5-9 所示，可知 3℃条件下颗粒间黏聚力范围为 2～5mN/m，这与文献报道的数值 4.3mN/m 较接近。迄今为止，水合物颗粒间黏聚力的来源未得到完善解释，建议后续研究中将水合物颗粒表面粗糙度纳入黏聚力分析当中以更好地解释该作用力。

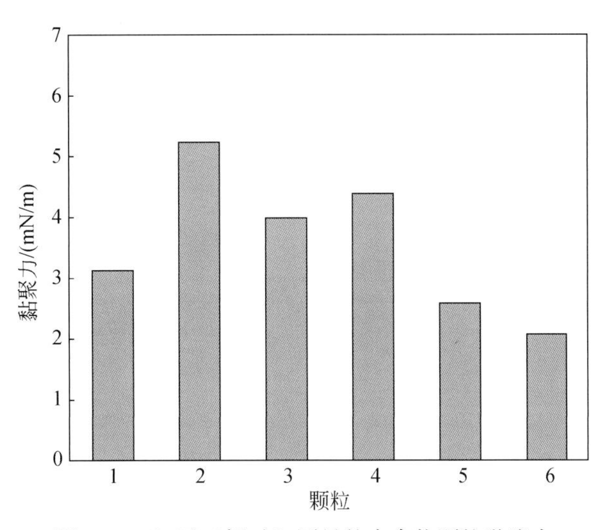

图 5-9 3℃下“侧对”测量的水合物颗粒黏聚力

5.1.2 颗粒-液滴-颗粒微观作用力

5.1.2.1 实验过程

为实现水合物颗粒与液滴间作用力的直接测量，水滴不得不置于平板上，而平板性质对该作用力具有一定影响，当水合物颗粒与液滴接触分离后会有部分液滴滞留在颗粒表面并形成水合物颗粒-液滴二聚体，基于此，若平板上再生成另一个水合物颗粒可实现水合物颗粒-液滴-颗粒间作用力的直接测量，同时也消除了平板的影响。

水合物颗粒-液滴-颗粒作用力测量流程如图 5-10 所示。首先在 Epoxy-A 涂层和玻璃纤维上分别制造一个液滴，然后将液滴浸入液氮中 20s 以生成冰粒，再将冰粒迅速转移到冷却环戊烷器皿中，冰粒升温融解同时水合物生成。当系统温度达到设定值后在 Epoxy-A 涂层上再制造另一液滴，调整平板位置使液滴与玻璃纤维上的水合物颗粒保持正对位置，使液滴与水合物颗粒接触并迅速分离，由此水合物颗粒-液滴的二聚体生成。继续调整平板位置使平板上水合物颗粒与下方液滴正对，开始进行水合物颗粒-液滴间作用力的直接测量。

实时记录整个实验过程（记录速度为 30 帧/s），通过 Image J 软件分析水合物颗粒的实时位移，结合玻璃纤维的弹性常数可获得液滴与水合物颗粒间的实时作用力。

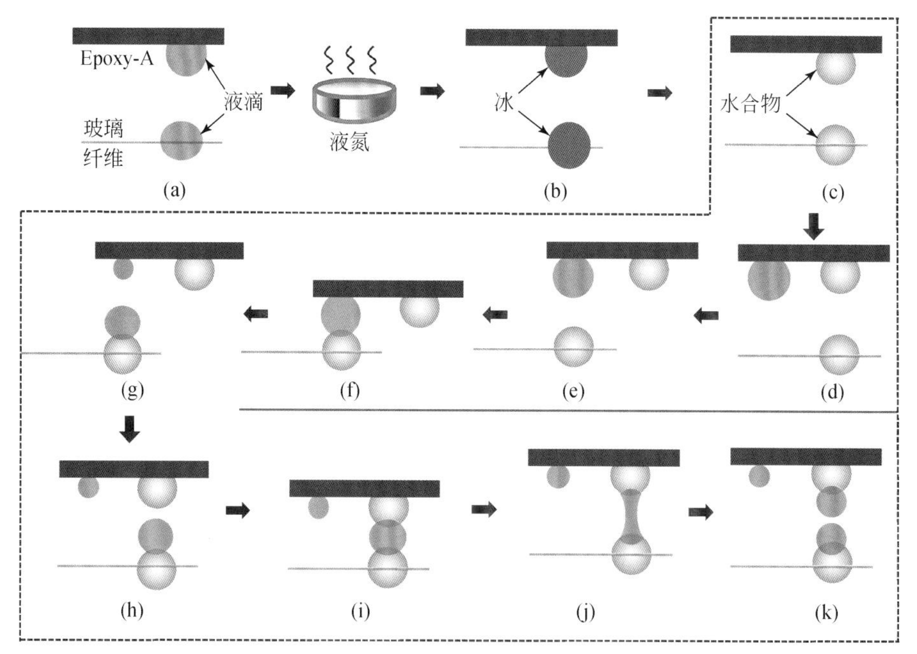

图 5-10 水合物颗粒-液滴-颗粒作用力测量示意图

5.1.2.2 结果分析

6℃下水合物颗粒–液滴–颗粒作用力曲线及微观图像如图 5-11 所示。可知平板在点 A 处开始移动，在点 B 处界面变得不稳定而发生破裂致使水合物颗粒迅速吸入液滴（点 C），水合物颗粒–环戊烷–水三相接触线（简称 TPC 线）在水合物颗粒表面形成并扩展。作用力由点 B 下降至点 C 表明二者间吸引力较强，即为初始接触力。随颗粒间距离的进一步减小作用力由吸引力变为排斥力，当排斥力达到设定值时上方颗粒反方向移动。随颗粒间反向移动距离增大液滴逐渐由压缩状态变为拉伸状态（点 D 至点 E），此时作用力又由排斥力逐渐转变为吸引力。点 D 至点 E 的作用力曲线呈直线段，之后作用力曲线发生弯曲，这是由于液滴变形形式为弹性变形。当达到点 F 时吸引力达到最大值（黏附力）并一直保持到点 G，之后随液滴继续被拉伸液桥中出现瓶颈，作用力开始减小。最终液滴在点 H 处瓶颈破裂，液桥液量被分配到两个水合物颗粒上并形成两个水合物颗粒–液滴二聚体。从测试图像来看，整个测试过程中水合物颗粒与液滴交界处并未形成水合物。

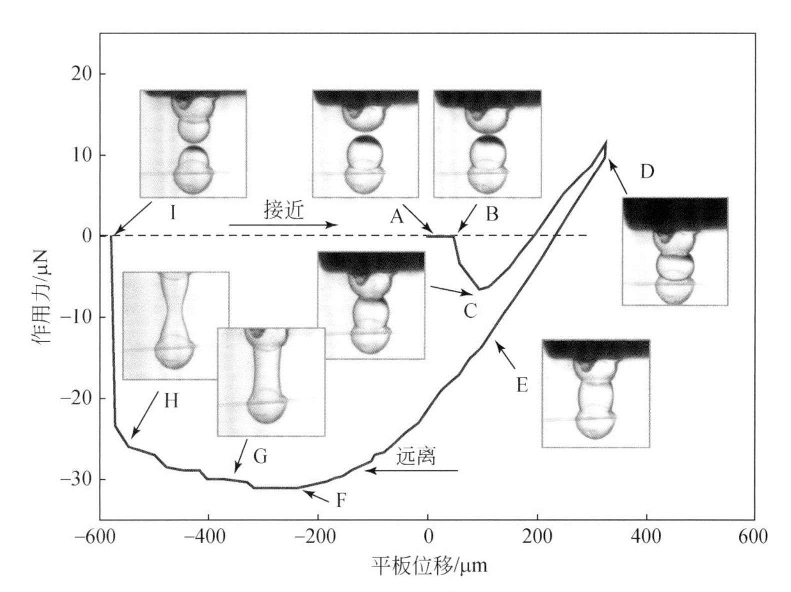

图 5-11 6℃下水合物颗粒–液滴–颗粒作用力曲线及微观图像

水合物颗粒–液滴–颗粒作用力的重复性测量值如图 5-12 所示，可知黏附力和破裂力测量实验具有较好可重复性，且每次破裂后分配至两颗粒上的液量基本相同，测试过程中无明显水合物生成。还发现水合物颗粒间黏附力具有明显波动性，Yang[21,22] 认为颗粒表面小突起呈一定分布规律，引起作用力测量中每次接触凸起不同，接触面积也不同，故颗粒表面粗糙度造成了黏附力的波动性。温度对颗粒间的黏附力影响较大，温度越高黏附力越大。

1.5℃下水合物颗粒与液滴间作用力曲线及微观图像如图 5-13 所示，该温度下作用力曲线与图 5-11 类似。上方水合物颗粒在点 A 处开始向下方水合物颗粒靠近，在 B 点处液膜破裂，一部分上方颗粒浸入液滴中，而颗粒–液体的接触面积非常小。这是因为较低测

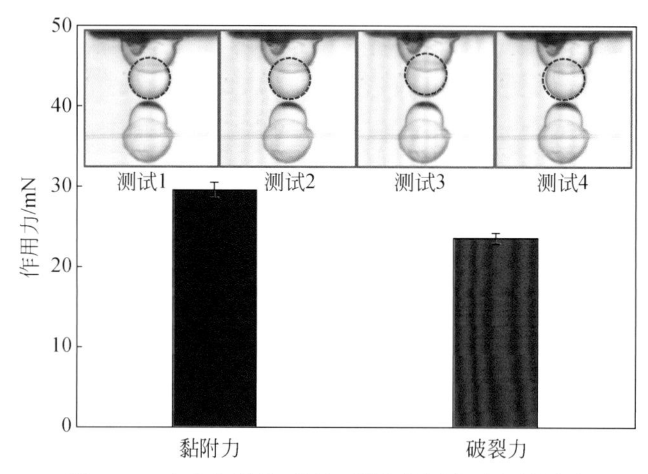

图 5-12　水合物颗粒-液滴-颗粒作用力重复性测试

试温度使过冷度较大，颗粒-液滴接触后水分子会迅速生成固态水合物并阻止液滴的进一步铺展，造成了接触面积较小。由于过冷度较高，测试过程中生成的水合物壳沿液滴表面从两边逐渐向中间靠拢，测试结束时颗粒-液滴两侧交界处水合物壳明显。

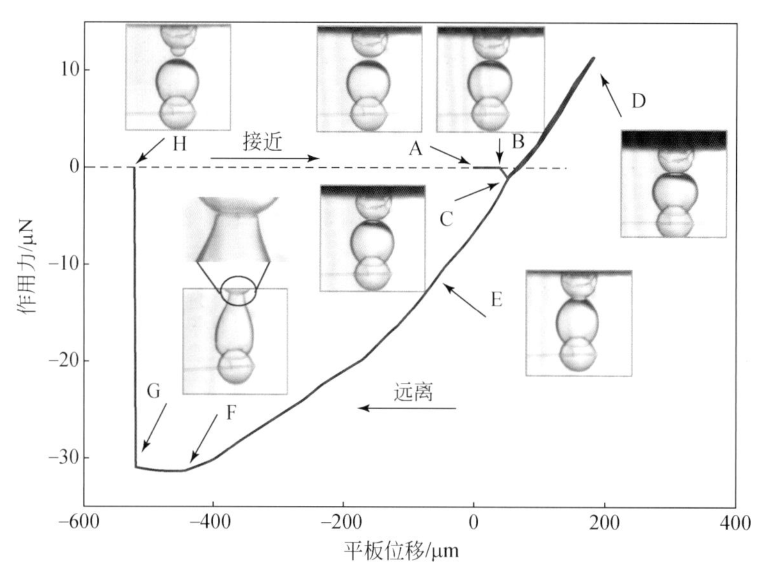

图 5-13　1.5℃下水合物颗粒-液滴-颗粒作用力曲线及微观图像

油包水分散体系中通常液滴体积并不统一，常呈一定的分布形态。水合物颗粒-液滴二聚体形成前后（液滴破裂前后）的形态如图 5-14 所示，附着在水合物颗粒上的液滴体积可通过图 5-14（a）平板上球冠的体积减去图 5-14（b）平板上球冠的体积进行计算，球冠的体积计算如式（5-2）所示。

$$V_{\mathrm{d}}=\frac{4}{3}\pi R^{3}-\frac{\pi}{6}h(6Rh-2h^{2}) \tag{5-2}$$

水合物颗粒-液滴的黏附力、接触面积随液滴尺寸的变化规律如图 5-15 所示，可知测

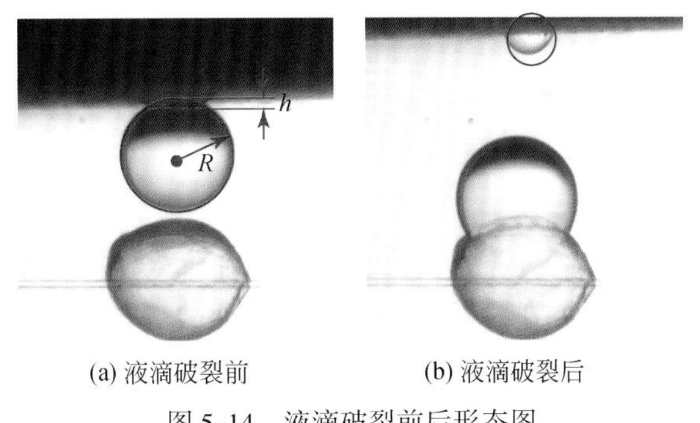

(a) 液滴破裂前　　(b) 液滴破裂后

图 5-14　液滴破裂前后形态图

试温度为 6℃时，随液滴/颗粒体积比值增大水合物颗粒-液滴间的接触面积、作用力均呈先慢后快的增长规律。相较 6℃测试温度为 1.5℃时颗粒-液滴的接触面积、作用力的数据较分散，未表现出明显规律，且接触面积明显小于 6℃所对应的值，但前者黏附力明显比后者大，原因是前者测试过程中液滴转化为水合物。

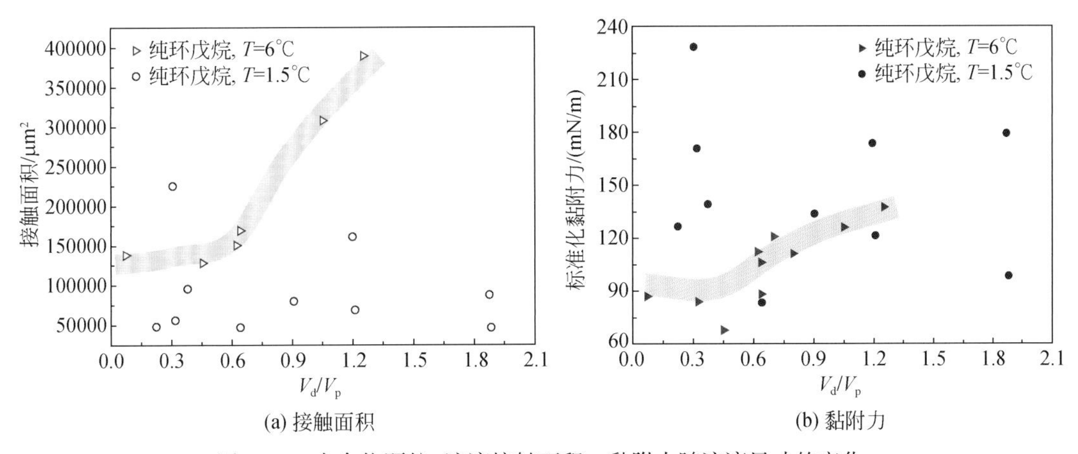

(a) 接触面积　　(b) 黏附力

图 5-15　水合物颗粒-液滴接触面积、黏附力随液滴尺寸的变化

对比水合物颗粒、水合物颗粒-液滴-颗粒间黏附力发现，水合物颗粒-液滴间作用力至少比水合物颗粒间黏聚力大 10 倍以上，这与 Aspenes 等[23]得出结论一致。与水合物颗粒间黏附力相比，液滴可显著增加颗粒间黏附力，且黏附力随水合物生成量增大而增加。在未添加防聚剂体系中，水合物颗粒-液滴间作用力将在水合物聚集过程中起决定作用。

5.1.3　考虑液桥固化的颗粒-液滴-颗粒作用力

5.1.3.1　液桥力模型

目前尚未出现考虑水合物生长的颗粒-液滴黏附力作用模型的相关报道，基于此尝试建立考虑液桥固化的水合物颗粒-液滴作用力模型（简称液桥力模型）。某一测试时刻水合物颗粒-液滴的形态如图 5-16 所示，此时球形颗粒与平板间的液桥力转化为两平板间的

液桥力，可表示为

$$F=\pi y(0)_t^2\Delta P-2\pi y(0)_t\gamma_{hw}\sin\theta_1 \tag{5-3}$$

式中，等号右侧第一项为毛细管力，第二项为界面张力在 x 方向上的分力，其中 ΔP 为液桥表面内外的水静力压力，可由式（5-4）计算，将液-固边界接触点的坐标代入式（5-4）中可得式（5-5）。

$$\frac{\Delta P}{\gamma_{hw}}=\frac{1}{y(1+y'^2)^{\frac{1}{2}}}-\frac{y''}{(1+y'^2)^{\frac{3}{2}}} \tag{5-4}$$

$$\frac{\Delta P}{2\gamma_{hw}}=\frac{y(0)_t\sin(\theta_1)-y(d)_t\sin(\theta_2)}{y(0)_t^2-y(d)_t^2} \tag{5-5}$$

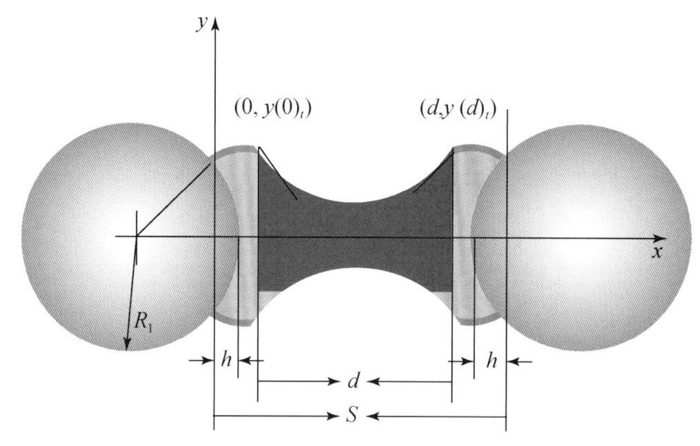

图 5-16　虑液桥固化的水合物颗粒-液滴钟摆悬滴模型

5.1.3.2　液桥轮廓及其变化

二次多项式描述液桥轮廓可表示为式（5-6），其中 a，b 和 c 均为未知常量。水合物与液桥的接触角符合式（5-7），对初始时刻分别遵循式（5-8）、式（5-9）。

$$y(x)=ax^2+bx+c \tag{5-6}$$

$$\begin{cases}\theta_1=\dfrac{\pi}{2}+\tan^{-1}[y'(0)_t]\\[2ex]\theta_2=\dfrac{\pi}{2}-\tan^{-1}[y'(d)_t]\end{cases} \tag{5-7}$$

$$\theta_1=\frac{\pi}{2}+\tan^{-1}(y'(0)_t)-\sin^{-1}\left[\frac{y(0)_t}{R_1}\right] \tag{5-8}$$

$$\theta_2=\frac{\pi}{2}-\tan^{-1}(y'(0)_t)-\sin^{-1}\left[\frac{y(d)_t}{R_2}\right] \tag{5-9}$$

液桥在颗粒远离过程中被逐渐拉伸，同时水合物生成导致颗粒-液桥-环戊烷的三相接触边界一直处于变化中，整个过程新的颗粒-液桥-环戊烷三相线与初始三相线一直保持平行。该三相线在 x 轴方向上的移动距离 Δx_1 和 Δx_2 可由下式计算：

$$\int_0^{\Delta x_1}\sqrt{1+y(x)'^2_t}\,dx=v_h(t)\cdot dt \tag{5-10}$$

$$\int_{d_t-\Delta x_2}^{d_t}\sqrt{1+y(x)_t'^2}\,\mathrm{d}x=v_\mathrm{h}(t)\cdot \mathrm{d}t \tag{5-11}$$

式中，$v_\mathrm{h}(t)$ 为水合物沿液桥表面的生长速度，可通过实验测试得到。

假设水合物颗粒的脱离速度为$v_\mathrm{d}(t)$，则液桥长度可表示为式（5-12），液桥在 $t+\mathrm{d}t$ 时刻的轮廓可由式（5-13）进行求解，初始时刻遵循式（5-14）~式（5-16）。

$$d_{t+\mathrm{d}t}=d_t+v_\mathrm{d}(t)\cdot \mathrm{d}t-\Delta x_1-\Delta x_2 \tag{5-12}$$

$$\begin{cases} y(x)_{t+\mathrm{d}t}\big|_{x=0}=a(t)\cdot\Delta x^2+b(t)\cdot\Delta x+c(t) \\ \pi\int_0^{d_{t+\mathrm{d}t}}y(x)_{t+\mathrm{d}t}{}^2\cdot\mathrm{d}x=\pi\int_{\Delta x_1}^{d_t-\Delta x_2}y(x)_t^2\cdot\mathrm{d}x \\ y(x)_{t+\mathrm{d}t}\big|_{x=d_{t+\mathrm{d}t}}=a(t)\cdot(d_t-\Delta x_2)^2+b(t)\cdot(d_t-\Delta x_2)+c(t) \end{cases} \tag{5-13}$$

$$\pi\int_0^{d_0}y^2(x)_0\cdot\mathrm{d}x=V_\mathrm{liq}(0)+V_\mathrm{cap1}(0)+V_\mathrm{cap2}(0) \tag{5-14}$$

$$V_\mathrm{cap1}(0)=\frac{\pi h_0}{6}[3y(0)_0^2+h_0^2] \tag{5-15}$$

$$V_\mathrm{cap2}(0)=\frac{\pi h_\mathrm{d}}{6}[3y(d)_0^2+h_\mathrm{d}^2] \tag{5-16}$$

5.1.3.3 液桥断裂

液桥拉伸过程中将在中段出现瓶颈并最终断裂，破裂后液滴在界面张力作用下以球冠形态存在于水合物颗粒上，液滴的球冠形态如图 5-17 所示。

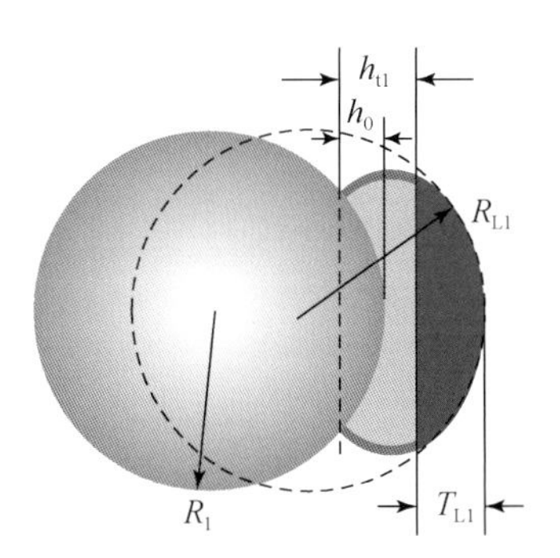

图 5-17 液桥破裂后颗粒表面液滴的分布形态

液滴球冠的相关特征参数可通过以下方程组进行求解：

$$\begin{cases} R_\mathrm{L1}=\dfrac{T_\mathrm{L1}^2+y(0)_t^2}{2T_\mathrm{L1}} \\ T_\mathrm{L1}(3y(0)_t^2+T_\mathrm{L1}^2)=\dfrac{6[V_\mathrm{L1}(t)+V_\mathrm{cap1}(t)]}{\pi} \end{cases} \tag{5-17}$$

$$\begin{cases} V_\mathrm{cap1}(t)=0,h_\mathrm{t1}\geqslant h_0 \\ V_\mathrm{cap1}(t)=\dfrac{\pi}{6}(h_0-h_\mathrm{t1})[6R_1(h_0-h_\mathrm{t1})-2(h_0-h_\mathrm{t1})^2],h_\mathrm{t1}<h_0 \end{cases} \tag{5-18}$$

$$\begin{cases} V_{\text{cap2}}(t)=0, h_{t2}\geqslant h_0 \\ V_{\text{cap2}}(t)=\dfrac{\pi}{6}(h_d-h_{t2})\left[6R_2(h_d-h_{t2})-2(h_d-h_{t2})^2\right], h_{t2}<h_0 \end{cases} \tag{5-19}$$

$$\begin{cases} R_{L2}=\dfrac{T_{L2}^2+y(d)_t^2}{2T_{L2}} \\ T_{L2}\left[3y(d)_t^2+T_{L2}^2\right]=\dfrac{6\left[V_{L2}(t)+V_{\text{cap2}}(t)\right]}{\pi} \end{cases} \tag{5-20}$$

采用 Pepin 标准判断液桥是否破裂，认为液桥表面积等于两分离液滴表面积之和时液桥将发生破裂，Pepin 标准计算方程为

$$2\pi\int_{x=0}^{x=d_t} y(x)_t\sqrt{1+y(x)_t'^2}\cdot \mathrm{d}x=2\pi(R_{L1}T_{L1}+R_{L2}T_{L2}) \tag{5-21}$$

实验注意到液桥总是在其最窄处发生破裂，由此液桥在颗粒、平板上的分配液量可通过下式计算：

$$\begin{cases} V_{Lp}(t)=\pi\displaystyle\int_{x=0}^{x=x_{\min}} y(x)_t\cdot \mathrm{d}x-V_{\text{cap}}(t) \\ V_{Ls}(t)=\pi\displaystyle\int_{x=x_{\min}}^{x=d_t} y(x)_t \mathrm{d}x \end{cases} \tag{5-22}$$

通过上述模型可计算出水合物–液滴–水合物间的作用力，该作用力与水合物–液滴–平板间作用力的对比如图 5-18 所示。可知不考虑水合物生长情况下二者作用力基本相同；若考虑水合物生长对作用力的影响，相同生长速度条件下水合物颗粒–液滴–颗粒间的作用力明显高于水合物颗粒–液滴–平板间的作用力，这与前面实验结论一致。注意到当水合物生长速度较快时，液桥长度可能随拉伸而逐渐变短。

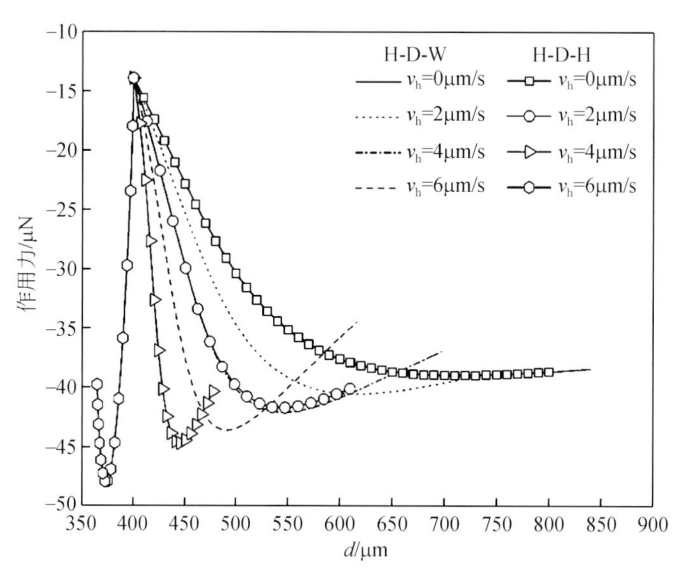

图 5-18　水合物–液滴–平板和水合物–液滴–水合物作用力预测值对比

5.2 气液固三相流动条件下水合物沉积堵塞模型

水合物沉积主要包括管壁液膜水合物沉积及气相单个水合物颗粒沉积，伴随水合物生成、沉积的气液固三相流动如图 5-19 所示，已证实管壁液膜水合物因具有强黏附力将停留在管壁上，气相水合物颗粒可能沉积附着在管壁或随气流运移[24]。

Lorenzo 等[25]在环路中开展了液滴夹带率为 15.7%~18.8% 的水合物生成和运输实验，发现环路中水合物有 30%~50% 会沉积附着在管壁上，即生成的水合物有 50%~70% 将随气体流动而被带离管道，这部分被带离水合物主要来源为气相液滴。王志远等[26]在环路实验基础上建立了考虑管壁液膜水合物的水合物沉积预测模型。Jassim 等[27,28]通过 CFD 模拟和实验发现气相中单个水合物颗粒的沉积受颗粒直径、气体流速、管内径、管壁润湿性等因素影响，并提出了针对单个颗粒的水合物沉积预测模型。然而，同时考虑环雾流中液膜和液滴间物质交换及其相互作用的水合物沉积模型至今未见报道。

王志远、孙宝江等引入环雾流中液滴的沉积理论，同时考虑气相液滴和管壁液膜间的物质交换及相互作用，提出一种气相水合物颗粒群沉积的宏观计算方法[29]，据此分析该部分水合物沉积对管壁水合物层生长的影响关系，为准确预测水合物堵塞风险奠定一定基础。

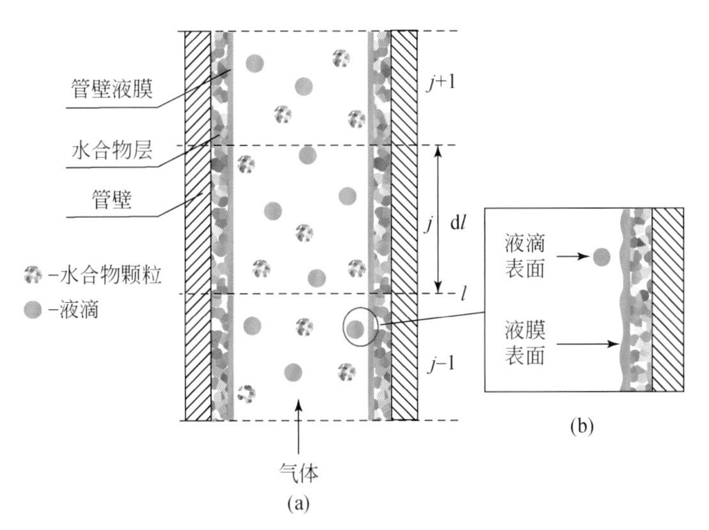

图 5-19 伴随水合物生成、沉积的气液固三相流动

5.2.1 气相水合物颗粒沉积初始模型

环雾流中水合物生成消耗了气相液滴和管壁液膜中的部分自由水，但两者水合物生成速率不同使自由水消耗量不同，两者间自由水含量的平衡状态被破坏，之后环雾流中气相液滴沉积和管壁液膜雾化使两者间自由水含量重新达到平衡。环雾流中气相液滴较大的斯托克斯值使液滴在惯性作用下运动到管壁，Schadel 和 Hanratty[30]提出可通过测量气相液滴流量来计算气相液滴的沉积速率，气相液滴沉积速率可计算为

$$R_{\mathrm{d}}=k_{\mathrm{d}}C=k_{\mathrm{d}}\left(\frac{W_{\mathrm{le}}}{Q_{\mathrm{g}}S}\right)=k_{\mathrm{d}}\left(\frac{4\ W_{\mathrm{le}}}{\pi\ D^2U_{\mathrm{g}}S}\right) \tag{5-23}$$

式中，W_{le}为气相液滴流量，k/s；Q_g为气体体积流量，m^3/s；S 为滑脱比，即液滴流速和气体流速的比值，无因次；C 为气相液滴浓度，kg/m^3；D 为管柱直径，m；U_g为气体流速，m/s；k_d为液滴向管壁运动的速度，m/s。

假设单元控制体中气相液滴均匀分布，dt 时间单元控制体中管壁沉积的液滴总量为

$$m_{\mathrm{ld}}=R_{\mathrm{d}}A_1\cdot \mathrm{d}t=\pi\ k_{\mathrm{d}}C_1D\cdot \mathrm{d}l\cdot \mathrm{d}t \tag{5-24}$$

式中，A_1 为单元控制体 dl 中的管壁面积，m^2；C_1 为单元控制体 dl 中的气相液滴浓度。

环雾流中气相液滴生成水合物形式主要有液滴表面水合物膜、完全转化为水合物颗粒两种，忽略气相水合物颗粒群沉积过程中的个体差异，假设气相液滴生成的水合物完全以水合物颗粒形式存在、每单元控制体中气相水合物颗粒均匀分布并伴随液滴的沉积而沉积。因此，在气相液滴含量（m_{le}）、液滴沉积量（m_{ld}）及气相中水合物含量（m_{he}）基础上，根据均匀分布原则可得 dt 时间单元控制体中管壁沉积的水合物颗粒量为

$$m_{\mathrm{hd}}=\frac{m_{\mathrm{he}}}{m_{\mathrm{le}}}m_{\mathrm{ld}} \tag{5-25}$$

5.2.2 液膜雾化对颗粒沉积的影响

管壁液膜雾化可用 Kelvin-Helmholtz 不稳定机理来解释，液膜在气体施加剪切力、管壁施加黏附力的综合作用下可能产生一种“滚波”间歇流，大剪切力、高气体流速、低液体黏度均有助于滚波的形成。当滚波顶部涟漪脱离液膜表面时将发生液膜雾化，此时滚波中沉积到液膜中的水合物颗粒将随液膜雾化被重新携带至气相中，环雾流中水合物颗粒沉积过程如图 5-20 所示[29]。

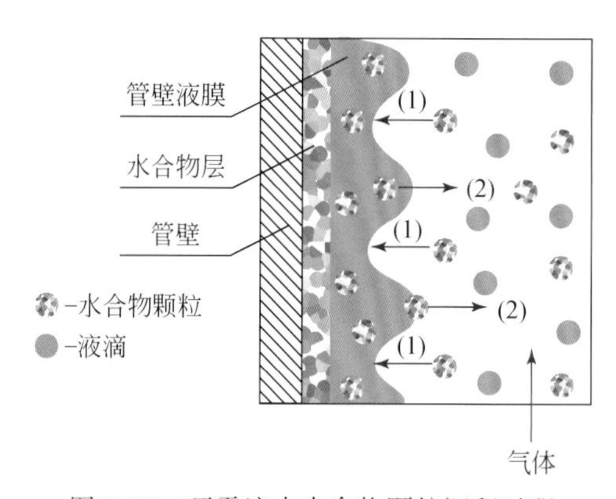

图 5-20　环雾流中水合物颗粒沉积过程

（1）气相水合物颗粒沉积；（2）管壁液膜中水合物颗粒因液膜雾化被重新携带至气相中

气相液滴水合物生成速率是管壁液膜相应速率的几倍，导致液滴水合物生成消耗自由水更多，两者重新达到自由水含量平衡过程中管壁液膜雾化量远大于气相液滴沉积量，故沉积过程中部分水合物颗粒受到液膜雾化细小液滴的携带而返回气相。此外，管壁液膜与

气体接触表面的水合物生成会阻碍气相水合物颗粒与管壁液膜中自由水相接触，使运动至管壁液膜附近的水合物颗粒与管壁间黏附力变小，气相水合物颗粒沉积并附着在管壁上的可能性减小[31]。

总之，在气相液滴沉积、管壁液膜雾化、管壁液膜表面水合物生成三者共同影响下，气相水合物颗粒最终沉积附着在管壁上的可能性大大减小，且沉积量比管壁液膜水合物少很多。

Schadel 和 Hanratty[30]、Bertodano 等[32]、Assad 等[33]相继提出并发展了垂直管道中液膜雾化的计算公式如式（5-26）所示。

$$R_a=\frac{k'_a U_g^2(\rho_g\rho_l)^{\frac{1}{2}}}{\sigma}\frac{W_{lf}-W_{lfc}}{P} \tag{5-26}$$

式中，k'_a为无因次系数；P 为管道周长，m；W_{lf}为管壁上液膜流量，$W_{lf}=W_l-W_{le}$，kg/s；W_l为液体流量，kg/s；W_{le}为液滴流量，kg/s；W_{lfc}为液膜雾化的临界液膜流量，kg/s。

由此得到 dt 时间单个控制体中液膜雾化产生的液滴量为

$$m_{la}=R_aA_l\cdot \mathrm{d}t=\pi R_aD\cdot \mathrm{d}l\cdot \mathrm{d}t \tag{5-27}$$

由此可知，管壁液膜雾化量受气体流速影响很大，气体流速越大，管壁液膜表面产生的滚波越强烈，液膜雾化产生的液滴量增多，液滴对气相中水合物颗粒的阻挡作用、对液膜中水合物颗粒的携带作用将更加明显。

5.2.3 气相水合物颗粒的有效沉积系数

气相液滴沉积、管壁液膜雾化、管壁液膜表面水合物生成三者相互影响，环雾流中气相液滴和液膜自由水一直处于重分配的动态变化过程，这使气相水合物颗粒沉积量的计算变得极其困难。

气相水合物颗粒仅有一部分附着在管壁上，剩余部分将重新返回到气相中并在液滴沉积作用下沉积在管壁或最终被高速气流带出管线。引入参数“有效沉积系数 S_d”来表征液膜雾化对气相水合物颗粒沉积的影响[1,29]，它表示单位时间单位控制体中沉积附着在管壁上的水合物颗粒与随液滴运动至管壁液膜处水合物颗粒总量的比值，代表气相水合物颗粒的实际沉积率。气体流速越大气相液滴夹带率越大，此时自由水消耗速率因液滴水合物生成速率较快而变快，管壁液膜雾化作用趋于明显，因此液膜雾化对气相水合物颗粒沉积的阻挡作用较强。管壁液膜表面水合物生成速率越快，管壁液膜附近水合物颗粒与管壁间的黏附力越小，因此水合物颗粒沉积附着在管壁上的可能性较小。上述情况均会导致有效沉积系数变小，在此基础上可认为气相水合物颗粒的有效沉积系数是关于过冷度 T_{sub}、雷诺数 Re、液体流量 W_l、表面张力 σ 及斯托克斯值 S_t等因素的函数，有效沉积系数函数关系式可表示为

$$S_d=f(T_{sub},Re,W_l,\sigma,S_t) \tag{5-28}$$

对 Lorenzo 等[25]研究的 7 组实验结果进行反推得到各组实验条件下的 S_d值如表 5-1 所示。可看出各组实验条件下 S_d均较小，其大小分布在 4%~6% 区间，这是管壁液膜较强的雾化作用导致的。因此，水合物颗粒沉积模型可修正为

$$m_{hd}=\frac{m_{he}}{m_{le}}m_{ld}S_d \tag{5-29}$$

环雾流中系统时刻进行着水合物生成和沉积两个过程，每时刻气相水合物含量均是上一时刻水合物生成和沉积综合作用的结果，均是沉积后剩余水合物与新生成水合物量的和，这表明气相水合物含量是时空相关的函数关系。联立式（5-23）~式（5-29）可得 dt 时间每单元控制体中气相水合物颗粒沉积量及新生成水合物的颗粒量，据此得到每单元控制体中气相水合物颗粒的含量为

$$m_{he,j+1}^{i+1}=m_{he,j}^{i}-dm_{hd,j}^{i}+dm_{he,j+1}^{i+1} \tag{5-30}$$

表 5-1　Lorenzo 等实验条件下的有效沉积系数

实验	1	2	3	4	5	6	7
MEG 浓度/%	0	0	0	10	20	20	20
平均过冷度/℃	8.8	6.8	3.8	5.9	3.4	2.2	1.9
雷诺数/10^4	121.6	119.9	118	119.6	123.3	123.9	122.2
液体流量/(L/min)	1.6	1.6	1.6	1.6	1.6	1.6	1.6
表面张力/(mN/m)	72.2	72.2	72.2	69.2	66.5	66.5	66.5
S_d	0.040	0.043	0.052	0.046	0.048	0.053	0.060

5.2.4　水合物沉积层生长与堵塞

随水合物不断生成、沉积，管壁水合物层变厚并造成管道有效过流面积逐渐减小，管壁水合物层生长如图 5-21 所示。管壁水合物层生长过程可分为管壁液膜、管壁水合物膜出现、管壁水合物膜逐渐变厚形成水合物层三个步骤，其中管壁中水合物主要包含管壁液膜水合物、气相液滴水合物两部分。

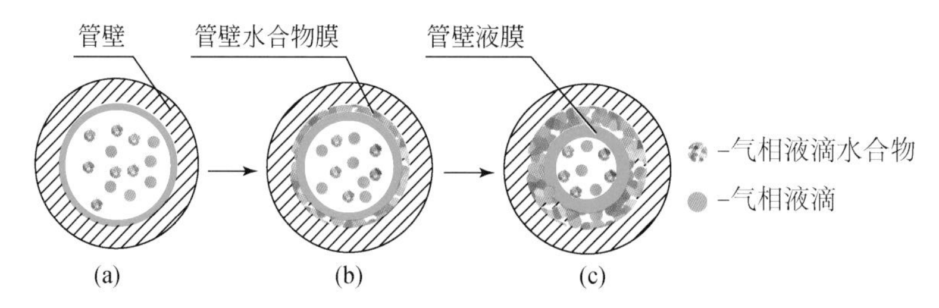

图 5-21　管壁水合物层生长示意图

Nicholas 等[34]、Aspenes 等[23]通过微观机械力测量发现自由水能使管壁和水合物间的黏附力增大十倍之多，这表明管壁液膜生成的水合物将沉积黏附在管壁上，而非被气液相运移所携带，可认为管壁液膜中生成水合物将全部停留在管壁，可得到 dt 时间单元控制体中管壁液膜生成水合物的量 m_{hf} 为

$$m_{\mathrm{hf}}=MR_{\mathrm{gf}}\mathrm{d}t \tag{5-31}$$

式中，m_{hf}为管壁液膜生成水合物的量，g；M 为水合物的摩尔质量，g/mol，II 型水合物取 119.5g/mol；R_{gf}为单元控制体中管壁液膜生成水合物时的气体消耗速率，mol/s。

假设每单元体中管壁水合物层均匀分布且管壁水合物不发生脱落，结合式（5-29）、式（5-31）可得到管壁液膜生成水合物和气相液滴生成水合物颗粒的沉积对管壁水合物层厚度的影响关系如式（5-32），dt 时间单个控制体中管内径变化的计算如式（5-33）所示。

$$\mathrm{d}h=\frac{m_{\mathrm{hf}}}{\rho_{\mathrm{h}}\pi D\cdot \mathrm{d}l}+\frac{m_{\mathrm{hd}}}{\rho_{\mathrm{h}}\pi D\cdot \mathrm{d}l}=\frac{m_{\mathrm{hf}}+m_{\mathrm{hd}}}{\rho_{\mathrm{h}}\pi D\cdot \mathrm{d}l} \tag{5-32}$$

$$D_j^{i+1}=D_j^i-2\mathrm{d}\,h_j^i \tag{5-33}$$

管壁不同位置处水合物生成速率、沉积速率的差异造成管壁水合物层的生长速度不同，因此不同位置处管壁水合物层厚度分布可能呈现非均匀性，且管内径缩小程度越大越会加速管壁水合物层生长，当井筒/管线某位置全部被水合物占据时将发生堵塞现象。

5.2.5 模型求解与验证

所建模型因系统中水合物生成速率、水合物颗粒浓度、液体流量、管内径等参数间存在相互影响及强非线性，因此常对模型进行数值求解，求解方法选用有限差分法，具体求解步骤如图 5-22 所示[1]。

（1）设定足够小的时间间隔 dt，并将管柱/管线划分为长度为 dl 的多个单元控制体。假设控制体内水合物生成速率、水合物层厚度、气相液滴浓度、气相水合物颗粒浓度及水合物沉积速率等均为均匀分布。

（2）已知 i 时刻第 j 个控制体气体流量$W_{\mathrm{g},j}^i$、液体流量$W_{\mathrm{l},j}^i$、水合物颗粒质量$m_{\mathrm{he},j}^i$、管内径D_j^i等初始参数，可求得液滴夹带率$E_{\mathrm{l},j}^i$、液滴总表面积$A_{\mathrm{d},j}^i$、管内壁面积$A_{\mathrm{f},j}^i$、液滴向管壁运动速度$V_{\mathrm{d},j}^i$等参数。

（3）根据管中温压分别计算控制体管壁液膜中水合物生成量 d$m_{\mathrm{hf},j}^i$、气相液滴中水合物生成量 d$m_{\mathrm{he},j}^i$、水的消耗量 d$m_{\mathrm{l},j}^i$，并得到气相液滴浓度$C_{\mathrm{l},j}^i$、水合物颗粒的沉积量 d$m_{\mathrm{hd},j}^i$、管壁水合层厚度 dh_j^i及管内径D_j^{i+1}的变化规律。

（4）根据 i 时刻第 j 个控制体计算结果可得到 i+1 时刻第 j+1 个控制体液体流量$W_{\mathrm{l},j+1}^{i+1}$、气相水合物颗粒质量$m_{\mathrm{he},j+1}^{i+1}$、管内径$D_{j+1}^{i+1}$等初始参数。

（5）i 时刻第 j+1 个控制体时的初始参数可由 i−1 时刻第 j 个控制体的计算结果获得。经过时空的双重循环可得到液体流量、水合物颗粒浓度、水合物沉积量、管壁水合层厚度、管内径等参数在不同时空的分布情况。当管内径小于某一个临界值 D_{c}时便可认为管道堵塞，并以此预测水合物堵塞管道的具体时间及具体位置。

采用 Lorenzo 等[25]的室内环路实验数据以验证水合物堵塞模型，西澳大学环路实验示意图如图 5-23 示，其中实验不锈钢管管线内径 20.3mm、长 40m，通过乙二醇冷却系统控制管壁温度，最低温度可达−8℃，实验所用气体为混合天然气，管中气体和液体流量分别为 169L/min、1.6L/min，所对应表观流速分别为 8.5m/s、0.08m/s。选取气相水合物颗粒的有效沉积系数 S_{d}为 5%，模型计算结果如表 5-2、图 5-24 所示。

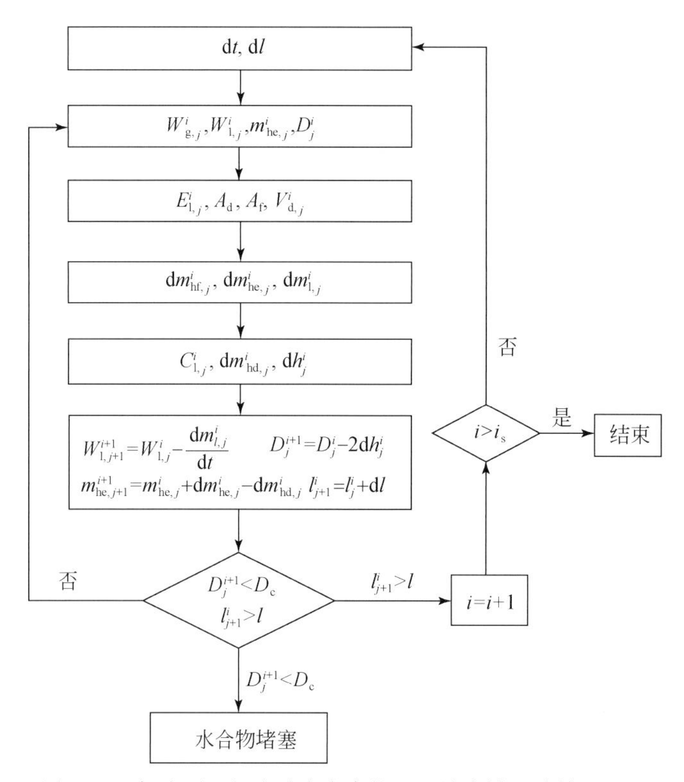

图 5-22　气液固三相流动中水合物沉积堵塞模型计算流程图

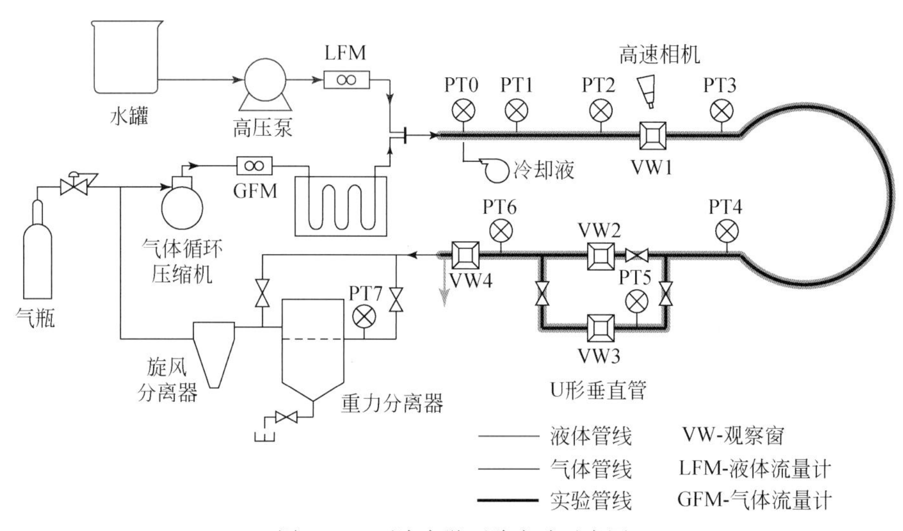

图 5-23　西澳大学环路实验示意图

表 5-2 计算结果与 Lorenzo 等[25]实验数据对比表

实验	平均过冷度/℃	气体消耗量/mol	水合物生成速率/(L/min)	水合物层生长速率/(L/min)	水合物颗粒沉积比/%	水合物生成速率计算误差/%	水合物层生长速度计算误差/%
1	3. 1	100. 85	0. 318	0. 064	30. 42	9. 72	1. 89
2	3. 4	111. 17	0. 338	0. 071	30. 46	8. 71	3. 15
3	4. 2	127. 06	0. 386	0. 067	26. 23	1. 03	5. 88
4	4. 5	117. 09	0. 357	0. 069	24. 25	8. 05	0. 62
5	4. 6	119. 54	0. 364	0. 071	24. 35	4. 08	0. 36
6	5. 5	110. 10	0. 365	0. 068	24. 09	8. 82	5. 03

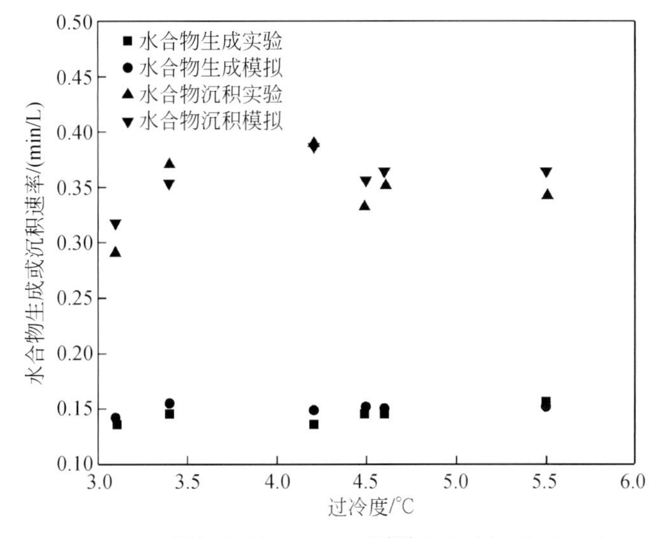

图 5-24 计算结果与 Lorenzo 等[25]的实验结果对比图

从图 5-24 和表 5-2 中可看出尽管 dt 时间单个控制体中气相水合物颗粒的有效沉积率仅有 5%，但实验时间内管壁上沉积并附着的气相水合物颗粒量占气相水合物颗粒总量的 24. 09%~30. 46%，这是由气相水合物生成、沉积的累积作用引起的。由表可知，水合物堵塞模型计算得到的管中水合物生成速率与实验结果误差在 10% 以内，平均误差约为 6. 74%；管壁水合物层生长速率与实验结果误差在 6% 以内，平均误差约为 2. 82%。出现误差原因可能是未充分考虑水合物生成、沉积过程中的热力学影响，忽略了管壁水合物层脱离等。

上述模型计算结果与实验结果比较吻合，表明该水合物堵塞模型能准确预测环雾流中水合物生成速率、管壁水合物层生长速率等参数，进而得到管路水合物沉积层生长、发生水合物堵塞的时间和位置。

41. 5min 时刻不同位置管内径变化和 Lorenzo 等[25]计算的平均管内径对比如图 5-25 所示，可知两种计算方法得出实验管路有效内径的最大误差可达 20. 4%，这会对实验管路的其他参数产生很大影响。管路有效内径非均匀分布情况下不同位置的气体流速如图 5-26 所示，可看出管壁水合物层厚度不同使管路不同位置的气体流速存在差异，且该差异随实验时间推进逐渐变大。

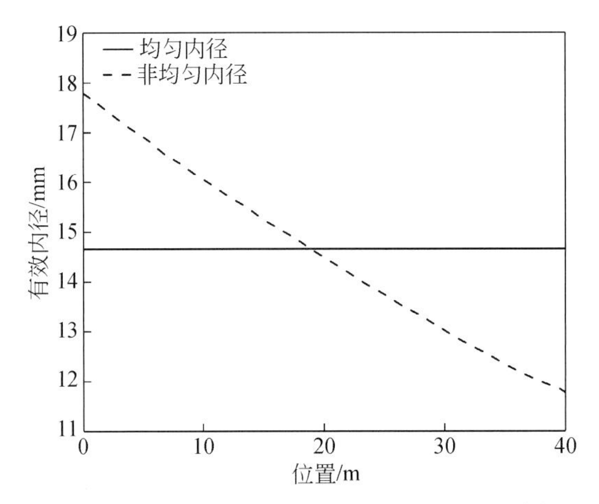

图 5-25　不同位置管内径变化（41. 5min 时刻）

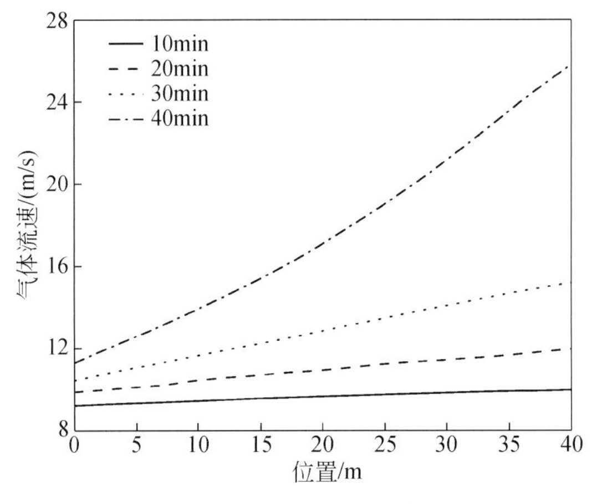

图 5-26　不同实验时间管内气体流速分布

衡量管道被水合物完全堵塞的标准为平均有效管路内径，衡量管道最早被水合物堵塞时间的标准为非均匀有效管路内径，因此，采用平均有效管路内径进行管道堵塞情况的预测会造成堵塞所需时间偏长，而采用非均匀有效管路内径来衡量管道堵塞更符合实际情况。

模型计算压降随时间的变化与 Lorenzo 等[25]实验数据的对比如图 5-27 所示，可看出短时间内采用平均管线内径计算得到的压降与实验数据吻合，但在较长时间时会出现较大偏差且偏差不断增大，这是因为实际情况中管壁水合物层厚度沿管线分布并不均匀，且不均匀程度随实验时间愈发明显。

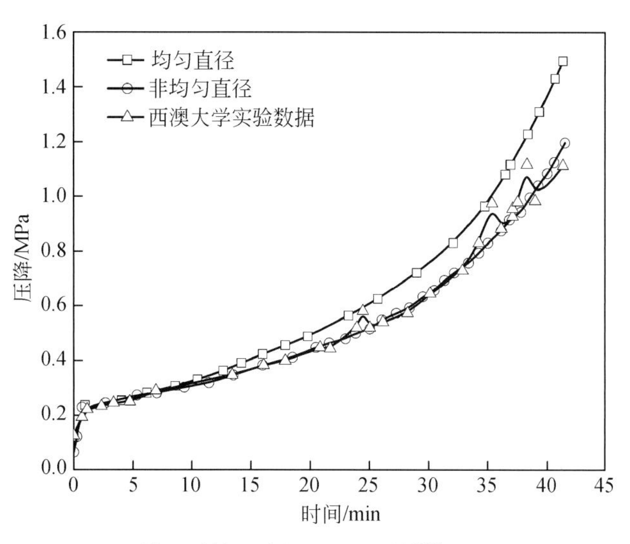

图 5-27 模型计算压降与 Lorenzo 等[25]实验数据对比

管壁水合物层的组成来源如图 5-28 所示，可看出管壁前端液膜水合物的沉积量占管壁水合物总沉积量的绝大部分，但气相液滴水合物的沉积量占总沉积量的比例沿管线逐渐增大，在管线末端达到了 68%。主要原因是管线前端气相液滴水合物新生成的量多于水合物沉积的量使气相水合物颗粒浓度随管线逐渐增大，故气相液滴水合物的沉积量逐渐增多。这说明气相水合物颗粒的沉积也是引起管线有效过流面积减小的重要因素，堵塞模型中应给予考虑，否则管道中实际水合物层厚度将比预测情况更加严重，易延误水合物堵塞预防及解堵的最佳时间。

综合以上分析可知，一定程度上模型中水合物颗粒有效沉积率能够反映气相水合物颗粒沉积的实际情况，且考虑气相水合物颗粒沉积的堵塞模型能根据井筒/管线不同位置的水合物生成速率、沉积速率对可能发生水合物堵塞的具体时间、位置进行提前预测。

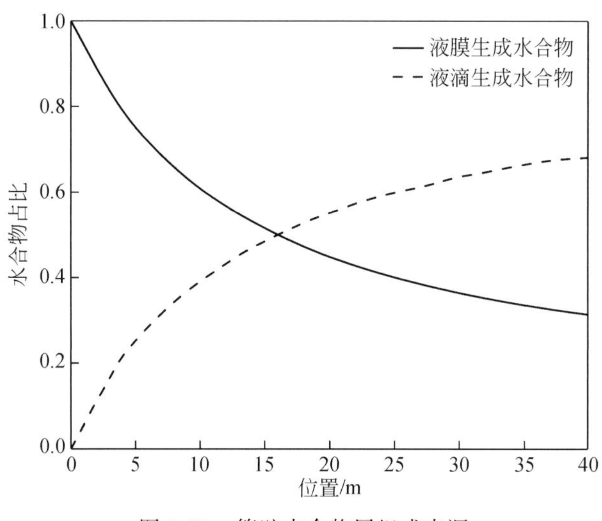

图 5-28 管壁水合物层组成来源

5.3 气固两相流动条件下水合物沉积堵塞模型

随水合物生成管线自由水含量沿管线逐渐减小，当某一位置自由水全部转化为固态水合物时，更远位置的管线中便不存在自由水，此时管线气体处于水饱和状态，管线中气液固三相流动转变为气固两相流动。再者，处于水饱和状态的气体与外界低温环境热交换使管线温度降低并析出冷凝水，因此气固两相流中管壁水合物层的生长主要源于气相水合物颗粒及冷凝水水合物颗粒的沉积[35]。

5.3.1 气固两相流中固体颗粒径向运移理论

目前，国内外主要借鉴传统的固体颗粒运移动力学理论对气固两相流中气相水合物颗粒运移进行研究。Friedlander 和 Johnstone[36]通过大量紊流中固体颗粒沉积实验首次提出了描述气相中固体颗粒运移的 Free-flight 模型，Wells 和 Chamberlain[37]提出了一种气固两相流中微小颗粒径向运移速度的计算方法，Fichman 等[38]建立了考虑流动方向上剪切作用的颗粒径向运移速度计算模型，Fan 和 Ahmadi[39]通过考虑表面粗糙度和重力的影响修正了固体颗粒径向运移速度计算公式，张健和周力行[40]建立了气固两相流中颗粒轨道运动方程，Jassim 等[27,28]通过研究单水合物颗粒在管路中的受力特征提出了一种水合物颗粒径向运移速度的计算方法。气相中固体颗粒的径向运移速度具有“V”形变化规律。下面简要介绍几种关于固体颗粒径向运移速度的计算模型。

5.3.1.1 Wells 和 Friedlander 模型

颗粒的松弛时间表示颗粒速度适应流体速度变化的时间尺度，可通过静止流体中初始速度为零的颗粒释放后达到最终速度的时间求得，对圆球形颗粒其松弛时间可由下式表示：

$$\tau_v = \frac{u_s}{g} = \frac{\rho_p d_p^2 C_c}{18\mu_g} \tag{5-34}$$

颗粒停止距离表示变化流场中颗粒达到再次平衡前保持原始运动的长度尺度，其值是松弛时间的线性函数，可由式（5-35）表示，其中 V_0为颗粒的初始速度。

$$S_L = V_0 \tau_v \tag{5-35}$$

对于$\tau_v^+ = \frac{\tau_v (u^*)^2}{v_g}$<0.3 或 d_p<1μm 的颗粒，其在紊流中运动主要受布朗扩散影响，故其径向运移速度可以由 Wells 和 Chamberlain[37]提出的经验公式求得

$$\frac{V_d}{U^*} = 0.2Sc^{-2/3}Re^{-1/8} \tag{5-36}$$

$$Re = \frac{U_g D_{pipe}}{v_g} \tag{5-37}$$

式中，v_g为气体的运动黏度，m²/s；Sc 为施密特数；Re 为气体雷诺数，可由式（5-37）进行计算。

而对于$\tau_v^+>0.3$或$d_p>1\mu m$的颗粒，其在紊流中运动主要受惯性力影响，故其径向运移速度可以由 Friedlander 和 Johnstone[36]提出的经验公式求得

$$V_{dr}=\begin{cases}\dfrac{f/2}{1+\sqrt{f/2}\,(1525/(S_L^+)^2-50.6)} & S_L^+<5\\ \dfrac{f/2}{1+\sqrt{f/2}\,\{5\ln[5.04/(S_L^+/5-0.959)]-13.73\}} & 5\leqslant S_L^+\leqslant 30\\ \dfrac{f}{2} & 30<S_L^+\end{cases}\tag{5-38}$$

$$S_L^+=\frac{\rho_g\rho_p d_p^2 U_g^2 f}{36\mu_g}\tag{5-39}$$

式中，f为穆迪摩阻系数；S_L^+由式（5-39）进行计算。

5.3.1.2 Wood 模型

Wood 等[41]提出了用径向运移速度和摩擦速度的比值来表示紊流中固体颗粒的无因次径向运移速度，如式（5-40）所示，通过实验研究得到紊流中固体颗粒的无因次径向运移速度经验公式如式（5-41）所示，其中等式右边第一项表示布朗运动影响，第二项表示涡流扩散影响，第三项表示水平管线中重力引起的径向运移作用。

$$V_{dr}^+=\frac{V_{dr}}{u^*}\tag{5-40}$$

$$V_{dr}^+=0.057Sc^{-2/3}+4.5\times10^{-4}\tau^++\tau^+g^+\tag{5-41}$$

$$\tau^+=\frac{\tau u^{*2}}{v}=\frac{\rho_p d_p^2 C_c u^{*2}}{18\rho_f v^2}\tag{5-42}$$

$$g^+=\frac{vg}{u^{*2}}\tag{5-43}$$

5.3.1.3 Fan 和 Ahmadi 模型

Fan 和 Ahmadi[39]通过考虑管壁表面粗糙度和重力的影响提出了水平管道中固体颗粒径向运移速度计算的经验修正公式如式（5-44）所示。

$$V_{dr}=\begin{cases}0.084\,Sc^{-2/3}+0.5\left[\dfrac{(0.64\,k^++0.5\,d_p^+)^2}{3.42}\right]^{1/(1+\tau^{+2}L_1^+)}\times[1+8e^{-(\tau-10)^2/32}]\dfrac{0.037}{(1-\tau^{+2}L_1^+)}\\ 0.14 \qquad\qquad \text{if } V_{dr}\geqslant 0.14\end{cases}\tag{5-44}$$

$$V_{dr}=\frac{V_{dh}}{u^*}\tag{5-45}$$

$$L_1^+=\frac{3.08}{S\,d_p^+}\tag{5-46}$$

$$S=\frac{\rho_p}{\rho_f}\tag{5-47}$$

$$d_p^+ = \frac{d_p u^*}{v} \tag{5-48}$$

式中，u^* 为摩擦速度，m/s；k^+ 为表面粗糙度，当表面光滑时 $k^+=0$。

5.3.1.4 Jassim 模型

Sosnowski 等[42]研究发现气相中微小颗粒的运动受空气动力学因素的影响，而较大颗粒主要受自身惯性影响。为较好描述颗粒在布朗运动区域的运动特征，Jassim 等[28]引入 Fan 和 Ahmadi 模型，提出了一个综合 Wells 模型、Fan 和 Ahmadi 模型的颗粒沉积速度修正公式如式（5-49）所示。Jassim 通过对比上述四个模型计算结果、Kvasnak 等[43]的实验数据、Tian 和 Ahmadi[44]及 Shams 等[45]的数值模拟结果得出，Jassim 模型对气相中固体颗粒的运动特征描述效果好。

$$V_{dr} = \begin{cases} 0.2\,Sc^{-2/3}Re^{-1/8} + 0.5\left[\dfrac{(0.64\,k^+ + 0.5\,d_p^+)^2}{3.42}\right]^{1/(1+\tau^{+2}L_1^+)} \times \left[1+8\,e^{-(\tau-10)^2/32}\right]\dfrac{0.037}{(1-\tau^{+2}L_1^+)} \\ 0.14 \qquad \text{if } V_{dr} \geqslant 0.14 \end{cases} \tag{5-49}$$

5.3.2 气固两相流中水合物颗粒沉积

目前主要借鉴气固两相流中固体颗粒沉积理论来研究气相水合物颗粒的沉积。顾璠和许晋源[46]建立了计算气固两相流中颗粒速度和浓度的湍流颗粒浓度模型，陆慧林和赵广播[47]基于气固两相流动模型、颗粒湍流模型、气相湍流模型模拟研究了管内的气固两相流动规律。Jassim 等[28]发现影响水合物颗粒沉积速度的主要因素是水合物颗粒直径，当颗粒直径大于临界值时沉积速度不发生变化，据此建立了新的气相中水合物颗粒沉积模型，该模型将水合物颗粒运动区域分为紊流区、边界层区。其中，当颗粒位于紊流区域时可运用式（5-49）计算颗粒朝向管壁的运动速度，以此决定其到达边界层的时间及进入边界层的尺寸等。当颗粒位于边界层区域时，颗粒尺寸及运动速度是决定颗粒后续运动的重要因素，当颗粒尺寸小于边界层厚度时颗粒将进入边界层，当颗粒尺寸大于边界层厚度时颗粒运动状态主要受速度影响，此时若运动速度大于临界反弹速度颗粒将发生反弹，反之将发生黏附沉积。Friedlander 和 Johnstone[36]根据水合物颗粒反弹前后的能量守恒提出了颗粒反弹后的速度计算如式（5-50）所示，当 $v_2=0$ 时，水合物颗粒反弹的临界速度如式（5-51）所示。

$$\frac{v_2}{v_1} = \left[e^2 - \frac{E(1-e^2)}{m_p e^2/2}\right]^{1/2} \tag{5-50}$$

$$v_{1c} = \left[\frac{2E(1-e^2)}{m_p e^2}\right]^{1/2} \tag{5-51}$$

式中，m_p 为颗粒质量，kg；e 为恢复系数，无因次。

以上水合物颗粒沉积模型主要是针对气相中单个水合物颗粒的沉积，而关于气相中水合物颗粒群沉积模型目前较少报道。与气液固三相流动中的水合物沉积不同，气固两相流动中随气相水合物颗粒的不断沉积消耗，气相水合物颗粒含量逐渐减少直至全部沉积附着在管壁[1]。基于气固两相流固体颗粒的沉积理论，气相水合物颗粒的沉积速率主要由气相水合物颗粒浓度和水合物颗粒朝向管壁运动的速度决定[48]，假设单个控制体气相水合物颗粒浓度分布均匀，此时气相水合物颗粒的沉积速率表示为式（5-52）。

$$R_{\mathrm{dh}}=V_{\mathrm{dh}}C_{\mathrm{he}} \tag{5-52}$$

$$C_{\mathrm{he}}=\frac{m_{\mathrm{he}}}{V} \tag{5-53}$$

式中，V_{dh}为水合物颗粒朝向管壁的运动速度，m/s；C_{he}为管线中不同位置的气相水合物颗粒浓度，可由式（5-53）计算；V为单元控制体体积，m^3；m_{he}为管线中不同位置单元控制体的气相水合物颗粒含量，kg。

水合物颗粒与管壁间的黏附力是影响其沉积附着的关键因素。Nicholas 等[34]和 Aspenes 等[23]通过测量环戊烷水合物颗粒和管壁间的黏附力发现管壁自由水的存在对黏附力影响巨大。Aspenes 等[23]发现管壁湿润情况下水合物颗粒和管壁间的黏附力大于水合物颗粒间的黏附力，而 Nicholas 等[34]发现管壁干燥情况下气相水合物颗粒和管壁间的黏附力远小于水合物颗粒间的黏附力，证明管壁不含自由水时气相水合物颗粒和管壁间的黏附力远小于含自由水所对应的黏附力，此时管壁不含自由水情况下的气相水合物颗粒较含自由水更难沉积附着在管壁上，即不含自由水条件下气相水合物颗粒的有效沉积系数值较小。

5.2 节中，气液固三相流动条件下朝向管壁运动的水合物颗粒仅有约 5% 会真正沉积附着在管壁上，其余部分在管壁液膜雾化作用下被携带回气相，然而，气固两相流中气相水合物颗粒少量沉积主要是由颗粒和管壁间黏附力较小引起，且管壁上未发生沉积的水合物颗粒主要有滑动、滚动、反弹三种运动状态。

气固两相流中常用S_{d2}表示气相水合物颗粒的有效沉积率，而有效沉积速率可由式（5-54）表示[1]，根据质量守恒定理得到不同时间、位置处气相水合物颗粒的含量如式（5-55）所示，根据水合物颗粒沉积速率可计算管壁水合物层的生长速率如式（5-56）所示。水合物颗粒的沉积速率将随时间、位置不断变化，对给定某一时间管线某位置处管壁水合物层厚度可由式（5-57）计算。

$$R_{\mathrm{dh}}=V_{\mathrm{dh}}C_{\mathrm{he}}S_{\mathrm{d2}} \tag{5-54}$$

$$m_{\mathrm{he},j+1}^{i+1}=m_{\mathrm{he},j}^{i}-\mathrm{d}m_{\mathrm{hd},j}^{i} \tag{5-55}$$

$$G=\frac{MR_{\mathrm{dh}}}{\rho_{\mathrm{h}}\pi D\mathrm{d}l}=\frac{MV_{\mathrm{dh}}C_{\mathrm{he}}S_{\mathrm{d2}}}{\rho_{\mathrm{h}}\pi D\mathrm{d}l} \tag{5-56}$$

$$\delta_{\mathrm{D}}=\int_0^t G\mathrm{d}t=\int_0^t\frac{MV_{\mathrm{dh}}C_{\mathrm{he}}S_{\mathrm{d2}}}{\rho_{\mathrm{h}}\pi D\cdot\mathrm{d}l}\mathrm{d}t \tag{5-57}$$

式中，G为管壁上水合物层的生长速率，m/s；ρ_{h}为水合物密度，$\mathrm{kg/m^3}$；δ_{D}为管壁沉积水合物层的厚度，m；t为时间，s。

5.3.3 模型求解及验证

5.3.3.1 模型求解

气固两相流中水合物颗粒浓度、颗粒沉积速率、水合物层厚度、有效管内径等参数间相互影响同样使堵塞模型具有强非线性，采用有限差分法对堵塞模型进行数值求解，具体求解步骤如下[1]。

（1）设定足够小的时间间隔 dt，将管线划分为长度为 dl 的多个单元控制体，单元控制体中作如下假设：①控制体中气相液滴和水合物颗粒浓度均匀分布，即不同位置处水合物沉积速率相等；②传热仅发生在管柱的径向方向；③水合物密度一定且忽略管壁水合物层的孔隙性。

（2）已知第一个控制体入口处气相水合物颗粒的初始含量 m_0，根据式（5-49）、式（5-53）计算气相水合物颗粒径向运移速度、水合物颗粒沉积速率，根据质量守恒定理计算运移至第二个控制体中的水合物颗粒含量 m_2。依此类推，可得到第 i 个控制体中颗粒含量及颗粒沉积速率。

（3）根据式（5-55）计算不同时间、不同控制体中水合物层生长速率，利用式（5-56）计算得到某一时间管线不同位置处的水合物层厚度。

（4）当计算长度 l_i 小于管柱长度时，重复上述步骤分别计算下一控制体中颗粒含量、颗粒沉积速率和管壁水合物层厚度；反之则开始下一时刻不同位置处的水合物层厚度计算，直到计算至要求时间为止。

5.3.3.2　模型验证

Jassim 等[28]通过实验对其提出的单个水合物颗粒沉积理论进行了验证，其实验环路如图 5-29 所示，其中实验管路内径为 19.05mm，实验温度为 5.5℃，压力为 0.193MPa。实验得到单个水合物颗粒沉积距离和模型计算结果如表 5-3 所示，可看出单个水合物颗粒沉积距离的模型计算结果与实验结果误差较小，这说明借助水合物颗粒径向运移理论所建立的堵塞模型计算准确度较高。

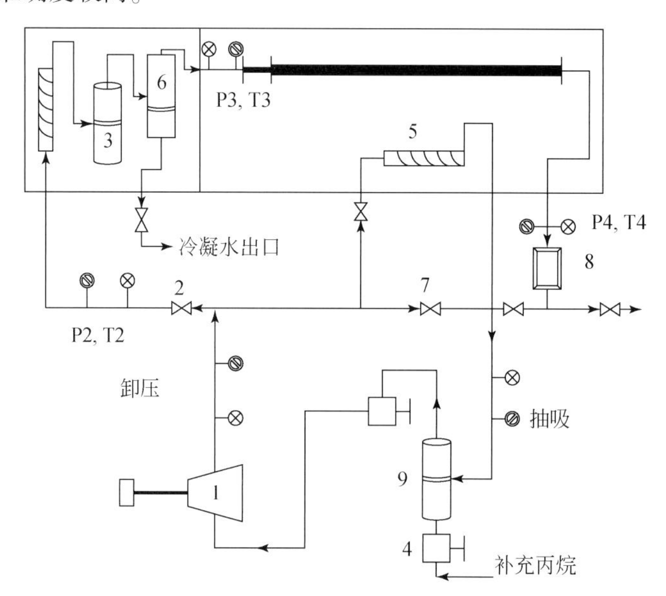

图 5-29　Jassim 等[28]的实验环路示意图

1. 压缩机；2. 阀；3. 气体饱和器；4. 充气阀；5. 制冷线圈；6. 分离器；7. 阀；8. 流量计；9. 集液器/过滤器

⊗压力传感器；⊘温度传感器

表 5-3 实验测量水合物颗粒沉积距离和模型计算结果

序号	雷诺数	实验测量沉积距离/m	模型计算沉积距离/m	相对误差/%
1	4300	0.746	0.735	1.5
2	8400	0.823	0.837	1.7
3	14500	0.891	0.905	1.6

根据入口处水合物颗粒浓度 5.13kg/m^3，管内径 114.3mm，气体流速 4.86m/s 的计算条件对气固两相流中水合物颗粒的有效沉积系数 $EDR_{g\text{-}s}$展开敏感性分析，有效沉积系数与颗粒沉积距离的关系如图 5-30 所示。可知有效沉积系数会显著影响气固两相流中水合物颗粒的沉积距离，有效沉积系数值越大，颗粒沉积距离越小，此时气固两相流变为饱和气单相流动时距管线入口越近。

目前尚未有气固两相流中水合物颗粒有效沉积系数方面的研究，暂取有效沉积系数值为 3%，利用堵塞模型对两相流中水合物颗粒浓度的位置分布进行计算，计算结果如图 5-31 所示，可看出随气相水合物颗粒的不断沉积，水合物颗粒浓度沿管线逐渐减小，最终水合物颗粒均沉积在管壁上，造成此现象的原因是气相水合物颗粒沉积过程中并没有新的水合物颗粒补充。

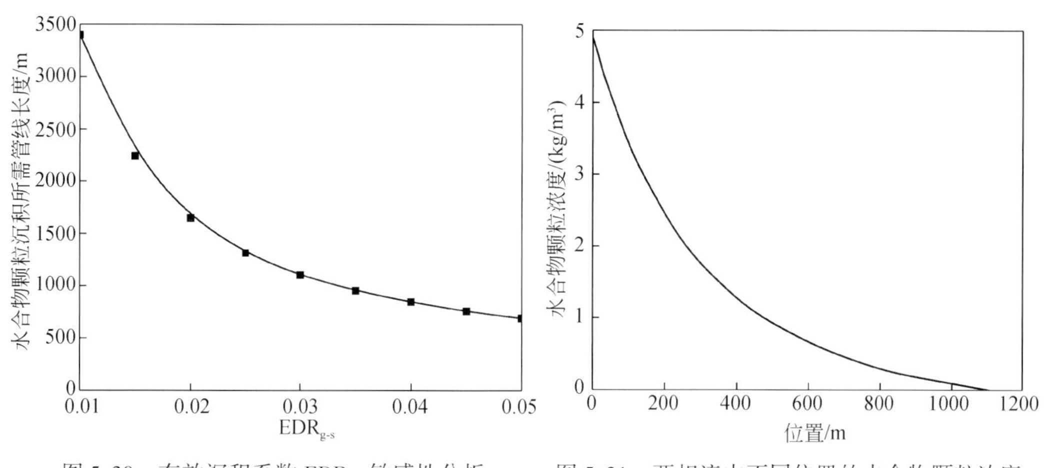

图 5-30 有效沉积系数 $EDR_{g\text{-}s}$敏感性分析

图 5-31 两相流中不同位置的水合物颗粒浓度

5.4 饱和气单相流动中水合物沉积堵塞模型

气固两相流中随水合物颗粒的不断沉积消耗，气相水合物颗粒含量沿管线逐渐降低，当水合物颗粒在某位置消耗完全时管线流型将变为饱和气单相流动。然而流动过程中饱和气在低温作用下仍会析出冷凝水，其在高压低温条件下会发生水合物的生成和沉积，严重时堵塞管线[1,35]。因此，饱和气单相流动中的水合物沉积问题也是深水油气开发过程中流动保障研究的一个重要方面。

5.4.1 饱和气单相流动中水合物沉积模型

Lingelem 等[49]认为气相为连续相的流动系统中水合物生长与结冰过程类似，水合物在管壁生成、堆积最终形成水合物膜。Nicholas 等[34]、Rao 等[50]认为饱和气单相流动过程中管壁上的水合物沉积与蜡沉积过程类似，均是分散相成分扩散至固体壁面上而后析出、沉积附着。由于饱和气单相流动中水含量较低，冷凝水析出量较少，所以饱和气单相流动中水合物沉积速率较低，形成明显的水合物层需要时间较长，Rao 等[50]实验发现经过 60h 的颗粒沉积，管壁水合物层厚度仅有 2mm。

Nicholas 等[34]提出单相流动中饱和气的冷凝常发生在气体和管壁接触的表面，并认为冷凝水生成的水合物在原位发生沉积，此时饱和气单相流动中的水合物沉积速率等同于水合物生成速率，可由式（5-58）表示。饱和气单相流动中水合物生成、沉积后仍满足质量守恒和能量守恒定理，据此可得到管线有效内径变化、不同位置处的温度分布情况，管线有效内径变化、管线不同位置处的温度分布可分别由式（5-59）、式（5-60）表示。注意到饱和气单相流动过程中管线不同位置处的温压变化不同，冷凝水析出量不同，生成水合物的过冷度也不同，造成水合物生成速率及沉积速率均不同，因此，饱和气单相流动中不同位置水合物层的厚度分布具有非均匀性。

$$R_{dh}=R_{hf}=2\pi r_i h_m[C_B-C_S]dl \tag{5-58}$$

$$2\pi\Delta z\, r_i h_m[C_B-C_i(T_i)]=\frac{d}{dt}[\pi\Delta z(r_{ti}^2-r_i^2)\rho_h] \tag{5-59}$$

$$2\pi\Delta z\, r_i h_B(T_B-T_i)-2\pi\Delta z\, r_i\mu'(T_i-T_c)+2\pi\Delta z\, r_i h_m[C_B-C_i(T_i)]\Delta H_f=0 \tag{5-60}$$

$$\mu'=\frac{1}{\dfrac{\ln(r_{ti}/r_i)}{k_h}+\dfrac{1}{h_c r_c}} \tag{5-61}$$

$$\mathrm{Nu}_D=0.023\,Re^{4/5}Pr^{1/3}=\frac{h_B D}{k} \tag{5-62}$$

式中，h_m为传质系数，m/s；r_i为水合物生长后的管线内径，m；r_{ti}为管线内径，m；C_B，C_S分别为气体温度和管壁温度下的水分子浓度，kg/m^3；C_i（T_i）为水合物生成后管中天然气中含水饱和度，kg/m^3；Δz 为步长，m；ρ_h为水合物密度，kg/m^3；ΔH_f为水合物生成焓，kJ/kg；μ'为总传热系数，W/(m^2·K)，可由式（5-61）计算；h_B为管内部天然气对流传热系数，W/(m^2·K)，可由式（5-62）计算；k_h为水合物沉积物的热导率，W/(m·K)；h_c为海水传热系数，W/(m^2·K)；Nu 为管道的努塞尔数；Re 为雷诺数；Pr 为普朗特准数；D 为管内径，m；k 为天然气的导热系数，W/(m·K)。

5.4.2 模型求解及验证

饱和气单相流动中水合物沉积模型因管内温压、水分子饱和浓度、水合物沉积速率、水合物层厚度、有效管内径等参数间的相互影响具有强非线性，采用有限差分法对该沉积模型进行数值求解，具体求解步骤如下[1]：

(1) 设定足够小的时间间隔 dt，将管线划分成长度为 dl 的多个单元控制体，单元控制体中作如下假设：①控制体中的温压均匀分布；②传热只发生在管柱的径向方向；③水合物密度一定且忽略管壁水合物层的孔隙性。

(2) 已知第一个控制体入口处的温压条件，根据前述公式计算该条件下的饱和蒸汽压及含水饱和度。

(3) 根据控制体中饱和气体的温压损失计算控制体出口处的温压条件、此温压条件下的饱和蒸汽压及含水饱和度。

(4) 根据控制体入口和出口两端的含水饱和度差异求得单个控制体中的冷凝水含量，计算相应的水合物生成和沉积量，然后根据质量守恒得到管壁水合物层厚度。

(5) 当计算长度 l_i 小于管柱长度时重复上述步骤分别计算下一控制体中的水合物颗粒含量、水合物颗粒沉积速率和管壁水合物层厚度；反之则开始下一时刻不同位置处的水合物层厚度计算，直到计算至要求时间为止。

Nicholas 等[34]通过长 85. 3m，内径 9. 3mm 的流动环路开展了饱和气单相流动条件下的水合物生成沉积实验，其实验环路如图 5-32 所示。

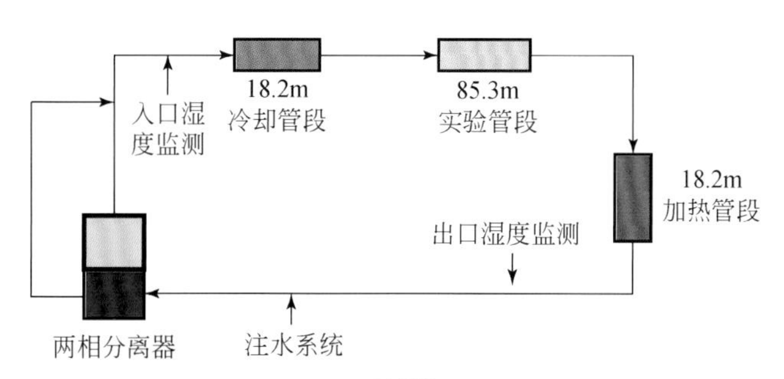

图 5-32 Nicholas 等[34]实验环路示意图

借助 Nicholas 等[34]获得的环路水合物沉积实验数据进行饱和气单相流动条件下的水合物沉积模型验证。沉积模型计算得到的压降、温度变化与实验实测数据对比如图 5-33 所示。可知在 Nicholas 等[34]实验条件下，饱和气单相流动条件下的水合物沉积模型计算得到的环路压降、流体温度变化与实验实测数据吻合程度好，两者平均误差均在 10% 内。

通过该水合物沉积模型计算得到不同温压条件下的水饱和浓度变化情况如图 5-34 所示，可看出温度越高、压力越低，水饱和浓度越大。注意到水饱和气单相流动中管线具有温度变化大、压力变化小的特点，所以常常忽视压力引起水饱和浓度的变化。综上，水饱和气体流动过程中沿管线温压的降低会引起水饱和浓度逐渐降低，冷凝水析出导致管壁发生水合物生成和沉积。

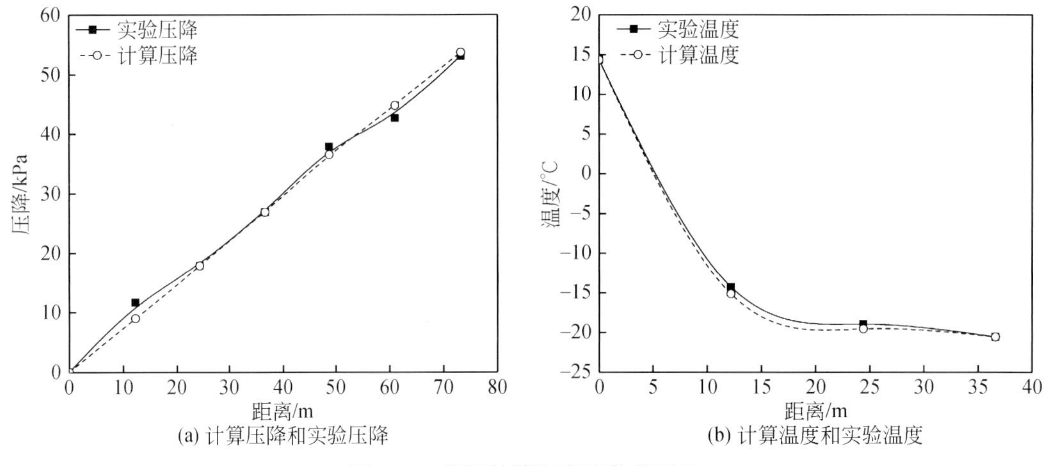

(a) 计算压降和实验压降

(b) 计算温度和实验温度

图 5-33　模型计算与实验数据对比

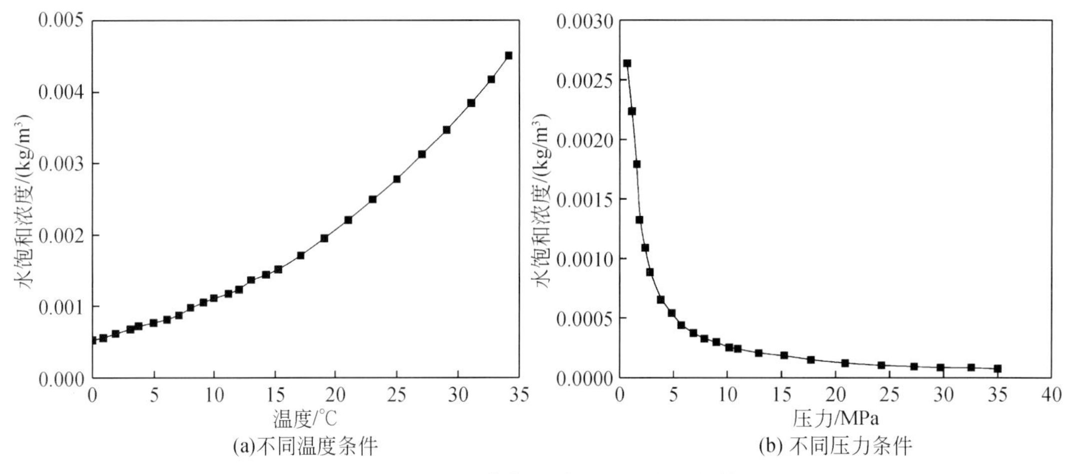

(a)不同温度条件

(b) 不同压力条件

图 5-34　不同温压条件下水饱和浓度变化情况

5.5　深水气井井控期间水合物堵塞预测

深水气井井控环雾流条件下管线可同时出现气液固三相流动、气固两相流动、饱和气单相流动三种流型，通过堵塞模型计算不同流型的水合物堵塞规律，并对不同因素对水合物堵塞的影响进行讨论，揭示堵塞对深水井控过程中井口回压的影响，为现场水合物预测和防治提供一定参考[51]。

5.5.1　案例基础参数

#1 井位于深水区，该井基本数据如表 5-4 所示。通过多相流动方程计算得到该井控条件下管柱内流型为气液两相流，不同井控时间下管内不同位置的持液率分布如图 5-35 所

示。可知井控初期环空和节流管线中不同位置的持液率均较低，此时整个环空和节流管线中流型均为环雾流。

表 5-4 #1 井基本参数

基本参数	参数值	气体组分	摩尔分数/%
水深/m	2000	CH_4	92.55
井深/m	3500	C_2H_6	4.59
节流管线内径/mm	88.9	C_3H_8	1.15
钻柱外径/mm	216.8	i-C_4H_{10}	0.25
海水导热系数/[W/(m·K)]	1.73	n-C_4H_{10}	0.24
钢材导热系数/[W/(m·K)]	43.2	i-C_5H_{12}	0.12
海水比热容/[J/(kg·K)]	3890	n-C_5H_{12}	0.08
海水密度/(kg/m^3)	1025	C_{6+}	0.47
原始地层压力/MPa	39	CO_2	0.28
海面温度/℃	23	N_2	0.29
地温梯度/(K/m)	0.03		
天然气相对密度	0.631		
地层温度/℃	48		
气体流量/($10^4m^3/d$)	40		
液体流量/(m^3/d)	80		

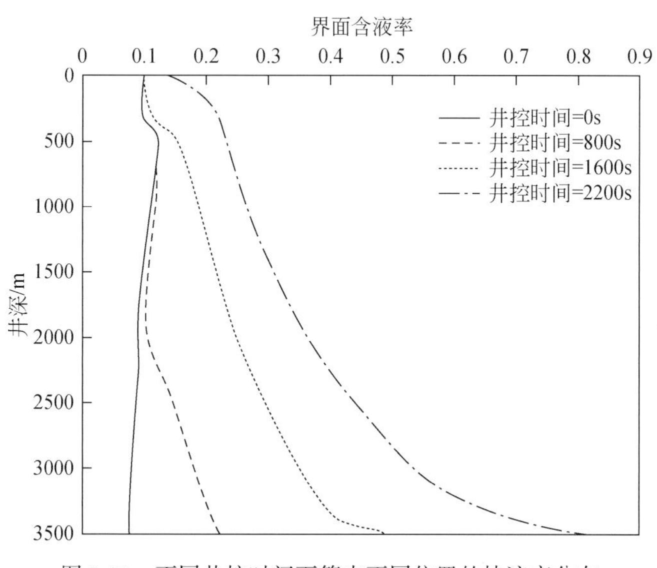

图 5-35 不同井控时间下管内不同位置的持液率分布

5.5.2 水合物生成区域预测

结合环空和节流管线中温压场、水合物相态曲线可得到不同产量下的水合物生成区域如图 5-36 所示，可看出水合物生成区域为 0 ~ 1942m，基本上整个节流管线均处于水合物生成区域，并且节流管线不同位置处水合物生成的过冷度不同，水深 1280m 附近节流管线中过冷度达到最大，此处最容易生成水合物。另外，节流管线中温度随气体流量的减小而降低，水合物生成区域逐渐增大，这是因为较小产气量条件下管柱流体与周围低温环境热交换充分，此时温降较大，易满足水合物生成所需温度条件。

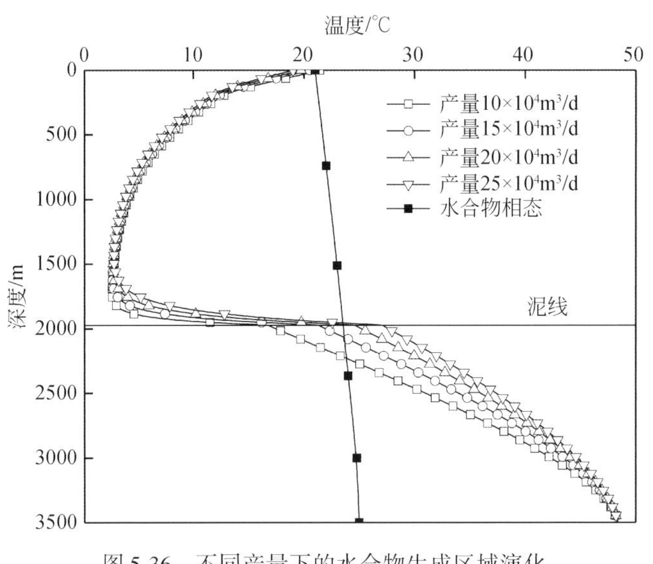

图 5-36　不同产量下的水合物生成区域演化

5.5.3　水合物沉积堵塞规律分析

由于节流管线内径较小，且处于温度较低的海水环境中，节流管线流体与周围海水环境热传递损失热量多，是发生水合物堵塞的危险区域。确定节流管线水合物生成区域后，通过求解水合物沉积堵塞预测模型，对深水气井井控过程中节流管线水合物沉积堵塞规律进行预测，并分析气体流量、液体流量、水深、管径等参数变化对水合物沉积堵塞的影响，揭示深水井控过程中节流管线内的水合物沉积堵塞机理。

5.5.3.1　基本规律分析

随水合物生成和沉积，节流管线不同位置将依次出现气液固三相流、气固两相流、饱和气单相流，流型不同管线水合物沉积机理及规律不同。节流管线液体流量随位置变化关系如图 5-37 所示。可看出随水合物不断生成管线自由水逐渐被消耗，液体流量沿节流管线逐渐减小，节流管线为气液固三相流动；在 1257m 位置处自由水全部转化为固相水合物颗粒，此时节流管线变为气固两相流动。

节流管线气相水合物颗粒随位置变化关系如图 5-38 所示。可看出气液固三相流动中随水合物生成和沉积，气相水合物颗粒浓度沿节流管线逐渐上升并在一定位置达到“极值点”，这是气液固三相流动中水合生成和沉积达到平衡的结果，“极值点”前水合物生成

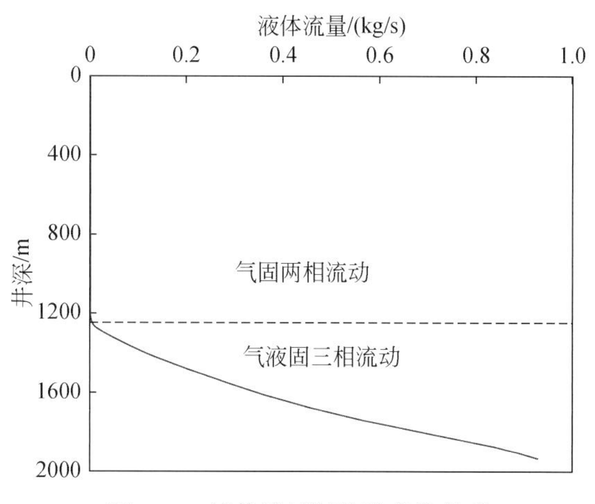

图 5-37 液体流量随位置变化关系

量多于管壁沉积量，“极值点”后水合物生成量小于管壁沉积量。气固两相流动中随气相水合物颗粒的逐渐沉积，气相水合物颗粒含量沿管线逐渐减小。若管线足够长，气相水合物颗粒全部沉积附着在管壁后，后面部分管线气相中将不存在水合物颗粒，此时节流管线为饱和气单相流动。

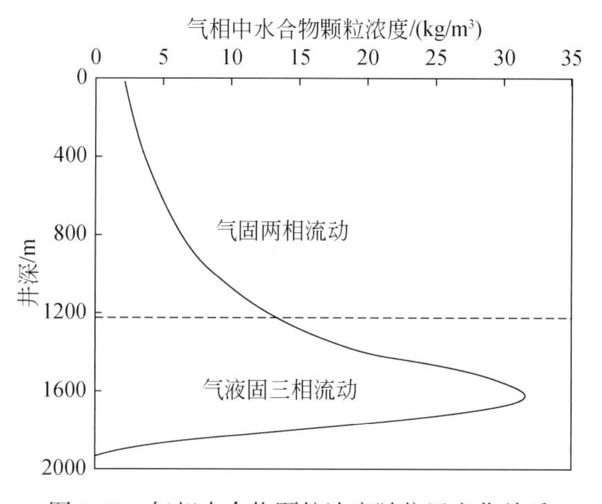

图 5-38 气相水合物颗粒浓度随位置变化关系

节流管线水合物层厚度随位置变化关系如图 5-39 所示。可看出节流管线不同位置处水合物沉积厚度非均匀分布，原因在于不同位置处温压条件的不同造成水合物生成速率及沉积速率不同。再者，管壁水合物层生长速率与管线流型密切相关，其中气液固三相流中管壁水合物层生长较快，且水合物沉积层厚度也存在“极值点”，该“极值点”同样是管线水合物生成和沉积达到平衡的结果，该点所对应的位置最容易发生水合物堵塞。

还发现气固两相流相较气液固三相流其水合物层生长速度明显变小，造成该现象的原因是自由水的存在对气相水合物颗粒沉积有加速作用，因此气液固三相流中水合物层在自由水作用下加速生长。

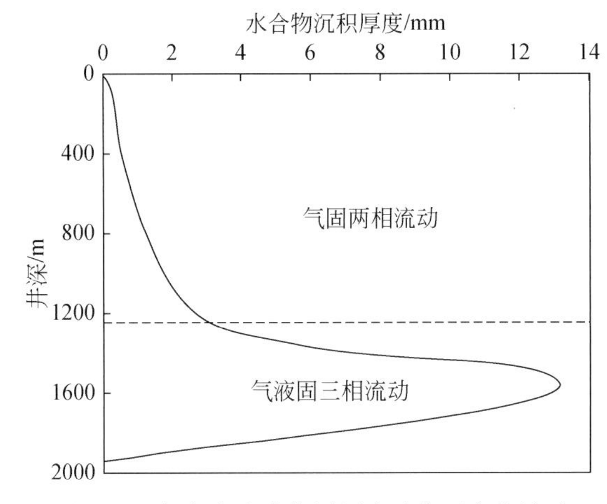

图 5-39　气相中水合物层厚度随位置变化关系

5.5.3.2　时间影响

不同时间下管壁水合物层厚度沿管线的分布情况如图 5-40 所示。可知节流管线不同位置处的水合物层厚度均随时间逐渐增加，且时间越长管壁水合物层厚度分布的非均匀性越明显。还发现 1413～1812m 区域范围内水合物沉积速率较大，水合物层增厚变快，该区域属于发生水合物堵塞的高风险区域。

气液固三相流、气固两相流分界面随时间不断远离节流管线入口（即泥线位置），主要因为随水合物层厚度增加管线有效内径减小，在气液流量不变情况下气相液滴夹带率减小，水合物生成速率随之减小，因此自由水消耗完毕时其运动的距离越远。

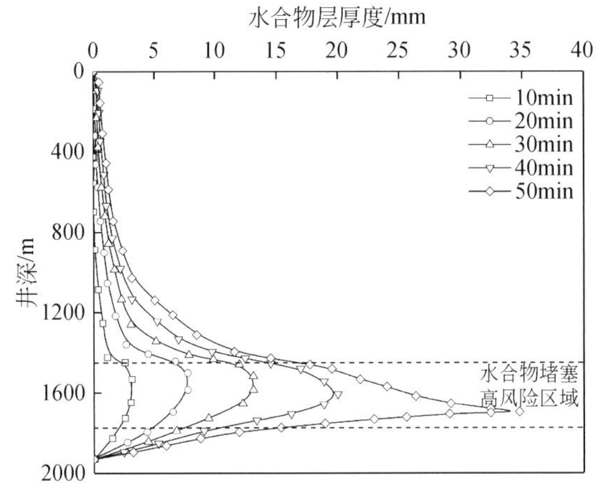

图 5-40　不同时间下管壁水合物层厚度分布图

5.5.3.3　气体流量影响

不同气体流量下管壁水合物层厚度沿管线的分布情况如图 5-41 所示。可看出气体流量变化对不同位置水合物层生长的影响不同，其中节流管线下段位置水合物层厚度随气体流量增大而减小，而节流管线上段位置水合物层厚度则随气体流量增大而增大。在节流管线下段，气体流量越大，气相液滴夹带率越大，有利于水合物的生成与沉积，而较大的气体流量会使管内流体与外界低温环境热交换不充分，管内流体温降即过冷度较小，不利于水合物生成与沉积。此时不充分热交换对水合物生成、沉积的抑制作用大于高气相液滴夹带率对水合物生成、沉积的促进作用，因此在节流管线下段，气体流量较大时水合物层厚度将变小。反之较小气体流量下充分热交换对水合物生成、沉积的促进作用大于低气相液滴夹带率对水合物生成、沉积的抑制作用，水合物层厚度将变大。在节流管线上段，海水温度逐渐上升，管内流体与外界环境的热交换对水合物生成的影响程度减弱，气相液滴夹带率将主导水合物的生成与沉积，导致节流管线上段水合物层厚度随着气体流量的减小而减小。

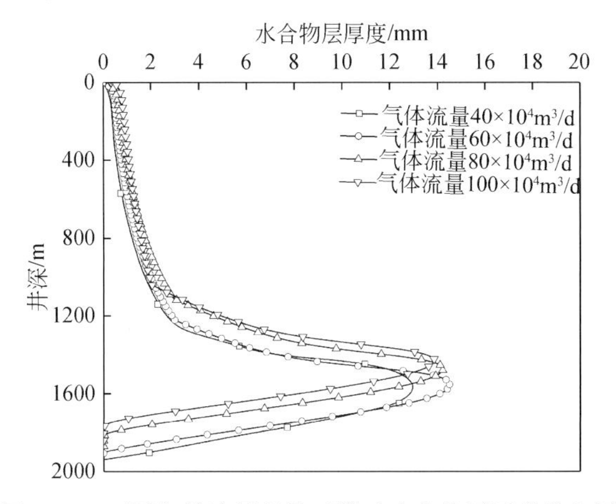

图 5-41　不同气体流量条件下管壁水合物层厚度分布图

5.5.3.4　液体流量影响

不同液体流量条件下管壁水合物层厚度沿管线的分布情况如图 5-42 所示，可看出不同位置的水合物层厚度均随液体流量的增加而变大。原因在于较大的液体流量具有气相液滴夹带率大、气液接触面积大的特点，该特点将促进水合物生成速率变大，水合物沉积加快。同时，气液固三相流、气固两相流分界面均随液体流量增大不断远离节流管线入口（即泥线位置），主要因为液体流量越大，管线自由水消耗完毕时其运动的距离越远。

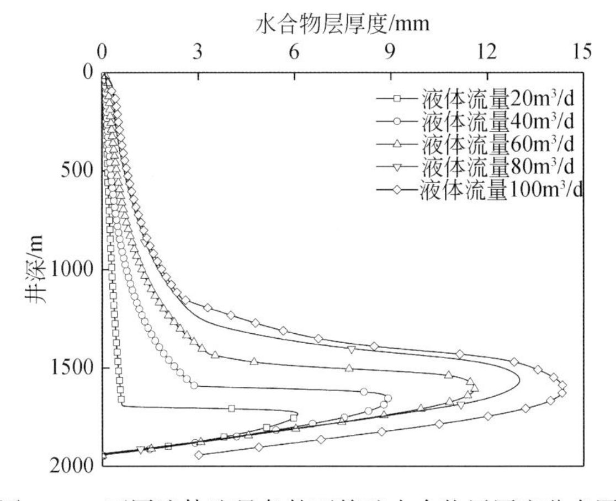

图 5-42　不同液体流量条件下管壁水合物层厚度分布图

5.5.3.5 水深影响

不同水深条件下管壁水合物层厚度沿管线的分布情况如图5-43所示。可知水深主要影响节流管线发生水合物沉积堵塞的位置，而对堵塞风险的大小影响较小，该现象是由一定水深下节流管线外海水环境温度差别不大造成的。

还发现水深越深，距海平面越近位置处的水合物层厚度变化越小，尤其是在井深3500m条件下，水深250m范围内管壁水合物层的厚度几乎不发生变化。原因在于气固两相流动中随气相水合物颗粒的沉积，水合物颗粒含量沿管线逐渐减小，最终管线流动在某位置处变为饱和气单相流动，该流型因缺乏自由水造成水合物层生长缓慢，实验中常需几十个小时才能观察到明显的水合物层生成。鉴于模拟时间较短，图中饱和气单相流动下的水合物层厚度几乎为零。

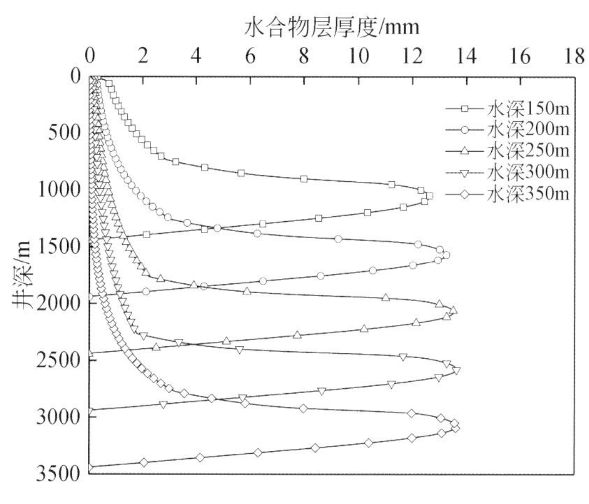

图5-43　不同水深条件下管壁水合物层厚度分布图

5.5.3.6 管径影响

不同管径条件下管壁水合物层厚度分布情况如图5-44所示，可知随管径变小管壁水合物层生长加快，水合物堵塞风险增大。具体原因如下：一方面，管径决定过流面积的大小，管径越小过流面积越小，此时气相表观流速变大，在气体剪切作用下管壁液膜易雾化，造成水合物生成速率变快，进而导致水合物沉积速率变大。另一方面，与较大管径相比，小管径形成相同厚度的管壁水合物层所需的水合物量较少，因此，小管径易生成厚度较大的管壁水合物层，水合物堵塞风险增大。

5.5.4 水合物沉积对井口回压的影响

不同产气量下井口回压的变化情况如图5-45所示。可知高产气量条件下井口回压随时间逐渐减小，并在某时间段急剧减小，这主要是管壁水合物层逐渐增厚导致的，管壁水合物层厚度直接影响管线摩阻压降的大小[52]。还发现产气量越大井口回压下降越快，这

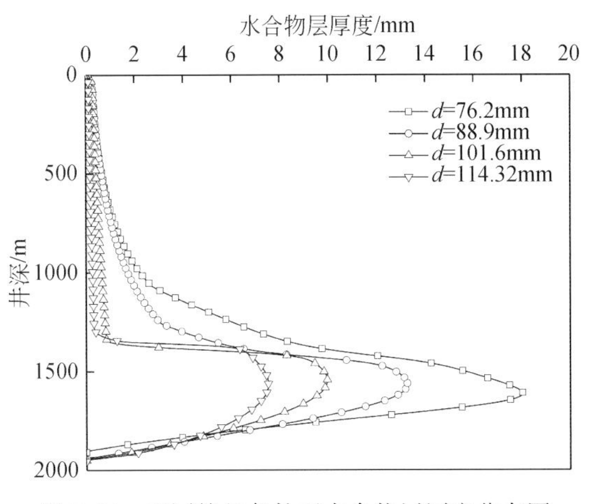

图 5-44 不同管径条件下水合物层厚度分布图

表明高产气量具有较大的摩阻压降。

现场深水井控作业中井口回压作为能直接监测到的重要参数，可根据该值的大小推测节流管线中水合物沉积堵塞的严重程度，为现场深水井控安全提供一定指导。

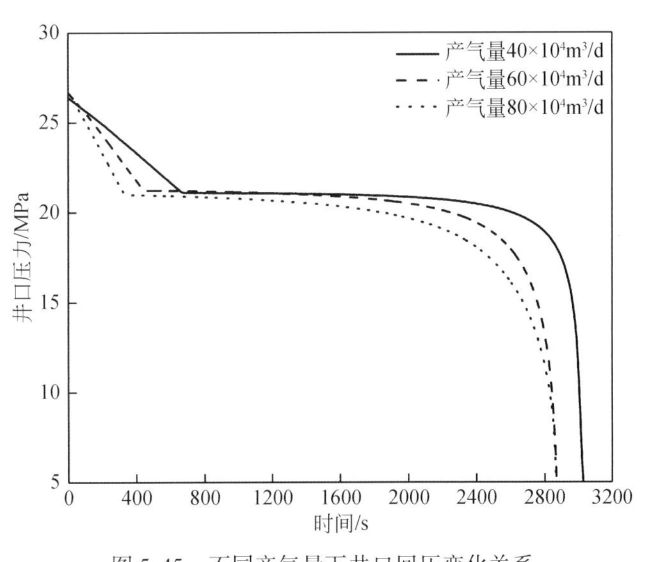

图 5-45 不同产气量下井口回压变化关系

5.6 深水气井测试期间水合物堵塞预测

5.6.1 水合物堵塞安全作业窗口

随水合物沉积，管壁水合物层不断增厚、管线压降显著增大，这主要是管线过流断面减小、管壁粗糙度增大造成的。过流断面的变化会引起节流效应，产生压力损失和温度变化。结合井筒多相流动模型、水合物堵塞模型可得到压降与水合物层厚度 δ_D 间的关系如图 5-46 所示[53]。由图可知当 δ_D 达到 0.45 ~ 0.55 时压降显著增加，此时管壁水合物沉积开始产生明显的节流效应，在不同气体流速、温压、截面含气率（小于 10%）条件下均会呈现这一现象，现取 0.5 作为临界水合物层厚度 δ_{Dc} 并将其视为发生水合物堵塞的标志。当 $\delta_D<\delta_{Dc}$ 时，水合物沉积引起压降较小，地层流体可顺畅流动至地面，不必采取防治措施；当 $\delta_D>\delta_{Dc}$ 时，水合物沉积引起压降变大，此时发生水合物堵塞的风险增大，无法进行正常作业，需立刻采取水合物防治措施。

王志远、孙宝江及其合作者首次提出安全作业窗口的概念，并依据安全作业窗口对水合物堵塞进行定量预测和高效防治[2,26,53-58]。将开始作业到井筒水合物层厚度达到临界值时所需的时间定义为无水合物堵塞的安全作业窗口，分析管柱水合物沉积动态，确定安全作业窗口及堵塞位置可为深水气井测试作业中水合物的防治提供一定指导。

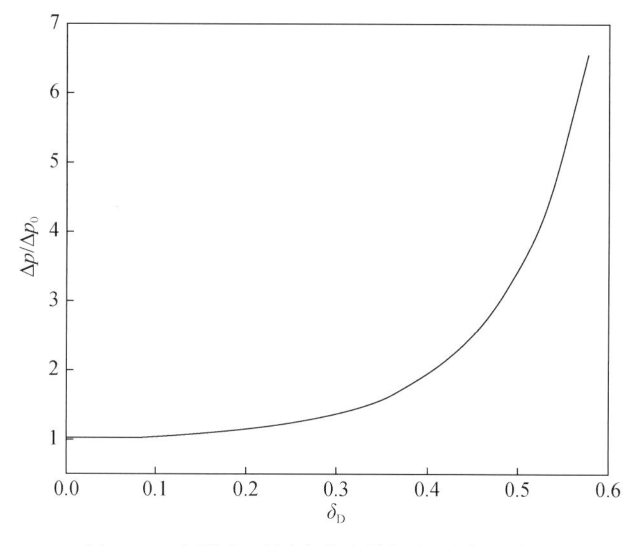

图 5-46　压降与无因次水合物沉积厚度的关系

5.6.2　模型求解步骤

所建模型因系统中水合物生成及沉积、水合物层生长、温压分布等参数间相互影响而具有强非线性，采用有限差分法对不同流型下的水合物沉积堵塞模型进行求解，具体求解步骤如图 5-47 所示。

（1）设定时间间隔 dt，并将管柱/线划分为多个长度为 dl 的单元控制体如图 5-48 所示，并作如下假设：①控制体内的温压均匀分布，即不同位置处的水合物生成速率相同；②控制体中气相液滴和水合物颗粒浓度均匀分布，即不同位置处的水合物沉积速率相等；③水合物密度一定且忽略管壁水合物层的孔隙性；④传热只发生在管柱的径向方向；⑤忽略管壁水合物层的脱离。

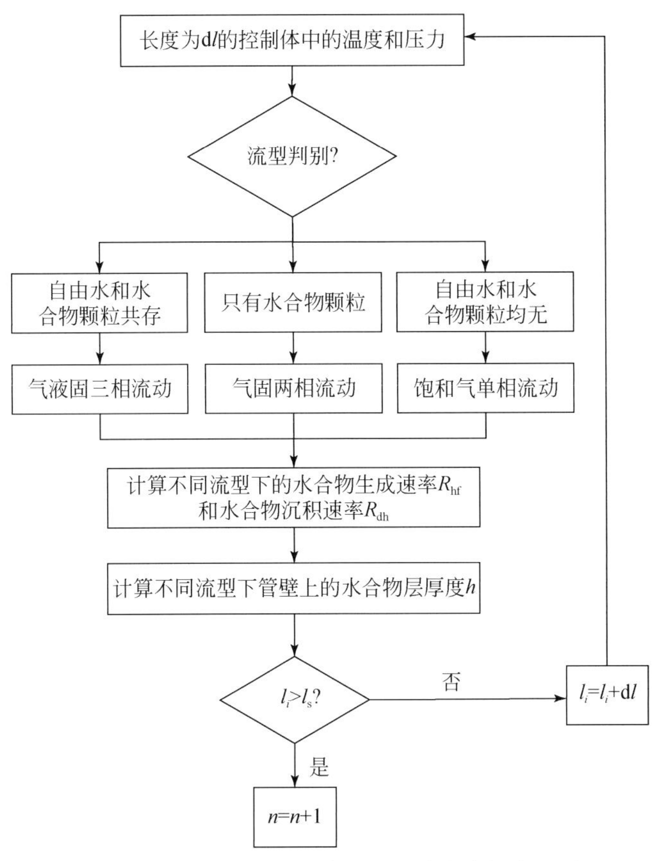

图 5-47　不同流型下水合物沉积堵塞求解流程图

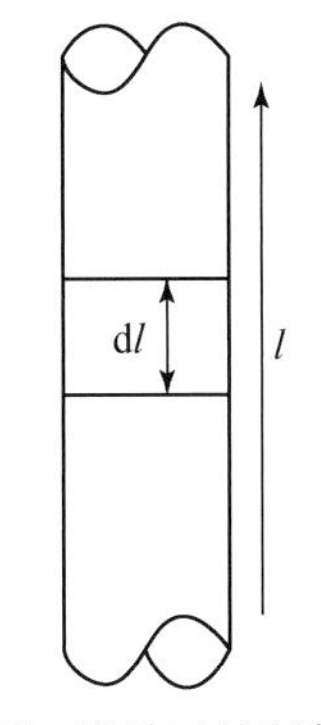

图 5-48　管柱/线单元控制体划分示意图

（2）先获得第一个控制体中的初始温压，根据能量守恒定理计算下一控制体时的温压，且第 i+1 个控制体的入口温压等于第 i 个控制体的出口温压。

（3）根据系统中自由水和水合物颗粒含量的变化来判别管柱不同位置处的流型：①当气、自由水和水合物颗粒共存时管柱呈气液固三相流动；②当自由水被消耗完，管柱中气和水合物颗粒共存时呈气固两相流动；③当水合物颗粒全部沉积至管壁上时管柱呈饱和气单相流动。

（4）计算相应流型下的水合物生成速率及沉积速率，进而求得管壁不同位置处的水合物层厚度。

（5）当计算长度 l_i 小于管柱长度 l_s 时，重复上述步骤分别计算下一控制体的水合物生成速率及沉积速率、管壁水合物层厚度等参数；反之则开始下一时刻不同位置处的水合物层厚度计算，直到计算至要求时间为止。

5.6.3 水合物堵塞定量预测方法

在井筒多相流动模型基础上依据水合物生成、沉积、堵塞特征可对井筒水合物堵塞进行定量预测，具体实施步骤如下[31]。

1）计算井筒温压分布，确定水合物生成区域

根据第 4 章所建立的井筒多相流动模型确定井筒温压分布，在此基础上结合水合物生成相平衡理论即可确定水合物生成区域。某深水气井测试过程中水合物堵塞的定量预测示意图如图 5-49 所示[52]，图左侧为水合物生成区域的确定，图右侧为水合物堵塞的定量预测结果。其中图中左侧阴影部分即为水合物生成区域。

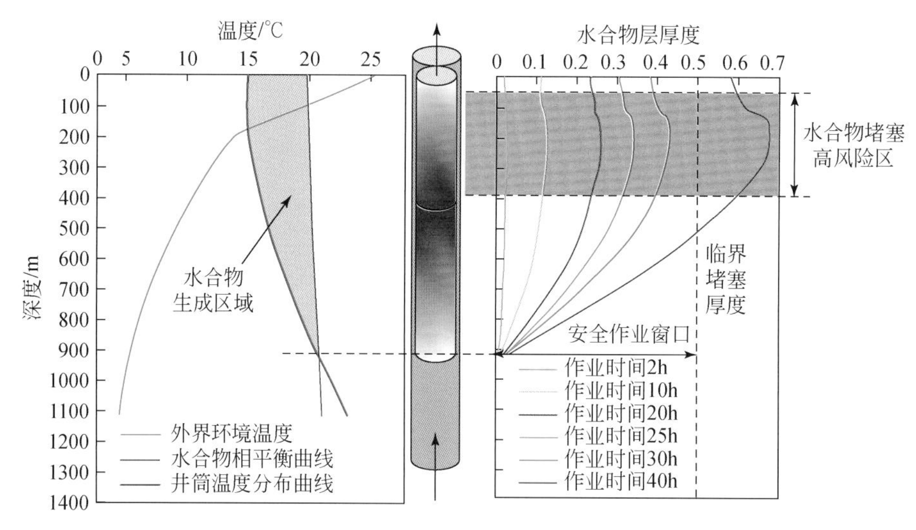

图 5-49 水合物堵塞定量预测示意图

2）计算水合物生成及沉积速率

水合物生成区域确定后，根据第 2 章水合物生成速率模型可计算井筒不同位置处的水合物生成速率，根据本章水合物运移沉积模型可计算井筒管壁不同位置处的水合物沉积速率。

3）水合物堵塞动态预测

由水合物的沉积速率可得到不同位置处的水合物层厚度，模拟水合物堵塞的发展演化过程即可确定水合物堵塞的安全作业窗口，实现水合物堵塞的动态预测。图 5-49 右侧为水合物堵塞定量预测结果，可看出该堵塞模型能得到水合物堵塞的动态演化特征，确定安全作业窗口、水合物堵塞发生位置，为水合物防治方案设计提供依据。

5.6.4 水合物堵塞定量预测案例分析

本部分内容阐述深水井筒多相流动模型、水合物堵塞模型在水合物堵塞定量预测及早期监测、基于安全作业窗口的水合物堵塞防治新方法等方面的案例应用，分析气体流量、水深等因素对水合物堵塞的影响关系。

5.6.4.1 深水气井基础参数

钻井完成后需通过深水气井测试以摸清储层性质、储层产气潜力，并为后续开采方案的制定提供基础资料，而深水气井井筒温度高、海底附近温度低的特点有利于水合物生成。以某海域某区块深水气井#3 为例进行案例分析，其中气井#3 基础参数如表 5-5 所示，气井内流动及水合物沉积如图 5-50 所示。

表 5-5 某海域某区块深水气井#3 基础参数

基本参数	参数值	基本参数	参数值
井筒形式	直井	井筒流型	环雾流
钢材导热系数/[W/(m·K)]	43.2	天然气相对密度	0.554
地层导热系数/[W/(m·K)]	2.2	井深/m	3800
海水导热系数/[W/(m·K)]	1.73	水深/m	1500
水泥环导热系数/[W/(m·K)]	0.35	测试层位平均深度/m	3800
地层岩石比热容/[J/(kg·K)]	830	海面温度/℃	25
海水比热容/[J/(kg·K)]	3890	地温梯度/(℃/m)	0.0192
海水密度/(kg/m^3)	1025	井底压力/MPa	28
地层岩石密度/(kg/m^3)	2640	井口压力/MPa	18
产气量/(m^3/d)	45×10^4	管柱内液相体积分数/%	3
产水量/(m^3/d)	15		

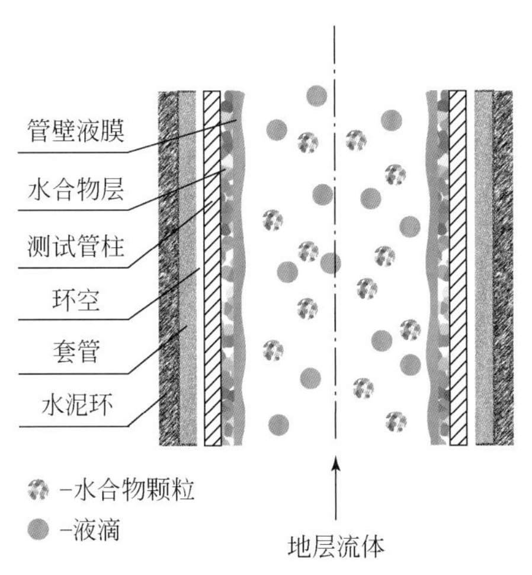

图 5-50 深水气井#3 流动及水合物沉积示意图

5.6.4.2 测试管柱内水合物堵塞动态演化

根据表5-5中参数，通过井筒多相流模型计算可得到该深水气井测试过程中井筒深度-温度带及水合物生成区域如图5-51所示[31]。可看出海底附近环境温度较低，而测试管柱内流体温度高于水合物生成温度 T_{eq}，因此不生成水合物；流体向上流动过程中向周围散失热量，温度降低，流体温度在900m处低于水合物生成温度，此时流体进入水合物生成区域并延伸至平台井口，水合物生成区域即为0~900m。

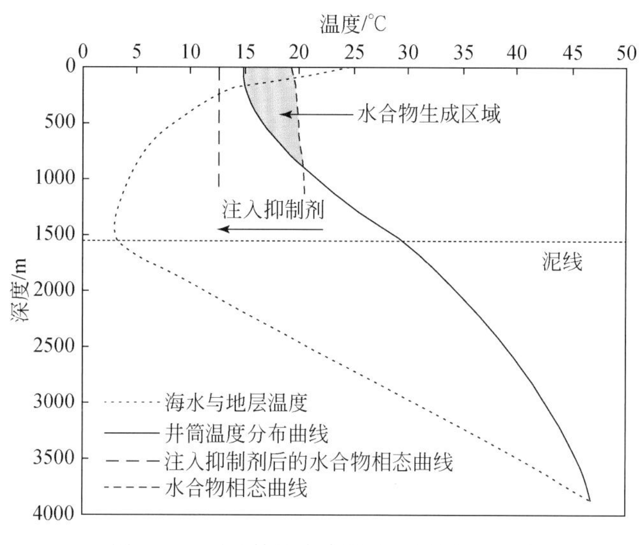

图5-51 测试管柱水合物生成区域示意图

结合水合物生成区域、水合物堵塞预测模型可得到测试管柱内的水合物堵塞状况，井筒不同位置水合物层厚度 δ_D 随时间的变化规律如图5-52所示。可知井筒不同位置水合物层厚度均随时间增大，即有效管径随时间减小，而不同位置水合物层厚度升至临界水合物层厚度所需时间不同，引起该现象的本质原因为井筒不同位置处流体温压不同，过冷度不同，导致水合物的生成及沉积速率不同。测试作业开始时水合物层厚度及管径变化不大，气体能顺利产出，且50~400m深度范围内测试管柱的水合物层厚度升高速率较高，水合物堵塞风险较高，将该深度范围定义为水合物堵塞高风险区。其中深度为150m处的水合物层厚度升高速率最大，将该深度位置临界水合物层厚度所对应的时间定义为安全作业窗口，此时安全作业窗口即为33.3h。

由以上分析结果得到判别水合物堵塞的两条准则如下。

1）判断井筒位置是否处于水合物生成区域

该准则主要用于判断测试期间井筒某位置是否生成水合物，是否发生水合物堵塞则需结合第二条准则进行判断。

2）比较安全作业窗口与测试作业时间

若安全作业窗口大于测试时间，测试过程中管柱有少量水合物生成但并未对测试作业造成较大影响，测试作业仍能正常进行，反之，测试过程中若不采取防治措施将会发生水

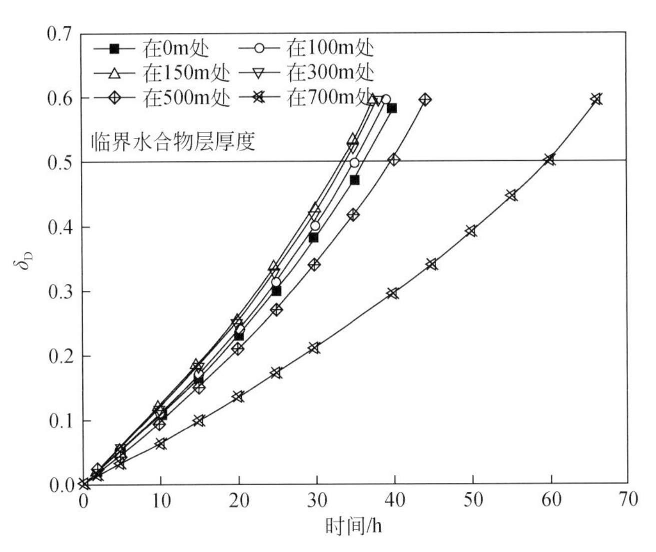

图 5-52 井筒不同位置水合物层厚度 δ_D 随时间的变化规律

合物堵塞。因此，测试作业中允许水合物生成，但必须确保作业应在安全作业窗口中进行。

5.6.4.3 气体流量对水合物堵塞的影响

保持其他条件不变，改变气体流量可得到井筒 1500m 处水合物层厚度 δ_D 随时间的变化规律如图 5-53 所示。可看出临界水合物层厚度所对应的时间随气体产量降低而缩短，水合物堵塞风险随之增大。原因在于井筒温度自下到上逐渐降低，产气量较低时井筒温降因井筒与周围环境热交换充分而较大，过大的温降因具有较大的过冷度，促使水合物的生成和沉积，水合物生成区域随之增大，因此同一口井气体流量越低水合物堵塞风险越大。

不同气体流量条件下的安全作业窗口变化如图 5-54 所示，假设测试时间为 30h，根据水合物是否生成、是否存在水合物堵塞将图 5-54 划分为Ⅰ、Ⅱ、Ⅲ共三个区域。其中，区域Ⅰ称为水合物堵塞区，该区域内测试作业时间位于安全作业窗口外，若不采取防治措施水合物堵塞必然发生；区域Ⅱ称为水合物生成区，此时测试作业在安全作业窗口中完成，管线生成的少量水合物并不会造成管柱堵塞，测试作业能正常进行；区域Ⅲ称为无水合物生成区，该区域内产气量大于临界产气量，整个测试井位于水合物生成区域外，不存在水合物生成与堵塞风险。综合分析可知，临界产气量对后续生产参数的设计具有重要指导意义。

5.6.4.4 水深对水合物堵塞的影响

保持其他条件不变，改变水深可得到井筒产气量为 $45\times10^4 m^3/d$ 时水合物层厚度 δ_D 随时间的变化规律如图 5-55 所示[52]。可看出临界水合物层厚度所对应的时间随水深增大而

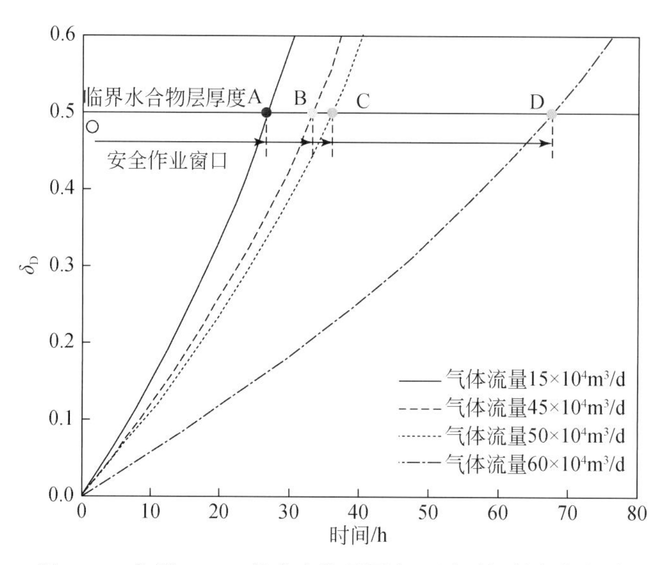

图 5-53　井筒 1500m 处水合物层厚度 δ_D 随时间的变化规律

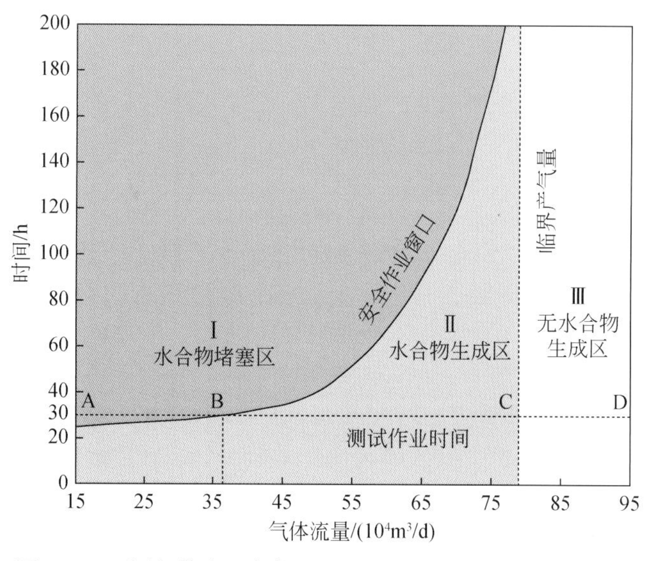

图 5-54　不同气体流量条件下的安全作业窗口（水深 1500m）

缩短，水合物堵塞风险随之增大。原因在于产气量相同时水深越大井底温度越低，过冷度和水合物生成区域较大，因此水合物堵塞风险增大。不同水深条件下的安全作业窗口如图 5-56 所示，可知随水深增大安全作业窗口逐渐向右下方向偏移，但偏移速率逐渐降低，此时Ⅰ区域（水合物堵塞区）范围变大，区域Ⅱ（水合物生成区）范围变小，说明水合物堵塞风险升高，需立即采取相关措施解堵。

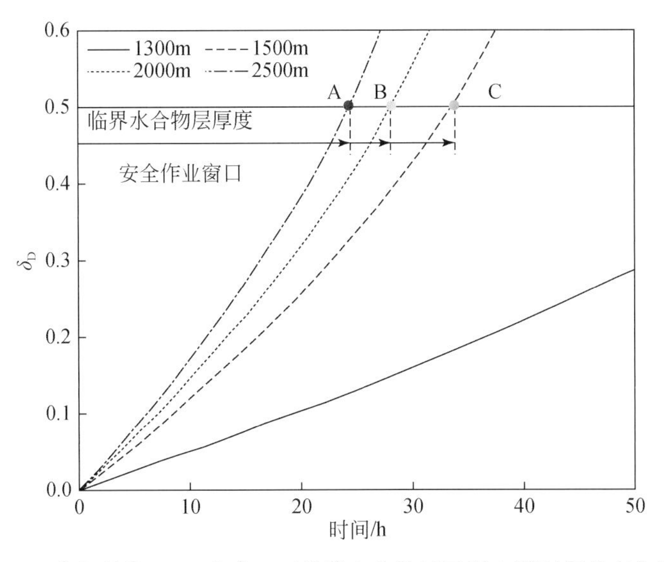

图5-55 产气量为$45\times10^4m^3/d$时井筒水合物层厚度δ_D随时间的变化规律

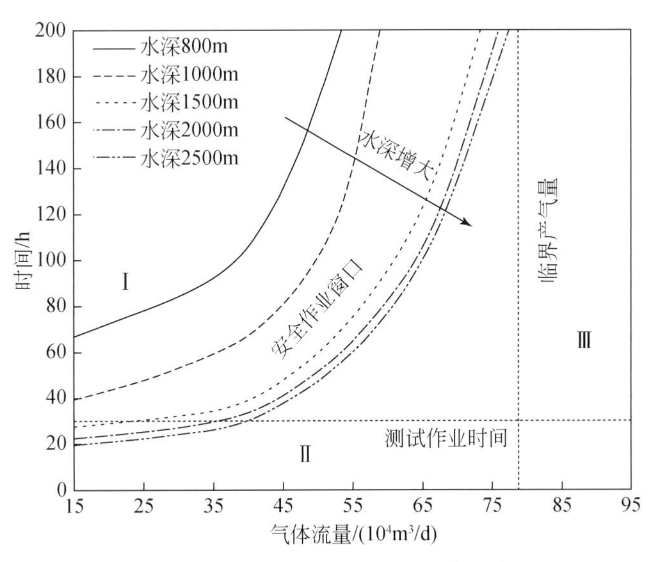

图5-56 不同水深条件下的安全作业窗口

参考文献

[1] Wang Z, Zhang J, Chen L, et al. Modeling of hydrate layer growth in horizontal gas-dominated pipelines with free water [J]. Journal of Natural Gas Science & Engineering, 2017, 50: 364-373.

[2] Zhang J, Wang Z, Sun B, et al. An integrated prediction model of hydrate blockage formation in deep-water gas wells [J]. International Journal of Heat and Mass Transfer, 2019 (140): 187-202.

[3] Yang S, Kleehammer D M, Huo Z, et al. Micromechanical measurements of hydrate particle attractive forces [C] //15th Symp on Thermophysical Properties, Boulder, USA. 2003.

[4] Herri F A G F. Rheology of methane hydrate slurries during their Crystallization in a water indodecane

emulsion under flowing [J]. Chemical Engineering Science, 2006 (61): 505-515.

[5] Camargo R, Palermo T, Sinquin A, et al. Rheological characterization of hydrate suspensions in oil dominated systems [J]. Annals of the New York Academy of Sciences, 2010, 912 (1): 906-916.

[6] 朱超，李玉星，王武昌．水合物颗粒间的静态液桥力 [J]．油气田地面工程，2012，31 (10): 26-28.

[7] Taylor C J, Dieker L E, Miller K T, et al. Micromechanical adhesion force measurements between tetrahydrofuran hydrate particles [J]. Journal of Colloid and Interface Science, 2007, 306 (2): 255-261.

[8] Dieker L E, Aman Z M, George N C, et al. Micromechanical adhesion force measurements between hydrate particles in hydrocarbon oils and their modifications [J]. Energy & Fuels, 2009, 23 (12): 5966-5971.

[9] Aman Z M, Dieker L E, Aspenes G, et al. Influence of model oil with surfactants and amphiphilic polymers on cyclopentane hydrate adhesion forces [J]. Energy Fuels, 2010, 24 (10): 5441-5445.

[10] Aman Z M, Brown E P, Dendy S E, et al. Interfacial mechanisms governing cyclopentane clathrate hydrate adhesion/cohesion [J]. Physical Chemistry Chemical Physics, 2011, 13 (44): 19796-19806.

[11] Aman Z M, Joshi S E, Sloan E D, et al. Micromechanical cohesion force measurements to determine cyclopentane hydrate interfacial properties [J]. Journal of Colloid & Interface Science, 2012, 376 (1): 283-288.

[12] Liu C, Li Y, Wang W, et al. Modeling the micromechanical interactions between clathrate hydrate particles and water droplets with reducing liquid volume [J]. Chemical Engineering Science, 2017, 163: 44-55.

[13] Maeda N, Aman Z M, Sum A K, et al. Measurements of cohesion hysteresis between cyclopentane hydrates in liquid cyclopentane [J]. Energy & Fuels, 2013, 27 (9): 5168-5174.

[14] Lee B R, Koh C A, Sum A K. Development of a high pressure micromechanical force apparatus [J]. Review of Scientific Instruments, 2014, 85 (9): 95120.

[15] Song J H K, Alexander C, Lee J W. Direct measurements of contact force between clathrate hydrates and water [J]. Langmuir the Acs Journal of Surfaces & Colloids, 2010, 26 (12): 9187-9190.

[16] Cha J H, Seol Y. Increasing gas hydrate formation temperature for desalination of high salinity produced water with secondary guests [J]. Acs Sustainable Chemistry & Engineering, 2013, 1 (10): 1218-1224.

[17] 刘海红，李玉星，王武昌，等．水合物聚集影响因素及正交试验研究 [J]．油气储运，2013，32 (11): 1232-1236.

[18] 刘陈伟．考虑水合物相变的油包水乳状液多相流动研究 [D]．青岛：中国石油大学（华东），2014.

[19] Liu C, Li M, Chen L, et al. Experimental investigation on the interaction forces between clathrate hydrate particles in the presence of a water bridge [J]. Energy & Fuels, 2017, 31 (5): 4981-4988.

[20] Liu C, Li M, Liu C, et al. Micromechanical interactions between clathrate hydrate particles and water droplets: Experiment and modeling [J]. Energy & Fuels, 2016, 30 (8): 6240-6248.

[21] Yang S. Simulation of hydrate agglomeration by discrete element method [C]. 15th Symposium on Thermophysical Properties, Boulder, USA, 2003.

[22] Yang S. Micromechanical measurements of hydrate particle attractive forces [J]. Journal of Colloid and Interface Science, 2004 (277): 335-341.

[23] Aspenes G, Dieker L E, Aman Z M, et al. Adhesion force between cyclopentane hydrates and solid surface materials [J]. Journal of Colloid & Interface Science, 2010, 343 (2): 529-536.

[24] Wang Z, Yu J, Zhang J, et al. Improved thermal model considering hydrate formation and deposition in gas-dominated systems with free water [J]. Fuel, 2018, 236: 870-879.

[25] Lorenzo M D, Aman Z M, Kozielski K, et al. Underinhibited hydrate formation and transport investigated using a single-pass gas-dominant flowloop [J]. Energy & Fuels, 2014, 28 (11): 7274-7284.
[26] 王志远，赵阳，孙宝江，等. 井筒环雾流传热模型及其在深水气井水合物生成风险分析中的应用 [J]. 水动力学研究与进展 A 辑，2016，31 (1): 20-27.
[27] Jassim E I, Abdi M A, Muzychka Y. A CFD-based model to locate flow-restriction induced hydrate deposition in Pipelines [C]. 2008.
[28] Jassim E, Abdi M A, Muzychka Y. A new approach to investigate hydrate deposition in gas-dominated flowlines [J]. Journal of Natural Gas Science & Engineering, 2010, 2 (4): 163-177.
[29] Wang Z, Zhang J, Sun B, et al. A new hydrate deposition prediction model for gas-dominated systems with free water [J]. Chemical Engineering Science, 2017, 163: 145-154.
[30] Schadel S A, Hanratty T J. Interpretation of atomization rates of the liquid film in gas-liquid annular flow [J]. International Journal of Multiphase Flow, 1989, 15 (6): 893-900.
[31] Wang Z Y, Zhao Y, Sun B, et al. Modeling of hydrate blockage in gas-dominated systems [J]. Energy & Fuels, 2016, 30 (6): 4653-4666.
[32] Bertodano M A L D, Jan C S, Beus S G. Annular flow entrainment rate experiment in a small vertical pipe [J]. Nuclear Engineering & Design, 1996, 178 (1): 61-70.
[33] Assad A, Jan C, Bertodano M L D, et al. Scaled entrainment measurements in ripple-annular flow in a small tube [J]. Nuclear Engineering & Design, 1998, 184 (2-3): 437-447.
[34] Nicholas J W, Dieker L E, Sloan E D, et al. Assessing the feasibility of hydrate deposition on pipeline walls—Adhesion force measurements of clathrate hydrate particles on carbon steel [J]. Journal of Colloid & Interface Science, 2009, 331 (2): 322-328.
[35] Zhang J, Wang Z, Liu S, et al. Prediction of hydrate deposition in pipelines to improve gas transportation efficiency and safety [J]. Applied Energy, 2019 (253): 113521.
[36] Friedlander S K, Johnstone H F. Deposition of suspended particles from turbulent gas streams [J]. Industrial & Engineering Chemistry, 1954, 49 (7): 1151-1156.
[37] Wells A C, Chamberlain A C. Transport of small particles to vertical surfaces [J]. British Journal of Applied Physics, 1967, 18 (12): 1793-1799.
[38] Fichman M, Gutfinger C, Pnueli D. A model for turbulent deposition of aerosols [J]. Journal of Aerosol Science, 1988, 19 (1): 123-136.
[39] Fan F G, Ahmadi G. A sublayer model for turbulent deposition of particles in vertical ducts with smooth and rough surfaces [J]. Journal of Aerosol Science, 1993, 24 (1): 45-64.
[40] 张健，周力行. 气固两相流中颗粒轨道运动方程的一组分析解 [J]. 燃烧科学与技术，2000，6 (3): 226-229.
[41] Wood N B. A simple method for the calculation of turbulent deposition to smooth and rough surfaces [J]. Journal of Aerosol Science, 1981, 12 (3): 275-290.
[42] Sosnowski T R, Moskal A, Gradoń L. Mechanims of aerosol particle deposition in the oro- pharynx under non- steady airflow [J]. The Annals of occupational hygiene, 2006, 51 (1): 19-25.
[43] Kvasnak, Ahmadi G, Bayer, et al. Experimental investigation of dust particle deposition in a turbulent channel flow [J]. Journal of Aerosol Science, 1993, 24 (6): 795-815.
[44] Tian L, Ahmadi G. Particle deposition in turbulent duct flows—comparisons of different model predictions [J]. Journal of Aerosol Science, 2007, 38 (4): 377-397.
[45] Shams M, Ahmadi G, Rahimzadeh H. A sublayer model for deposition of nano- and micro-particles in

turbulent flows［J］. Chemical Engineering Science, 2000, 55（24）: 6097-6107.
［46］顾璠，许晋源．气固两相流场的湍流颗粒浓度理论模型［J］．应用力学学报，1994（4）：11-18.
［47］陆慧林，赵广播．垂直管内气固两相流数值模拟计算——颗粒动力学理论方法［J］．机械工程学报，1999，35（5）：75-79.
［48］Zhang H, Ahmadi G. Aerosol particle transport and deposition in vertical and horizontal turbulent duct flow［J］. Journal of Fluid Mechanics, 2000, 406（406）: 55-80.
［49］Lingelem M N, Majeed A I, Stange E. Industrial experience in evaluation of hydrate formation, inhibition, and dissociation in pipeline design and operation［J］. Annals of the New York Academy of Sciences, 2010, 715（1）: 75-93.
［50］Rao I, Koh C A, Sloan E D, et al. Gas hydrate deposition on a cold surface in water-saturated gas systems［J］. Industrial & Engineering Chemistry Research, 2013, 52（18）: 6262-6269.
［51］张剑波．深水井控环雾流条件下天然气水合物沉积堵塞机理研究与规律分析［D］．青岛：中国石油大学（华东），2018.
［52］Wang Z, Yang Z, Zhang J, et al. Quantitatively assessing hydrate-blockage development during deepwater-gas-well testing［J］. SPE Journal, 2018, 23（4）: 1166-1183.
［53］Wang Z, Yang Z, Zhang J, et al. Flow assurance during deepwater gas well testing: Hydrate blockage prediction and prevention［J］. Journal of Petroleum Science & Engineering, 2018, 163: 211-216.
［54］王志远，赵阳，孙宝江，等．深水气井测试管柱内天然气水合物堵塞特征与防治新方法［J］．天然气工业，2018，38（1）：81-88.
［55］王志远，于璟，孟文波，等．深水气井测试管柱内天然气水合物沉积堵塞定量预测［J］．中国海上油气，2018，30（3）：122-131.
［56］Deng Z, Wang Z, Zhao Y, et al. Flow assurance during gas hydrate production: Hydrate regeneration behavior and blockage risk analysis in wellbore［C］//Abu Dhabi International Petroleum Exhibition & Conference. Society of Petroleum Engineers, 2017.
［57］Zhao Y, Wang Z, Yu J, et al. Hydrate plug remediation in deepwater well testing: a quick method to assess the plugging position and severity［C］//SPE Annual Technical Conference and Exhibition. Society of Petroleum Engineers, 2017.
［58］Zhao Y, Wang Z, Zhang J, et al. Flow assurance during deepwater gas well testing: When and where hydrate blockage would occur［C］//SPE Annual Technical Conference and Exhibition. Society of Petroleum Engineers, 2016.

第6章 深水气井天然气水合物防治技术

水合物防治贯穿深水开发的全过程，深水气井水合物堵塞影响正常生产，后续烦琐的解堵操作还将延长作业时间，增加作业成本，甚至威胁到人员和生产设备安全。水合物防治方法主要分为化学抑制剂法和物理法两大类，其中物理法主要包括隔热保温法、加热法、降压法、涂层法、脱水法、重力热管法、井下气嘴节流法等，化学抑制剂法通过加入化学抑制剂来改变水合物生成的相平衡条件或抑制水合物的成核、生长和聚集过程。相较物理法，化学抑制剂法施工简单、效果好，常见的化学抑制剂有热力学抑制剂、动力学抑制剂及防聚剂，本章主要以深水气井测试工况下水合物的防治为例进行介绍。

6.1 水合物抑制剂分类

6.1.1 热力学抑制剂

热力学抑制剂可降低水的活度系数，改变水分子和气体分子间的热力学平衡条件，水溶液或水合物的化学势随之改变，造成水合物相平衡曲线左移，部分抑制剂中活性组分直接与水合物接触使水合物不稳定来达到抑制目的。热力学抑制剂主要为醇类和盐类物质[1-4]，醇类主要包括甲醇、乙二醇、异丙醇、二甘醇等，盐类物质主要包括氯化钠、氯化钙、氯化镁及氯化锂等。其中甲醇、乙二醇和二甘醇应用最为广泛，其物理性质如表6-1所示；氯化钙、氯化钠最为常用，但盐类溶液（电解质稀溶液）具有的腐蚀性限制了其使用频率。

热力学抑制剂法具有用量大、存储和注入设备庞大、污染环境等缺点，原因在于热力学抑制剂仅在较高浓度（质量分数为6%以上）下才有效果，低浓度下（1%～5%）其非但不能发挥抑制效果，反而会促进水合物的形成生长。因此，必须合理设计抑制剂注入参数，力争使用最少量的抑制剂发挥出最大的抑制效果。

表6-1 甲醇、乙二醇和二甘醇的物理性质

种类	甲醇	乙二醇	二甘醇
分子式	CH_3OH	$(CH_2OH)_2$	$O(CH_2CH_2OH)_2$
分子量	32.04	62.07	106.1
密度/(g/cm^3)	0.7915	1.1088	1.1184
冰点/℃	−97.8	−13	−8.3

续表

种类	甲醇	乙二醇	二甘醇
沸点/℃	64.7	197.3	245.0
闪点/℃	15.6	116	123.9
20℃下蒸汽压	92	<1	0.13
20℃下黏度/Mpa·s	0.6	20.9	35.7
水中溶解度	完全互溶	完全互溶	完全互溶
特性	无色、易燃、易挥发、中等毒性	无色、无毒、无腐蚀	无色、低毒、无腐蚀、黏稠

6.1.2 动力学抑制剂

动力学抑制剂主要吸附在晶体和水界面上以降低水合物形成速率，延长水合物晶核形成的诱导时间、改变晶体聚集过程等。动力学抑制剂主要有表面活性剂类和聚合物类[5,6]。

1）表面活性剂类

表面活性剂可降低水的表面张力，使气体分散至水中的速率加快，气体分散到晶体表面的速率变慢，从而控制水合物的生长。表面活性剂类主要包括聚氧乙烯壬基苯基酯、十二烷基苯磺酸钠、12-14 羧酸与二乙醇胺的混合物、聚丙三醇油酸盐等。

2）聚合物类

聚合物类分为酰胺类聚合物、酮类聚合物、亚胺类聚合物和其他聚合物，其中常用的酰胺类聚合物主要包括聚 N-乙烯基己内酰胺、聚 M-乙烯基己内酰胺、聚丙烯酰胺、N-乙烯基-N-甲基乙酰胺、含有二烯丙基酰胺单元的聚合物。大部分动力学抑制剂分子结构并不理想，抑制活性偏低、通用性差、受外界环境影响较大，此外动力学抑制剂并不适用于不定期关闭气井或抑制剂不足等原因造成的水合物堵塞情况。

6.1.3 防聚剂

防聚剂由聚合物和表面活性剂组成，防聚剂主要起乳化剂作用使油水相乳化，将油相中水分散成小水滴，即使小水滴与气体生成水合物，但这部分水合物因被增溶在微乳中而难以聚结成块，所以堵塞风险较低。防聚剂在封闭井筒或较大过冷度情况下作用效果较好，但受本身对油水的分散性限制，仅当油水共存时该法才可使用，且作用效果与油相组成含水量、水相含盐量有关，即防聚剂和油气体系具有相互选择性，因此防聚剂并不适用深水气井测试中的水合物防治。

6.2 抑制剂筛选与评价

6.2.1 醇类热力学抑制剂筛选

借助中国石油大学（华东）高压搅拌式水合物实验装置对甲醇、乙二醇和二甘醇的抑制效果进行了室内实验，其中 5% 质量浓度下不同醇类、10MPa 压力下不同醇类浓度对甲烷水合物相平衡温度的影响关系分别如表 6-2、图 6-1 所示。可看出 5% 质量浓度下甲醇的抑制效果最好，乙二醇次之，二甘醇最差；浓度大于 5% 时，甲醇浓度每提高 1% 能使水合物相平衡温度降低 0.59℃，乙二醇浓度每提高 1% 能使水合物相平衡温度降低 0.23℃，二甘醇效果最差，浓度每提高 1% 仅能使水合物相平衡温度降低 0.1℃；还发现三种醇类浓度与水合物相平衡温度关系均呈近似直线。

综上分析，甲醇具有冰点低、水溶性强、成本低、抑制效果好等优点；乙二醇较甲醇沸点高、蒸汽压低、闪点高、环保、抑制效果较好；二甘醇具有沸点和闪点高、蒸汽压低、不易挥发、气相中损失小等优点，但水合物抑制效果差于甲醇和乙二醇，且较大黏度的二甘醇与液烃分离困难，这对操作温度低于-10℃时的场合并不适合。因此，深水完井测试作业中应优先选用甲醇作为水合物热力学抑制剂。

表 6-2 醇类热力学抑制剂实验参数及结果

实验编号	药品	质量浓度/%	体系相平衡点/(℃，MPa)	纯水体系相平衡温度/℃	抑制效果/℃
C_1	甲醇	5	11.59，10.05	13.39	1.8
C_2	乙二醇	5	12.5，10.07	13.4	0.9
C_3	二甘醇	5	12.7，10.03	13.37	0.67

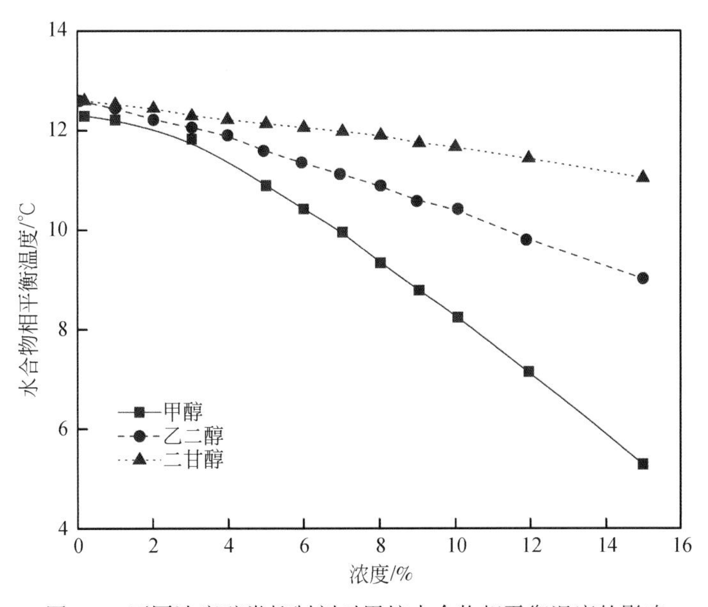

图 6-1 不同浓度醇类抑制剂对甲烷水合物相平衡温度的影响

6.2.2 无机盐类热力学抑制剂筛选

常用无机盐类热力学抑制剂主要有氯化钠、氯化钾和氯化钙，同样借助高压搅拌式水合物实验装置对这三种无机盐的抑制效果进行实验评价。其中，5%质量浓度下不同无机盐、10MPa压力下不同无机盐浓度对甲烷水合物相平衡温度的影响关系分别如表6-3、表6-4所示。可知质量浓度为5%时NaCl对水合物的抑制效果最好，而KCl和$CaCl_2$的抑制效果相差不大；水合物相平衡温度随无机盐浓度的增加而降低，此时体系可承受较高的过冷度，每增加1% NaCl约增加0.55℃过冷度，每增加1% KCl和$CaCl_2$约增加0.45℃过冷度，根据该规律可估算出某工况下盐类抑制剂的用量。

表6-3 无机盐类热力学抑制剂实验参数及结果

实验编号	药品	质量浓度/%	体系相平衡点/(℃，MPa)	纯水体系相平衡温度/℃	抑制效果/℃
W_1	NaCl	5	10.3，8.94	12.5	2.2
W_2	KCl	5	10.4，8.21	11.7	1.3
W_3	$CaCl_2$	5	10.4，8.21	11.7	1.3

表6-4 无机盐体系下不同质量浓度对水合物相平衡温度的影响

无机盐类型	不同无机盐质量浓度下的水合物相平衡温度/℃											
	1%	2%	3%	4%	5%	6%	7%	8%	9%	10%	12%	15%
NaCl	12.24	11.78	11.31	10.84	10.35	9.85	9.34	8.82	8.29	7.75	6.63	4.85
KCl	12.33	11.98	11.61	11.23	10.85	10.46	10.06	9.66	9.24	8.82	7.94	6.2
$CaCl_2$	12.33	11.97	11.6	11.22	10.84	10.45	10.05	9.64	9.22	8.78	7.9	6

6.2.3 抑制剂的选择

热力学抑制剂（醇类、盐类）均能有效降低水合物的相平衡温度，而动力学抑制剂对相平衡温度的降低效果并不明显，其主要影响水合物的生成速度。复合型抑制剂目前在实验室应用效果较好，由于工程实际对环境要求较高，该类抑制剂目前未经充分验证。

与盐类抑制剂相比，醇类抑制剂腐蚀性小，可随产出气体充分燃烧，不会对环境产生破坏，加上醇类抑制剂中甲醇效果最好，因此现场施工时常选择甲醇抑制剂进行水合物预防。为避免甲醇对橡胶件的腐蚀伤害，管柱设计及地面设备设计时要选用耐酸、耐醇类腐蚀的密封方式。

6.3 抑制剂注入参数设计

6.3.1 注入系统

典型的海底抑制剂注入系统如图6-2～图6-4所示，注入系统主要由甲醇罐、甲醇注入泵、抑制剂注入管线及接口等组成。现场通常有三个注入点，每台注入泵负责一个注入点。

图6-2 甲醇注入泵

图6-3 甲醇罐

6.3.2 注入位置

深水气井测试过程中抑制剂的注入位置主要有地面油嘴管汇处、泥线附近、泥线下一定深度处共3个位置，其中泥线下一定深度处的位置需计算得到。为保证抑制剂注入后能覆盖所有可能生成水合物的井段，抑制剂注入点常取最危险工况下水合物生成区域的最深点，此时气体携带抑制剂上升并分布至水合物生成区域中，从而抑制水合物生成，此外，在泥线附近、井口部位注入抑制剂能有效克服海底低温、气体膨胀所带来的不利影响。

1）泥线下一定深度处

水深超过1500m海域的泥线附近温度通常为2～4℃，假设泥线以下温度梯度为3℃/100m，烃类分子不生成水合物临界温度（21℃）所对应的深度为泥线以下600m，故应在泥线下600m处设置一个化学注入点，注入量可为总注入量的50%。

2）泥线附近

深水井泥线附近温度仅有3℃左右，为抑制低温环境下的水合物生成，泥线附近应设置一个化学注入点，注入量可为总注入量的25%。

3）地面油嘴管汇处

地面油嘴管汇节流使下游压力降低，此时气体膨胀，气流温度急剧下降，为防止水合物在地面管线生成，井口及油嘴管汇处也应设置一个化学注入点，注入量可为总注入量的25%。

6.3.3 注入压力

地面注入泵借助注入管线将抑制剂泵入井筒，注意到不同测试工况下井筒压力分布不同，实际操作时需根据注入点处的井筒压力来计算注入泵的注入压力。甲醇、乙二醇等抑制剂注入过程中的最低注入压力如式（6-1）所示，明晰最低注入压力对注入泵的选型有一定参考。

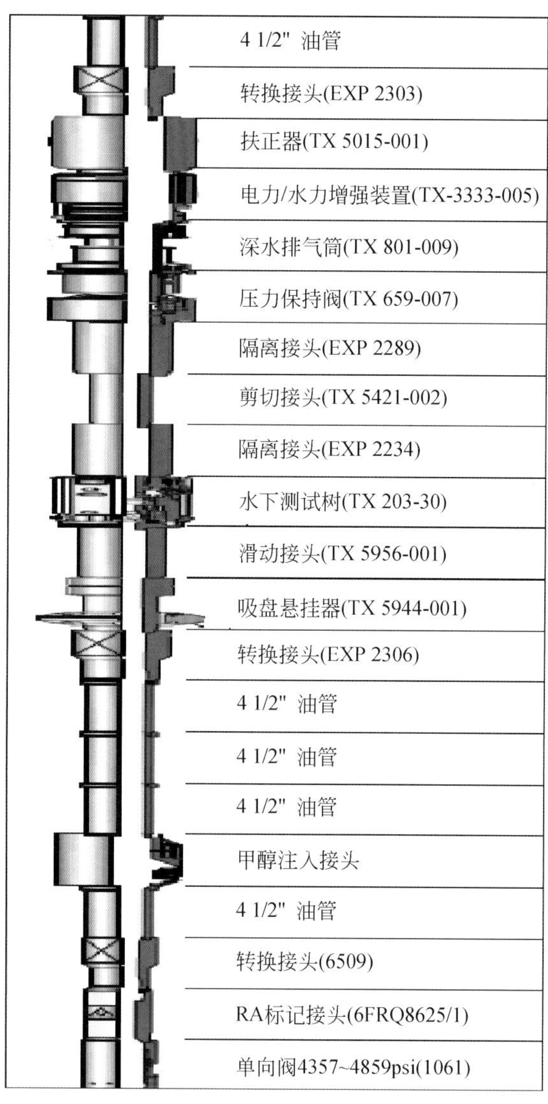

图 6-4 抑制剂注入管线及接口

1 psi = 6.89476×10³ Pa

$$P_s \geqslant P_z + \Delta P_f + \Delta P_j - \Delta P_h \tag{6-1}$$

$$\Delta P_f = \frac{\lambda \rho v^2}{2D} \cdot H \tag{6-2}$$

$$\Delta P_h = \rho g H \tag{6-3}$$

式中，P_s为注入泵的最小注入压力，MPa；P_z为注入点的井筒压力，MPa；ΔP_f为注入管线的沿程摩阻压降，MPa，可由式（6-2）计算；ΔP_j为注入点的局部压力损失，MPa；ΔP_h为抑制剂的静液压力，MPa，可由式（6-3）计算；λ 为摩擦系数；ρ 为抑制剂密度，kg/m^3；v 为抑制剂注入速度，m/s；D 为注入管线直径，m；H 为抑制剂注入位置，m。

6.3.4 注入浓度

深水气井测试期间应结合抑制剂的抑制效果、抑制剂对水合物相态曲线的影响关系、经济效应来确定合适注入浓度，水合物抑制剂注入浓度确定的流程图如图 6-5 所示，注意到该计算流程与实际操作环境存在差别，因此需在计算基础上乘以安全系数以保证实际操作的顺利进行。

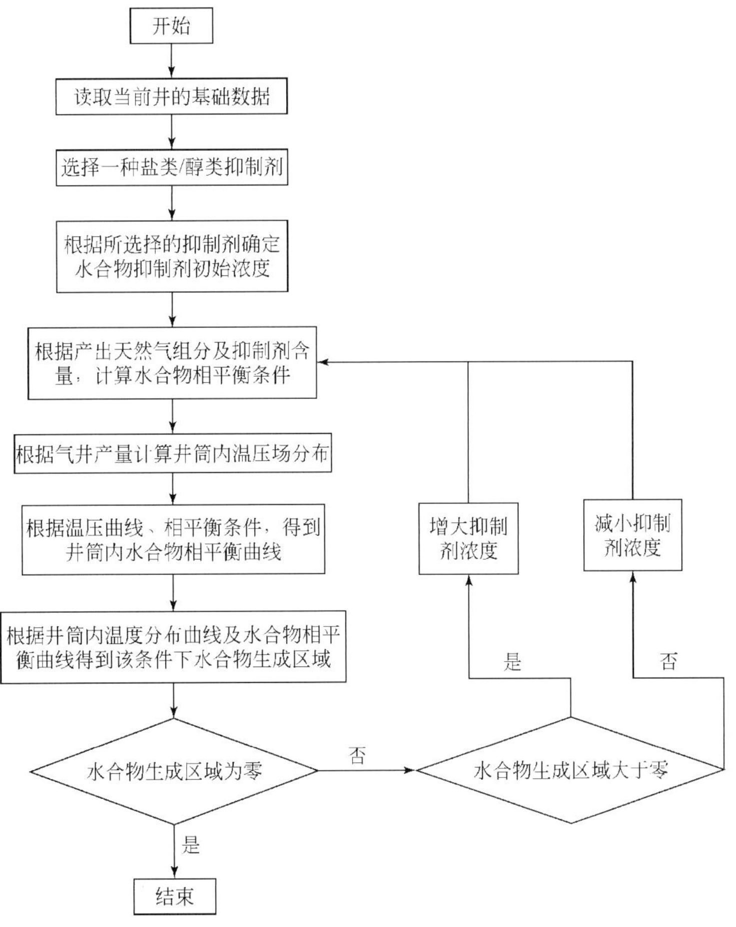

图 6-5 深水气井测试期间水合物抑制剂注入浓度确定流程图

6.3.5 注入速率

化学抑制剂注入速率与冷凝水、泥浆滤液、产出水速率、气体上流时发生膨胀、气相中抑制剂损失等因素有关，抑制剂注入速率的计算如式（6-4）所示，测试启动时因产水点的不确定性，通常会设定高注入率来避免水合物生成。

$$q_s \geqslant \frac{c}{1-c}q_w + q_1 \tag{6-4}$$

$$q_1 = 1.97 \times 10^{-2} P^{-0.7} \exp(6.054 \times 10^{-2} T - 11.28) \tag{6-5}$$

式中，q_s为抑制剂注入速率，L/min；q_w为产水速率，L/min；q_1为气相中抑制剂的损失速率，L/min，甲醇溶液在气相中的损失速率可由式（6-5）计算；c 为抑制剂注入浓度,%；P 为压力，MPa；T 为温度，K。

6.3.6 注入量

6.3.6.1 水合物生成温降

化学抑制剂注入后水合物生成温度降低，Hammerschmidt[7]第一次提出天然气水合物生成温降 ΔT 与抑制剂水溶液质量分数 W 的半经验关系如式（6-6）所示。运用该式分析甲醇含量与水合物生成温降的关系如表6-5所示，可知甲醇质量分数大于30%后式的预测偏差较大，Nielsen 等也指出 Hammerschmidt 半经验公式仅适用于抑制剂质量分数小于20%的溶液。

目前常采用 Nielsen-Bucklin 修正式来计算高甲醇含量下的水合物生成温降，高甲醇用量的估算如式（6-7）所示，采用该式预测陕北某气田甲醇用量的结果如表6-6所示，可知预测值与实验值偏差很小，说明 Nielsen-Bucklin 修正式可用于甲醇注入量的预测。

$$\Delta T = \frac{KW}{M(100-W)} \tag{6-6}$$

$$W = 1.89(1-e^{-0.013886\Delta T}) \tag{6-7}$$

式中，M 为抑制剂相对分子质量；W 为抑制剂溶液的质量分数,%；ΔT 为水合物生成温降,℃；K 为与抑制剂有关的常数，甲醇、乙二醇、异丙醇、氨等取1228，氯化钙取1200，二甘醇取2425。

表6-5 甲醇含量与水合物生成的温降关系

甲醇质量分数 W/%	ΔT/℃		
	实验结果	Hammerschmidt 半经验公式计算结果	偏差
10.0	3.1	4.3	1.2
20.0	10.0	9.6	0.4

续表

甲醇质量分数 W/%	ΔT/℃		
	实验结果	Hammerschmidt 半经验公式计算结果	偏差
30.0	12.2	16.4	4.2
35.0	15.8	16.8	1.0
50.0	23.1	38.4	15.3
65.0	40.4	71.3	30.9

表6-6 采用Nielsen-Bucklin方程预测陕北某气田的甲醇用量

作业条件		无抑制剂生成温度/℃	ΔT/℃	甲醇质量分数 W/%		
P/MPa	T/℃			计算值	实验值	偏差
4	0.5	11.0	10.5	25.6	25.7	0.3
8	0.5	15.5	15.0	35.5	35.1	-1.1
4	-9.0	11.0	20.0	45.8	45.7	-0.2
8	-9.0	16.4	25.4	56.0	55.3	-1.3
17	-9.0	22.0	31.0	66.1	66.4	0.5
22	-9.0	24.5	33.5	70.3	70.1	-0.3

6.3.6.2 注入量计算

现场测试期间应根据测试方案提前计算所需抑制剂注入量，做好抑制剂准备工作。化学抑制剂用量主要包括水合物相平衡曲线左移所必需的抑制剂用量、饱和气体所必需的抑制剂用量。电解质溶液的饱和蒸汽压通常低于冷凝水的饱和蒸汽压，常忽略汽态的电解质抑制剂量，此时电解质抑制剂的单位消耗量可由式（6-8）计算。采用醇类抑制剂时必须考虑转化为气相的那部分消耗量，给定回收溶液浓度时甲醇抑制剂的单位消耗量可由式（6-9）确定。

$$q_s=\frac{(W_1-W_2)K}{C-K} \tag{6-8}$$

$$q_c=\frac{(W_1-W_2)}{C-K}+K\cdot 10^{-3}\cdot\alpha \tag{6-9}$$

$$\alpha=1.97\times10^{-2}P^{-0.7}\exp(6.054\times10^{-2}T-11.128) \tag{6-10}$$

式中，W_1为化学抑制剂注入点处的天然气含水量，g/cm³；W_2为终点处流体的最终含水量，g/cm³；C为加入化学抑制剂的质量分数,%；K为回收化学抑制剂的质量分数,%；α为一定甲醇浓度下转化为气相的量，可由式（6-10）计算；P为压力，MPa；T为温度，K。

6.3.6.3 注入量设计图版

抑制剂的抑制作用大小主要跟抑制剂种类、浓度有关，不同浓度甲醇、乙二醇作用下的水合物生成温压关系如表6-7所示，该表可为抑制剂注入量的确定提供一定参考，为方便快速地查阅不同条件下的甲醇注入量，制作的甲醇注入量与水合物生成温压关系图版如图6-6所示。

表6-7 不同浓度甲醇、乙二醇注入后水合物生成的温压关系

压力/MPa	不同甲醇浓度下水合物生成温度/℃					不同乙二醇浓度下水合物生成温度/℃					
	10%	20%	30%	40%	50%	10%	20%	30%	40%	50%	60%
20.684	10.9	5.0	3.1	-8.9	-17.5	14.0	10.8	6.5	0.9	-6.3	-15.3
18.184	10.4	4.5	2.6	-9.4	-17.9	13.5	10.2	6.0	0.5	-6.6	-15.6
15.684	9.9	4.0	2.1	-9.8	-18.4	12.9	9.7	5.4	0.0	-7.0	-16.0
13.184	9.2	3.4	1.5	-10.2	-18.8	12.2	9.1	4.9	-0.5	-7.5	-16.4
11.684	8.7	3.0	1.1	-10.5	-19.0	11.8	8.6	4.5	-0.8	-7.9	-16.6
10.184	8.2	2.5	0.6	-10.9	-19.3	11.2	8.1	4.0	-1.3	-8.1	-16.8
8.684	7.5	2.0	0.1	-11.3	-19.5	10.5	7.4	3.3	-1.9	-8.5	-17.0
7.184	6.6	1.0	-0.8	-11.9	-19.9	9.5	6.5	2.5	-2.7	-9.3	-17.5
6.434	6.0	0.5	-1.3	-12.3	-20.2	8.9	5.9	1.9	-3.2	-9.6	-17.9
5.684	5.3	-0.2	-2.0	-12.9	-20.8	8.1	5.1	1.2	-3.8	-10.3	-18.4
4.934	4.4	-1.1	-2.8	-13.7	-21.5	7.3	4.3	0.4	-4.6	-10.9	-19.0
3.434	2.0	-3.4	-5.2	-15.9	-23.5	4.8	1.9	-2.0	-6.9	-13.1	-21.0
2.684	0.1	-5.3	-7.0	-17.6	-25.3						

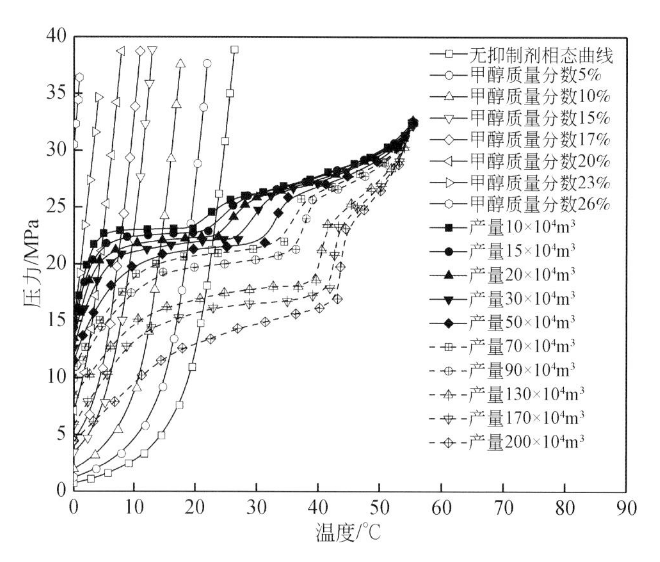

图6-6 甲醇注入量与水合物生成温压关系图版

6.4 非完全抑制的水合物堵塞防治方法

目前深水钻完井中主要采用抑制剂过量注入的办法来完全抑制水合物生成，这种完全抑制方法试剂用量大、成本高、不环保，并且地层出水量较大时所需抑制剂注入速率可能会超过设备注入能力。为避免抑制剂的高用量、降低抑制剂注入及储存设备要求，王志远、孙宝江等提出了基于安全作业窗口及测试制度的水合物堵塞防治方法[8-13]。

6.4.1 基于安全作业窗口的水合物堵塞防治方法

6.4.1.1 实施程序

基于安全作业窗口的水合物堵塞防治方法属于不完全抑制方法，该法允许水合物少量生成，结合水合物运移沉积特征、井筒水合物堵塞演化特征来确定抑制剂用量。与目前常用的完全抑制法相比，该法能显著降低抑制剂用量，具体实施程序如下[12-15]：

（1）计算井筒温压场分布；

（2）根据水合物相平衡理论进行热力学计算，确定水合物生成区域；

（3）结合水合物生成动力学理论计算水合物生成速率，确定水合物层厚度分布情况；

（4）计算水合物沉积速率、水合物层厚度，确定井筒水合物堵塞的时空动态变化规律、安全作业窗口；

（5）根据安全作业窗口和作业时间的大小关系确定是否注入抑制剂及注入浓度，制定水合物堵塞防治措施。

6.4.1.2 实例应用

通过案例进一步说明基于安全作业窗口的水合物堵塞防治方法的具体实施过程，案例井的基本参数如表 6-8 所示。

表 6-8 案例井基本参数

基本参数	参数值	基本参数	参数值
井深/m	3500	水深/m	1500
地层导热系数/[W/(m·K)]	2.2	钢材导热系数/[W/(m·K)]	43.2
地层岩石比热容/[J/(kg·K)]	830	海底温度/℃	2.9
地层岩石密度/(kg/m^3)	2640	测试层位地层温度/℃	52.9
海水导热系数/[W/(m·K)]	1.73	天然气相对密度	0.554
海水比热容/[J/(kg·K)]	3890	测试井筒/mm	114.3
海水密度/(kg/m^3)	1025	环空流体导热系数/[W/(m·K)]	0.6
水泥环导热系数/[W/(m·K)]	0.35	产水量/(m^3/d)	15
气体流量/(10^{4}m^3/d)	30	井底压力/MPa	26

1）甲醇计算井筒温压场

不同甲醇抑制剂浓度条件下的水合物相平衡曲线如图 6-7 所示，可知随甲醇浓度增大水合物相平衡曲线向左偏移，且偏移量不断增大。采用井筒温压场模型计算的井筒温度分布如图 6-8 所示[12,16]，可知海水温度随深度增加而降低，并在泥线处达到最低值 2. 9℃，而测试层位地层温度高达 52. 9℃，井筒流体向上流动过程中与周围地层或海水热量交换导致流体温度降低，当流体流至海面以下 170m 时流体温度降至最低值 12. 8℃。

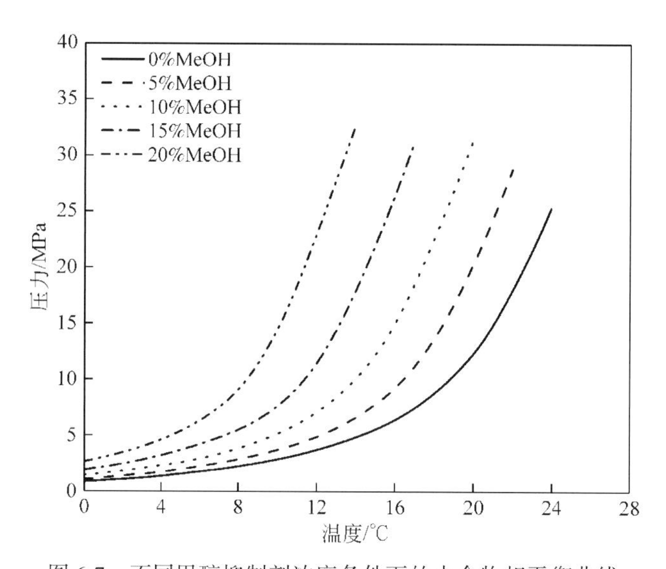

图 6-7　不同甲醇抑制剂浓度条件下的水合物相平衡曲线

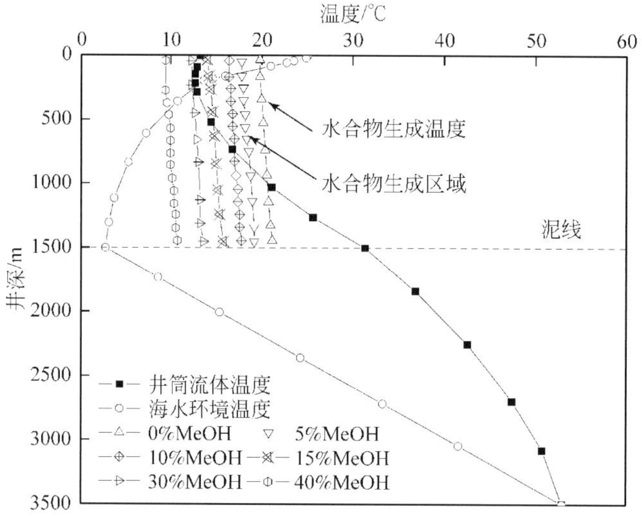

图 6-8　水合物井筒温度分布及水合物生成区域

2）确定井筒水合物生成区域

不同甲醇抑制剂浓度条件下的水合物生成区域如表 6-9 所示[12,16]，可知未加入甲醇抑制剂时水合物生成区域为 0 ~ 1000m，加入甲醇抑制剂后水合物生成区域减小，且甲醇浓度达到 30% 以上时水合物生成区域消失。

目前常用的水合物堵塞防治方法一般通过加入 30% 以上浓度的抑制剂使井筒温压条件完全位于水合物生成区域外，因此无需考虑井筒水合物的运移沉积特征、堵塞的时空特征。然而，基于安全作业窗口的防治方法需考虑水合物的运移沉积特征，并依据水合物堵塞特征进行防治方案设计。

表 6-9 不同甲醇抑制剂浓度条件下水合物生成区域

甲醇抑制剂浓度/%	水合物生成区域/m	最大过冷度位置/m
0	0 ~ 1000	150
5	0 ~ 890	150
10	0 ~ 770	150
15	0 ~ 570	150
>30	无	150

3）确定水合物层厚度分布情况

不同甲醇抑制剂浓度条件下水合物层厚度的分布情况如图 6-9 所示[12]，临界水合物层厚度所对应的时间即为安全作业窗口。由图可知，随测试作业时间水合物层厚度增大，最终导致井筒堵塞，注入抑制剂后水合物层厚度的生长速率明显降低，安全作业窗口变大。

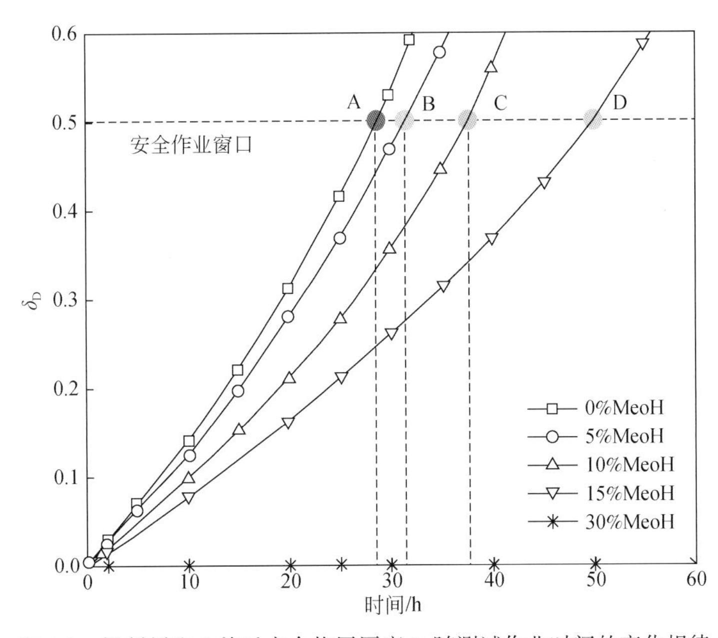

图 6-9 抑制剂注入前后水合物层厚度 δ_D 随测试作业时间的变化规律

4）确定井筒水合物堵塞的时空动态变化规律及安全作业窗口

如图 6-9 所示，未使用水合物抑制剂时水合物层厚度增长最快，当测试作业时间达到 28. 6h 左右时该处将发生堵塞，此时安全作业窗口为 28. 6h。注入抑制剂后水合物层厚度的增长速率明显变慢，导致水合物堵塞的时空特征均发生显著变化，即安全作业窗口显著变化，如图中安全作业窗口随抑制剂浓度增大分别由28.6h增至31.6h、37.5h、无限大。

5）根据安全作业窗口和测试作业时间的大小关系确定是否注入抑制剂及注入浓度，制定水合物堵塞防治措施

若测试作业时间小于安全作业窗口，测试作业中不必注入抑制剂，测试作业仍能够顺利进行；若测试作业时间大于安全作业窗口，测试作业需注入抑制剂以延缓水合物堵塞形成，如计划测试时间为40h，可加入15%的甲醇抑制剂，此时安全作业窗口拓宽至50.1h。显然，该法可大大降低抑制剂用量，设备注入能力及平台储备要求随之降低。

6.4.2 基于测试制度的水合物堵塞防治方法

深水气井测试过程中为完成井下取样、获取不同产量下的测试数据往往需要一定测试时间后改变测试产量。当气井测试产量超过临界测试产量时，井筒温压条件将不满足水合物相平衡条件，因此可通过改变测试制度来预防水合物堵塞，即调整不同测试产量的测试顺序，借助高气量条件下的高温来分解低气量条件下的管壁水合物层，实现未注入抑制剂条件下水合物堵塞风险的管控[8]。

常规测试工作制度一般由低产量向高产量正序进行（以$30\times10^4m^3/d$，$50\times10^4m^3/d$，$80\times10^4m^3/d$，$110\times10^4m^3/d$为例），如图6-10（a）所示。在测试产量为$30\times10^4m^3/d$、$50\times10^4m^3/d$条件下，井筒存在水合物生成区域并具有水合物堵塞风险。将测试产量$80\times10^4m^3/d$调整至第二测试顺序、测试产量$50\times10^4m^3/d$调整至第三测试顺序后，井筒不再满足水合物稳定存在的温压条件，上一测试产量下生成的管壁水合物层将被分解，如图6-10（b）所示。

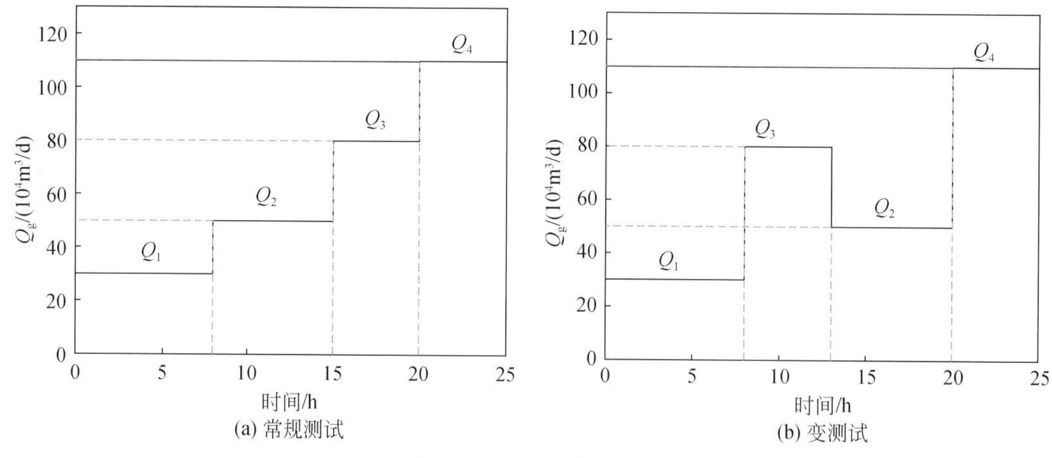

图6-10 测试工作制度

常规测试工作制度和变测试工作制度下井筒水合物沉积堵塞状况如图6-11所示[8]。可知常规测试工作制度下管壁水合物层厚度随测试时间先增后减，井筒缩径率最大达到57%，此时井筒极易发生水合物堵塞，而变测试工作制度下的最大缩径率则由57%降至26%。主要原因是$80\times10^4m^3/d$产气量下井筒已不存在水合物稳定的温压条件，导致30×

$10^4m^3/d$ 产气量下生成沉积的管壁水合物层逐渐分解，当产气量降至水合物生成临界产气量（$50\times10^4m^3/d$）下时，管壁水合物层将再次生长。同时在第三测试产量下生成沉积的管壁水合物层将在第四测试产量下分解，以此保证整个测试工作的顺利进行。还注意到，产气量 $110\times10^4m^3/d$ 下井筒水合物层分解速率远大于产气量 $80\times10^4m^3/d$ 下所对应的值，原因在于产气量越高井筒温度越高，水合物分解驱动力越大。此外，随产气量增大管壁水合物层受到的流体剪切力作用变大，部分水合物层可能被剥落[17,18]，鉴于目前这方面研究较缺乏，模拟过程中并未考虑这种剪切作用。

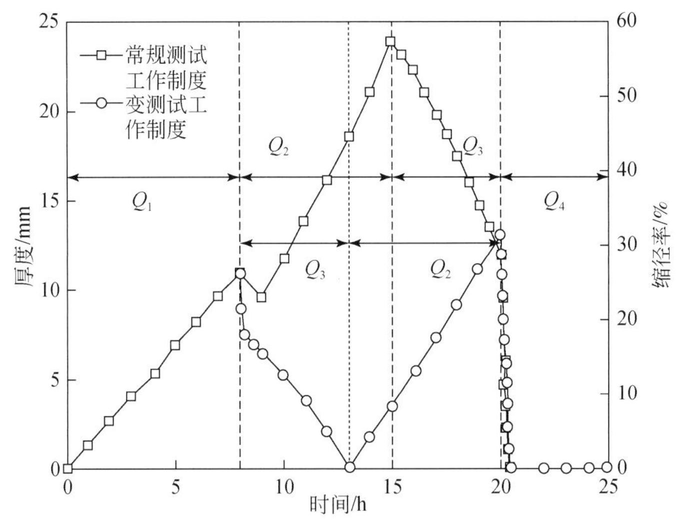

图 6-11　不同测试工作制度下井筒水合物层生长分布图

合理改变测试工作制度可显著降低井筒水合物堵塞风险，该法具有成本低、环保、简单有效等优点，然而测试工作制度的变化可能需要改变试井解释方法和气藏评价方式，因此该法的顺利实施还需进一步研究。

6.5　水合物堵塞风险预警

6.5.1　监测装置

水合物沉积堵塞使井筒温压呈现独特特征，监测井下温压数据，结合水合物堵塞模型，可对深水气井测试作业中井筒堵塞的时空特征、堵塞严重程度进行计算，根据堵塞风险大小发出相应预警，确定抑制剂注入位置和注入速率，保证测试作业安全高效进行。

随水合物颗粒沉积管壁水合物层不断增厚，管线压降呈现出压降平稳、压降缓慢上升、压降剧烈波动和压降迅速增大四个阶段。其中，前两个阶段为堵塞形成的早期阶段，该阶段水合物生成与沉积对测试作业影响较小，测试作业仍能正常进行，此时风险预警可确定堵塞风险的大小；后两个阶段为堵塞形成的晚期阶段，该阶段水合物生成与沉积将造成测试作业无法正常进行，此时管壁水合物的沉积与剥落交替将造成压降剧烈波动。

基于井筒压降阶段特征，王志远等提出一套深水气井测试过程中水合物堵塞早期监测装置及监测方法如图 6-12 所示[19,20]，该监测装置主要由井下数据采集传输系统、平台控制系统、抑制剂自动注入系统组成。其中，数据采集传输系统实时监测井筒流体的温压数据，并将其传输至平台控制系统；平台控制系统主要对井筒堵塞严重程度、发生堵塞的时间及位置进行评估，发出相应预警信号并根据指令确定注入抑制剂的位置、速率、浓度等参数；抑制剂自动注入系统根据注入指令启动抑制剂注入泵向测试井筒注入抑制剂。

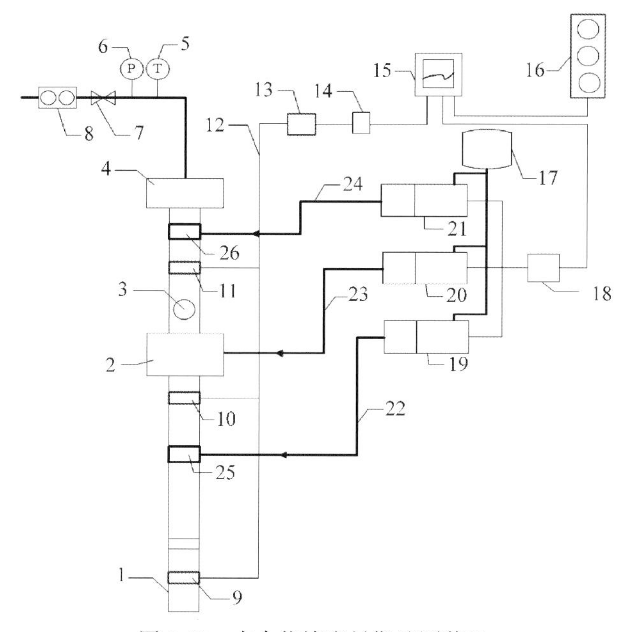

图 6-12　水合物堵塞早期监测装置

1. 深水气井测试管柱；2. 水下测试树；3. 防喷阀；4. 流动控制头；5. 井口温度计；6. 井口压力计；7. 放喷油嘴；8. 井口流量计；9. 第一温压传感器组；10. 第二温压传感器组；11. 第三温压传感器组；12. 光缆；13. 光纤接口；14. 光电解调器；15. 计算机；16. 报警器；17. 水合物抑制剂储罐；18. 信号执行机构；19. 第一水合物抑制剂注入泵；20. 第二水合物抑制剂注入泵；21. 第三水合物抑制剂注入泵；22. 第一水合物抑制剂注入管线；23. 第二水合物抑制剂注入管线；24. 第三水合物抑制剂注入管线；25. 第一水合物抑制剂注入接头；26. 第二水合物抑制剂注入接头

6.5.2　风险预警步骤

监测得到流量、井底及井口温压、井筒基本参数、海水及地层温度等基本数据后，模拟井筒水合物分布状况，评估井筒堵塞风险大小。

（1）通过井口流量计测量产气量 Q_g、产水量 Q_w，井口温度计测量井口流体温度 T_{wh}，井口压力计测量井口流体压力 P_{wh}；

（2）根据井筒多相流模型计算井筒温压分布，结合水合物相平衡理论确定深水气井测试井筒水合物的生成区域；

（3）评估井筒水合物堵塞风险，确定水合物堵塞的时空分布特征；

（4）根据井筒堵塞风险大小确定预警信号级别。

根据井筒缩径率的大小将预警信号划分为四个等级，缩径率在 70% ~90% 范围时进行一级报警，缩径率在 60% ~70% 范围时进行二级报警，缩径率在 40% ~60% 范围时进行三级报警，缩径率小于 40% 时则进行四级报警。

6.5.3 现场应用

依据上述堵塞风险预警步骤对某海域某区块#3 井测试作业中水合物堵塞风险进行监测预警，水合物堵塞形成过程中井筒压降的变化特征如图 6-13 所示，可知根据压降变化特征可将水合物堵塞的形成过程划分为少量水合物生成、水合物生成并沉积、水合物在管壁反复沉积与脱落、井筒堵塞共四个阶段。水合物层厚度与压降密切相关，代表着水合物堵塞严重程度，通过早期监测可在第一和第二阶段及时监测到水合物堵塞风险，根据井筒缩径率大小发出相应预警信号，如图 6-14 所示。

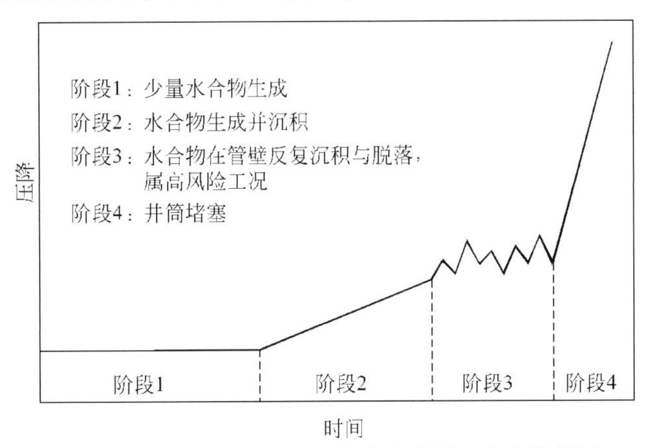

图 6-13 水合物堵塞形成过程中的井筒压降变化特征

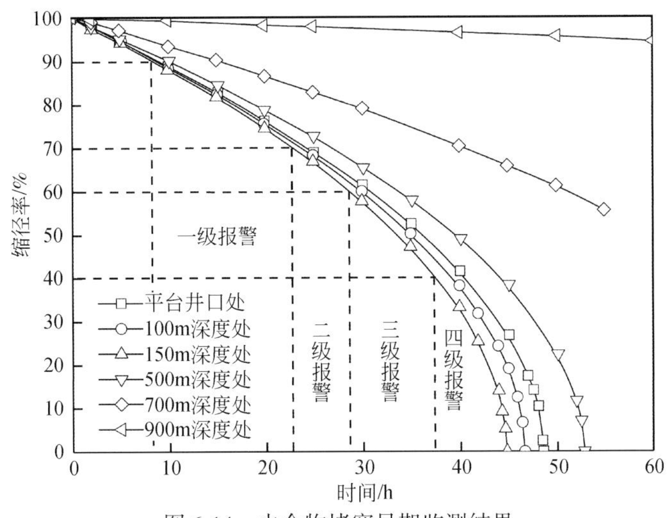

图 6-14 水合物堵塞早期监测结果

水合物堵塞风险预警能实现堵塞风险的早期检测，及时发现堵塞风险并发出预警信号，提醒作业者及时采取相关解堵措施，避免测试作业中断，因此水合物堵塞风险预警对水合物防治设计具有重要指导意义。

参考文献

[1] Li G, Li X, Tang L, et al. Experimental investigation of production behavior of methane hydrate under ethylene glycol injection in unconsolidated sediment [J]. Energy & Fuels, 2007, 21 (6): 3388-3393.

[2] Chen Z, Li Q, Yan Z, et al. Phase equilibrium and dissociation enthalpies for cyclopentane + methane hydrates in NaCl aqueous solutions [J]. Journal of Chemical & Engineering Data, 2010, 55 (10): 4444-4449.

[3] Chen Z, Feng J, Li X, et al. Preparation of warm brine in situ seafloor based on the hydrate process for marine gas hydrate thermal stimulation [J]. Industrial & Engineering Chemistry Research, 2014, 53 (36): 14142-14157.

[4] Du J, Wang X, Liu H, et al. Experiments and prediction of phase equilibrium conditions for methane hydrate formation in the NaCl, $CaCl_2$, $MgCl_2$ electrolyte solutions [J]. Fluid Phase Equilibria, 2019, 479: 1-8.

[5] Karisiddaiah S M. Report: Fourth international conference on gas hydrates, held at Yokohama, Japan, 19-23 May 2002 [J]. 2003.

[6] 陈光进，孙长宇，马庆兰. 气体水合物科学与技术 [M]. 北京：化学工业出版社，2008.

[7] Hammerschmidt E G. Formation of gas hydrates in natural gas transmission lines [J]. Industrial & Engineering Chemistry Research, 1934, 26 (8): 851-855.

[8] Zhang J, Wang Z, Sun B, et al. An integrated prediction model of hydrate blockage formation in deep-water gas wells [J]. International Journal of Heat and Mass Transfer, 2019, 140: 187-202.

[9] 王志远，赵阳，孙宝江，等. 井筒环雾流传热模型及其在深水气井水合物生成风险分析中的应用 [J]. 水动力学研究与进展A辑，2016，31 (1)：20-27.

[10] 王志远，赵阳，孙宝江，等. 深水气井测试管柱内天然气水合物堵塞特征与防治新方法 [J]. 天然气工业，2018，38 (1)：81-88.

[11] 王志远，于璟，孟文波，等. 深水气井测试管柱内天然气水合物沉积堵塞定量预测 [J]. 中国海上油气，2018，30 (3)：122-131.

[12] Wang Z, Yang Z, Zhang J, et al. Flow assurance during deepwater gas well testing: Hydrate blockage prediction and prevention [J]. Journal of Petroleum Science & Engineering, 2018, 163: 211-216.

[13] Zhao Y, Wang Z, Yu J, et al. Hydrate plug remediation in deepwater well testing: A quick method to assess the plugging position and severity [C] //SPE Annual Technical Conference and Exhibition. Society of Petroleum Engineers, 2017.

[14] Deng Z, Wang Z, Zhao Y, et al. Flow assurance during gas hydrate production: Hydrate regeneration behavior and blockage risk analysis in wellbore [C] //Abu Dhabi International Petroleum Exhibition & Conference. Society of Petroleum Engineers, 2017.

[15] Zhao Y, Wang Z, Zhang J, et al. Flow assurance during deepwater gas well testing: When and where hydrate blockage would occur [C] //SPE Annual Technical Conference and Exhibition. Society of Petroleum Engineers, 2016.

[16] Wang Z, Yang Z, Zhang J, et al. Quantitatively assessing hydrate-blockage development during deepwater-gas-well testing [J]. SPE Journal, 2018, 23 (4): 1166-1183.

[17] Lingelem M N, Majeed A I, Stange E. Industrial experience in evaluation of hydrate formation, inhibition, and dissociation in pipeline design and operation [J]. Annals of the New York Academy of Sciences, 2010, 715 (1): 75-93.
[18] Sloan Jr E D, Koh C A. Clathrate Hydrates of Natural Gases [M]. Boca Raton: CRC press, 2007.
[19] 王志远，赵阳，孙宝江，等. 深水气井生产管路水合物堵塞早期监测装置及方法：201610735711.2 [P].
[20] 王志远，赵阳，孙宝江，等. 深水气井测试中天然气水合物堵塞监测装置及方法：201610735694.2 [P].

第7章 深水气井水合物防治软件与案例分析

根据前面章节建立的水合物生成区域预测模型、水合物沉积堵塞模型以及水合物防治方法，开发了“深水气井水合物防治软件”，借助该软件分别对某海域两区块生产井、测试井的水合物生成区域及堵塞风险进行预测，最终为水合物抑制剂注入参数的确定提供支撑。

7.1 软件概况

“深水气井水合物防治软件”可对不同工况下的水合物生成区域进行预测，并可进行单抑制剂或组合抑制剂注入参数的优化设计，对指导现场水合物防治作业具有重要意义[1-4]。

软件数据存储采用数据库方式，输入方便，每次计算结果均可统一保存或单独进行保存。软件主要由数据输入模块，不同气体组分、不同抑制剂类型及浓度条件下的水合物相平衡条件计算模块，不同工况、不同流体产出条件下井筒/管线温压场计算模块，不同工况、不同产量下井筒/管线内水合物生成区域预测模块，水合物抑制剂注入参数优化设计模块共五个模块组成，如图7-1所示。

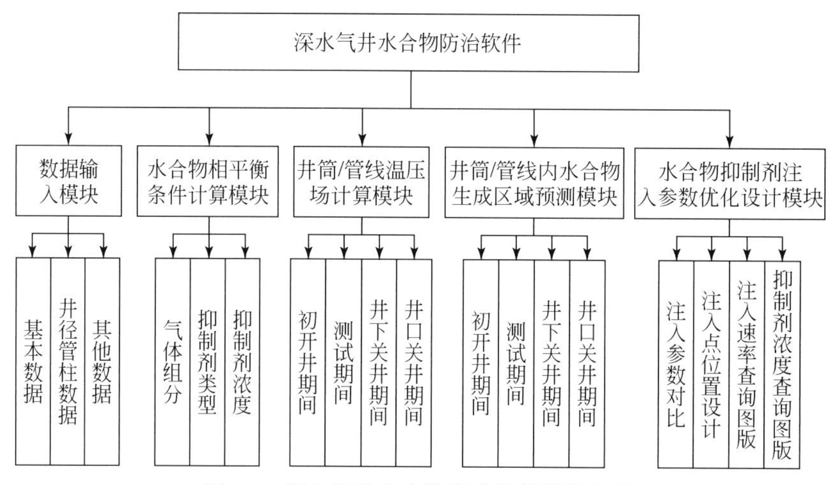

图7-1 深水气井水合物防治软件模块组成

本软件共包括6个主菜单，分别是文件、数据输入、功能、工具、帮助、退出。软件采用VB. net编程，数据库采用Access，输出包括文本和图形两种方式，可在Win10/Win9x/NT/2000/XP/Me/7等系统下工作，具有界面美观、设计合理、使用方便等优点，并具备对数据库的独立操作功能（删除、添加、另存、修改等）。

7.2 软件模块介绍

7.2.1 数据输入模块

数据输入模块主要实现数据输入功能，为其他计算模块提供必要的基本数据，该模块包括基本数据、井斜数据、管柱数据、套管数据、井径数据、温度参数和数据校验 7 个部分，各部分输入参数如表 7-1 所示。数据输入模块提供了针对每一口井的基础数据输入、修改和保存功能。

表 7-1 数据输入参数表

输入模块	输入参数
基本数据	井名、井别、井位坐标、地理位置、构造位置、井型、完钻层位和主要目的层；测量井深、井深基准面、补心海拔、海水深度、隔水管内直径、海水密度、产层压力、生产压差和液垫密度；气相对密度、原油相对密度和生产气油比
井身结构数据	井眼尺寸、井深、套管尺寸、套管外径、套管内径、套管起始深度等
井斜数据	井段编号、井斜角、方位角、顶深、底深、段长等
管柱数据	管柱序号、管柱尺寸、管柱外径、管柱内径、顶深、底深、段长、备注等
温度参数	海水表面温度、地温梯度、温度计算模式、实测温度数据等

7.2.1.1 基本数据

在打开或新建一口井后，将自动进入默认选项卡——“基本数据”窗口，如图 7-2 所示。在“基本数据”窗口中用户可输入或编辑气井的基本信息和基本参数。基本信息包括井名、井别、井位坐标、地理位置、构造位置、井型、完钻层位和主要目的层，当鼠标移动到输入文本框上时会有相应的输入提示信息。基本参数包括测量井深、井深基准面、补心海拔、海水深度、隔水管内直径、海水密度、产层压力、生产压差和液垫密度等，在输入时应注意相应单位要求。产出流体参数包括气相对密度、原油相对密度和生产气油比。在输入或修改信息后单击“保存”，之后根据具体情况选择“气井计算模型”或“油井计算模型”。

7.2.1.2 井身结构数据

选择“井身结构”选项卡后将显示如图 7-3 所示的窗口。在该窗口用户可以输入气井的井身结构数据，包括井眼尺寸、井深、套管尺寸等。

操作提示：输入时首先在“参数选择”项中选择井眼尺寸，与该井眼尺寸配合的套管尺寸会自动生成，“套管外径”及“套管内径”自动更新，选择结束单击“添加”按钮，程序会自动在表格中添加一新行，用户应输入该行中缺少的数据以保证输入的完整性。此外还可通过“外部 excel 数据导入”实现数据的批处理。完成数据输入后可进行“画图”，直观显示该井的井身结构。

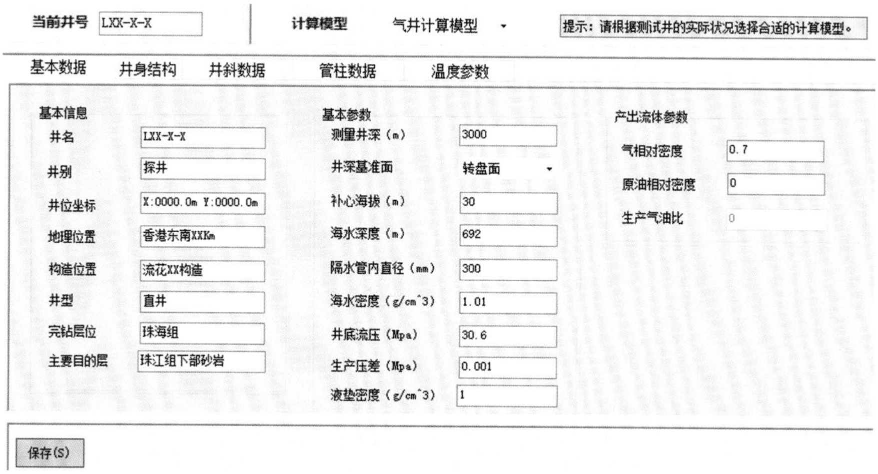

图 7-2 “数据输入”窗口之基本数据

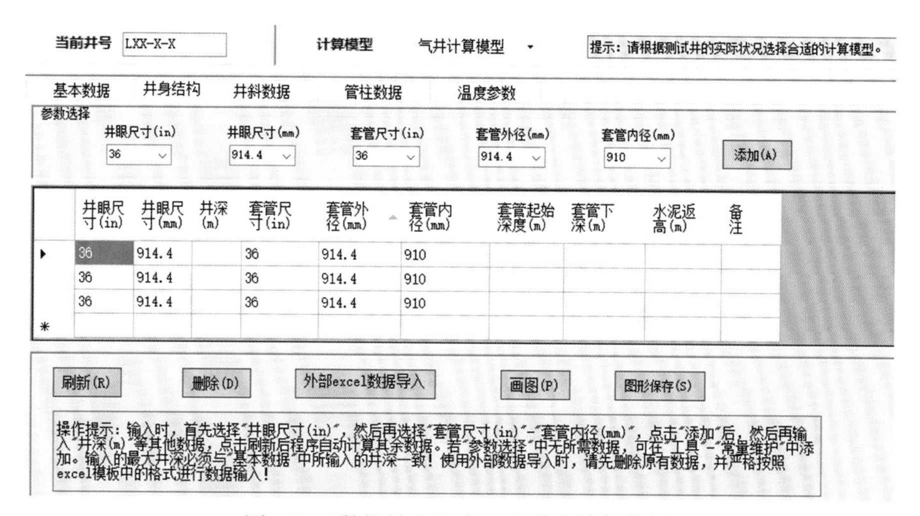

图 7-3 “数据输入”窗口之井身结构数据

7.2.1.3 井斜数据

选择“井斜数据”选项卡后将显示一个参数输入编辑窗口，如图 7-4 所示。用户在该窗口可输入计算井的井斜数据，包括：井段编号、井斜角、顶深、底深、段长、方位角等。

操作提示：井斜数据输入时可以只输入“底深”、“井斜角”和“方位角”3 列数据，然后按“刷新”按钮，由程序自动计算“井段编号”、“顶深”和“长度”3 列数据。外部 excel 数据导入时，应先删除原有数据，然后在表格模板中完成数据整理后进行导入。

7.2.1.4 管柱数据

选择“管柱数据”选项卡后将显示如图 7-5 所示的窗口，用户可在该窗口输入计算井的管柱数据，包括管柱序号、管柱尺寸、管柱外径、管柱内径、顶深、底深、段长、井号等。

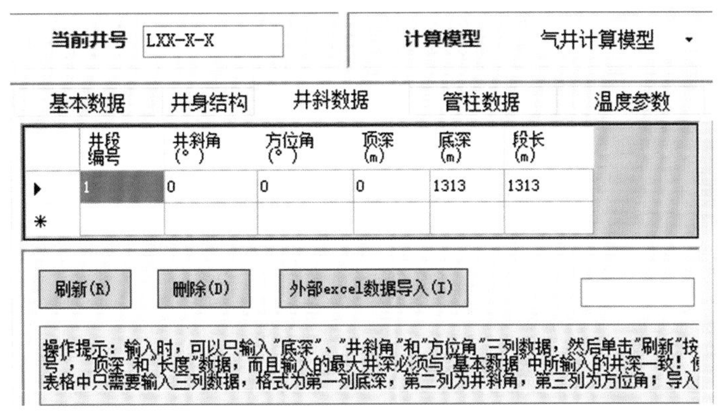

图 7-4 “数据输入”窗口之井斜数据

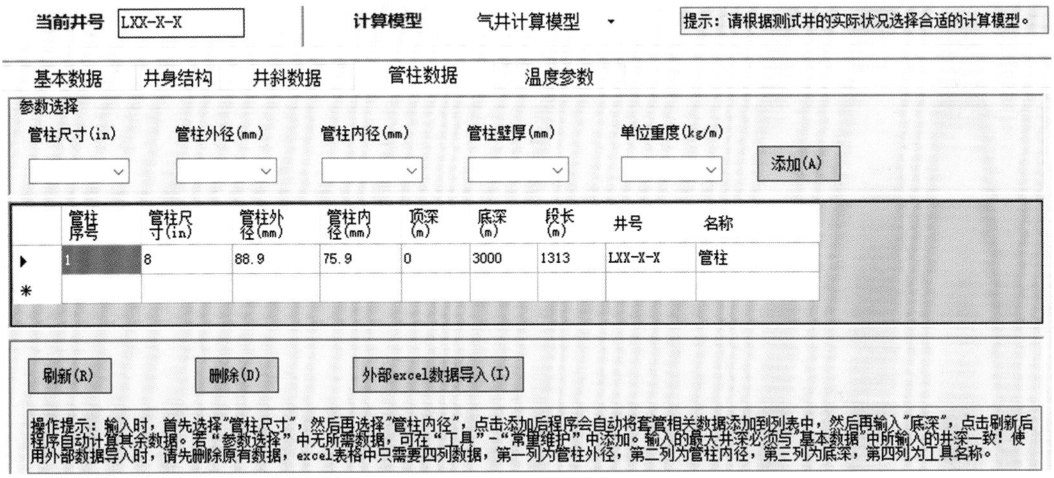

图 7-5 “数据输入”窗口之管柱数据

操作提示：输入时在“参数选择”项中选择管柱数据，单击“添加”按钮，程序会自动在表格中添加一新行，并且“管柱外径”、“管柱内径”和“管柱尺寸”项已有数据。用户只修改该行的“底深”单击“刷新”按钮即可，其余数据程序自动添加。另外用户可直接在表中进行输入，输入时只需从下至上输入“底深”、“管柱外径”、“管柱内径”3列数据，然后按“刷新”按钮，由程序自动计算“管柱序号”、“顶深”和“段长”3列数据。外部excel数据导入时应先删除原有数据，在表格模板中完成数据整理后进行导入。

7.2.1.5 温度参数

选择“温度参数”选项卡后，将显示一个“温度参数”输入编辑窗口，如图7-6所示，该窗口下用户可以输入井的温度数据等。

在温度参数输入中设定温度计算模式、海水表面温度、地温梯度等参数，保存后单击“显示”按钮图形将显示环境温度。若有实测数据，可在“海水及地层温度参数输入”中进行更新。

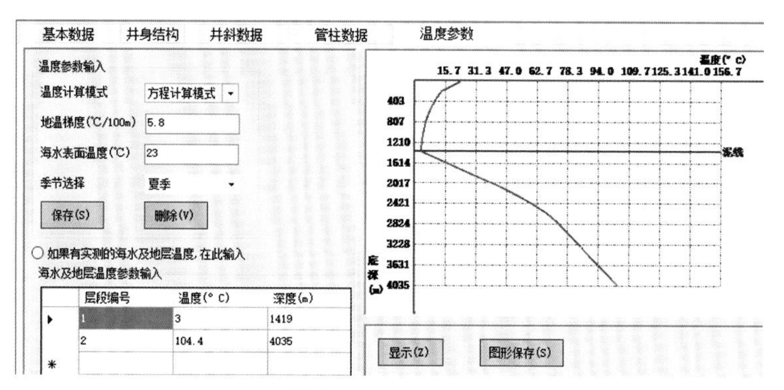

图 7-6 “数据输入”窗口之温度参数

7.2.2 温压场计算模块

温压场计算模块窗口如图 7-7 所示，该模块可计算测试期间、生产期间等工况下的气井温压分布[5,6]，以测试期间工况为例，可针对气井模型、油井模型两种模型进行计算。气井模型下可计算不同产气速率、不同产水速率下测试管柱内的温压场；油井模型下可计算不同产油速率、不同生产气油比、不同产水速率下测试管柱内的温压场。

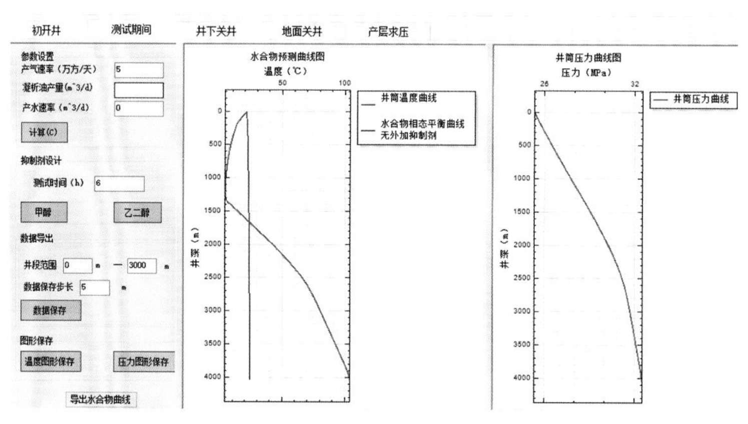

图 7-7 气井温压场计算模块

7.2.3 水合物相平衡条件计算模块

水合物相平衡条件计算模块窗口如图 7-8 所示，该模块中首先进行数据输入，包括气体组分、盐类抑制剂、醇类抑制剂，之后进行辅助参数设置，包括水合物类型、计算的温度范围等[7]。

注意尚未进行气体组分分析时，为安全起见气体组分中只添加甲烷。若产出水或者测试液中有盐存在需添加相应盐类，并在“辅助参数”中“组合抑制剂设计”选择“是”，若选择“否”，意味着后续水合物生成区域判断中只考虑气体，其他参数可采用默认值。添加完毕后单击“相态预测”可将计算结果图形显示，并可单独进行“图形保存”。若不进行相态预测，后续计算中就只计算气井温压场等参数，不进行水合物生成区域判断。

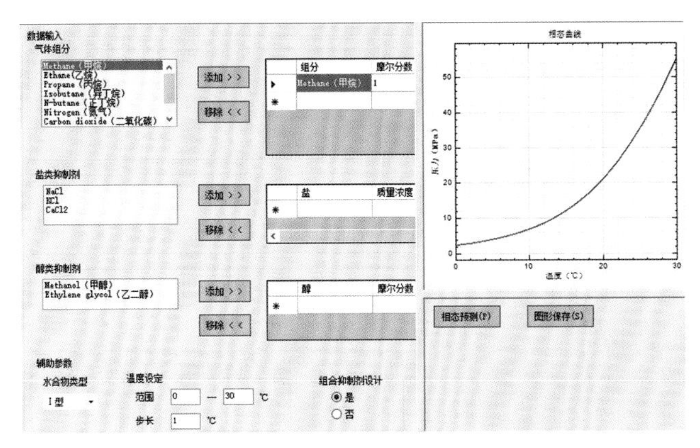

图 7-8 “水合物相态预测”窗口

7.2.4 水合物生成区域预测模块

水合物生成区域预测模块中，选择相应工况后进入水合物生成区域的计算及甲醇、乙二醇抑制剂的设计，以测试期间为例介绍相应操作如图 7-9 所示。

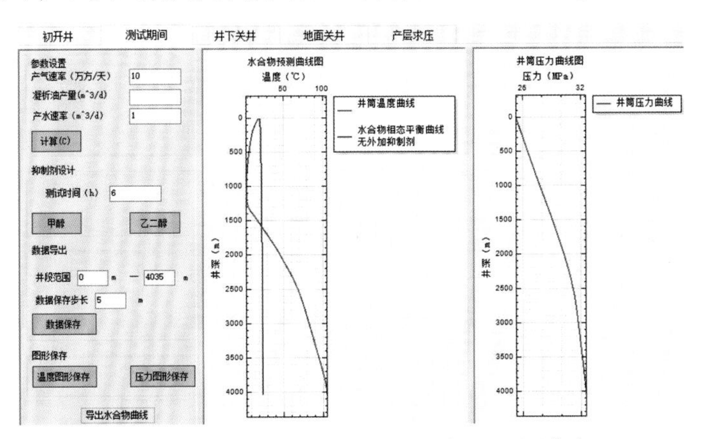

图 7-9 “水合物生成区域预测”窗口–测试期间

首先设置工况下相关参数，测试期间需设置产气速率和产水速率，然后计算并图形显示管柱温压及相态曲线，计算完毕“数据参数”可将指定井段范围内的井筒温压及水合物数据保存到 txt 文档中，并可将显示图形单独保存。若有水合物生成，“抑制剂设计”将提示水合物生成范围，单击“甲醇”和“乙二醇”按钮后可进行相应醇类抑制剂设计，结果也将图形显示；若无水合物生成，“抑制剂设计”中提示无水合物生成，“甲醇”和“乙二醇”按钮不可用。测试期间可依据实测的井口温度、井口压力对计算的结果进行“结果校验”，即校核后才能进行“工程计算”。

其他工况操作和测试期间类似，只是输入参数不同，如初开井中设置液垫密度、测试期间设置产气速率和产水速率、井下关井设置关井阀位置、地面关井不需要设置、气井生产需设置井口回压和产量。

备注：抑制剂设计时，若运算量较大会出现“正在运算”窗口，请耐心等待。

7.2.5 抑制剂注入参数优化设计模块

抑制剂注入参数优化设计模块包括抑制剂注入参数计算、测试查询图版两部分。水合物生成区域计算完毕后选择“抑制剂注入参数”进入“醇类抑制剂注入速率查询图版”窗口，如图 7-10 所示，该窗口包括注入参数、注入点深度及醇类抑制剂注入速率查询图版三部分。

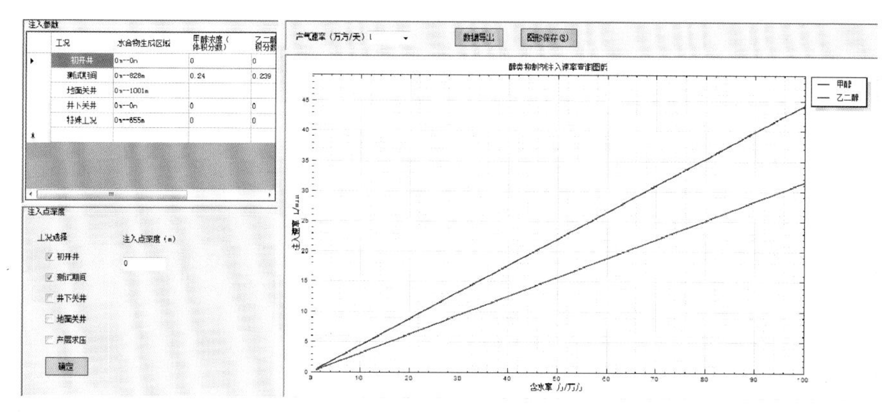

图 7-10 “单抑制剂注入参数”窗口

注入参数将“水合物生成区域”各工况参数以图表显示，包括工况、水合物生成区域、甲醇体积分数、乙二醇体积分数及备注说明；注入点深度可根据相应工况进行注入点深度计算。设定产量后，若有水合物生成显示醇类抑制剂注入速率查询图版，若无水合物生成则提示无水合物生成。另外，计算完毕后可右键设置含水率和注入速率，调整图版的显示区域及图形格式等，如图 7-11 所示，也可将注入速率以表格形式导出以方便查询。

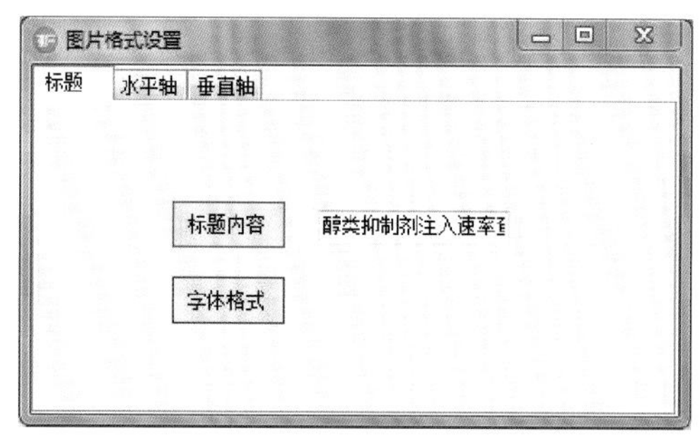

图 7-11 “图片格式设置”窗口

选择“深水气井测试水合物防治图版”进入窗口，如图 7-12 所示。首先设定“产量”、“醇/水（体积比）”和“油嘴直径”，或进行“参数重置”恢复默认参数，然后进行计算。计算完毕后图形显示结果，方便判断是否有水合物生成，另外可进行图版保存，方便查询。单击“甲醇”或者“乙二醇”显示相应图版。其他工况如气井生产和测试操作类似。

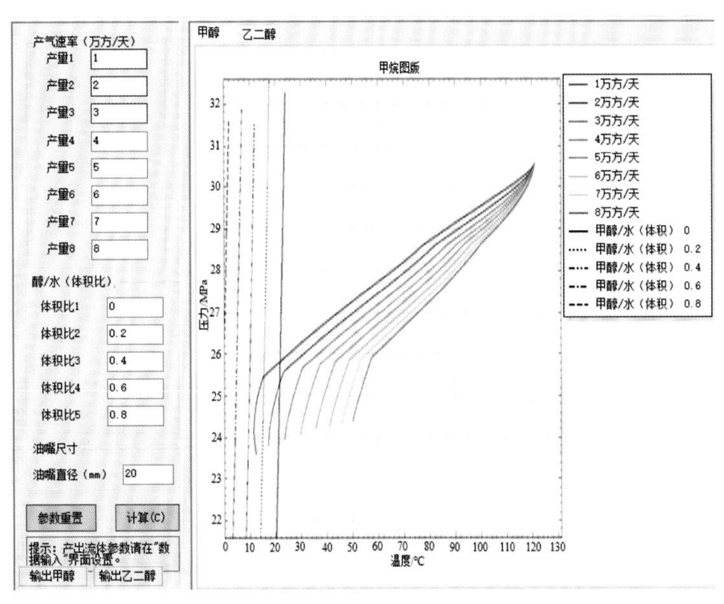

图 7-12 “深水气井测试水合物防治图版”窗口

7.3 深水气井水合物综合防治案例分析

依据某海域 A 区块气井相关数据，计算不同阶段的井筒温压分布、水深条件、气体组分、产量、节流效应等对水合物生成区域的影响规律，预测水合物沉积堵塞程度，并对比分析不同抑制剂的抑制效果。

7.3.1 基本参数

将水合物生成区域预测方法应用于我国某海域 A 区块 11 口生产井，分析生产、关井、测试等工况下的井筒水合物生成区域，该生产井的基本参数如表 7-2 所示。

表 7-2 我国某海域 A 区块 11 口生产井基本参数

天然气组分					
CO_2/%	C_1/%	C_2/%	C_3/%	i-C_4/%	n-C_4/%
3.4	87.8	5.80	2.1	0.4	0.5
水深/m	测试层位深度/m	井型	管柱外径/mm	甲醇密度/(g/mL)	甲醇黏度/ mPa·s（20℃）
1350	3150～3190	直井	114.3	0.79	0.59

7.3.2 温压场计算与水合物生成区域预测

1）正常生产工况下水合物生成区域预测

根据各个生产井的设计产量，计算可得到不同年限的井口温压数据，如表 7-3 所示。

表 7-3　生产井不同年限的井口温压数据

时间	#1 井		#2 井		#3 井		#4 井		#5 井		#6 井		#7 井		#8 井		#9 井		#10 井		#11 井	
	温度/℃	压力/MPa	温度/℃	压力/MPa	温度/℃	压力/MPa	温度/℃	压力/MPa	温度/℃	压力/MPa	温度/℃	压力/MPa	温度/℃	压力/MPa	温度/℃	压力/MPa	温度/℃	压力/MPa	温度/℃	压力/MPa	温度/℃	压力/MPa
2020	76.1	28.6	80.6	29.3	60.1	33.2	73.8	30.6	75.1	30.3	76.6	28.7	81.6	27.9	78.1	31.6	72.3	29.0	71.0	29.5	74.3	29.8
2021	76.3	25.4	80.9	24.6	60.0	29.9	73.8	28.9	75.1	28.8	76.8	24.3	82.0	22.9	78.1	30.2	72.3	28.1	71.0	28.6	74.4	27.2
2022	76.6	22.2	81.2	21.2	59.8	27.3	73.9	27.2	75.2	27.2	77.1	21.2	82.5	19.3	78.1	28.7	72.3	26.9	71.1	27.3	74.6	25.0
2023	76.8	19.8	79.2	20.3	62.7	24.8	77.5	23.4	78.7	23.3	74.4	20.2	79.6	18.4	80.2	26.2	75.5	23.8	75.0	23.8	77.8	21.2
2024	77.3	17.6	79.4	18.7	62.7	22.6	77.9	21.3	79.1	21.3	74.5	18.6	79.9	16.7	80.3	24.4	74.6	21.9	75.2	21.8	78.3	18.9
2025	77.8	15.6	79.7	16.8	62.6	20.6	78.6	18.7	79.5	19.4	74.8	16.6	80.4	14.6	80.5	22.7	76.0	20.1	75.5	20.0	79.0	16.8
2026	78.7	13.5	80.2	14.9	62.7	18.8	79.7	15.6	79.8	18.1	75.3	14.5	81.3	12.5	80.7	20.7	76.4	18.3	75.9	17.9	79.3	15.5
2027	80.0	11.3	80.9	12.9	62.8	16.9	81.4	12.7	81.1	15.2	76.0	12.5	82.9	10.2	80.9	18.9	77.0	16.3	76.6	15.6	80.9	12.7
2028	81.6	9.4	82.2	10.8	63.2	13.2	82.2	11.6	82.7	12.3	77.4	10.2	83.3	7.7	81.4	17.0	78.6	12.9	77.9	12.9	81.4	11.3
2029	81.9	7.3	82.6	8.3	63.2	13.1	82.8	9.9	82.9	11.2	80.5	7.5	83.9	6.6	82.2	14.5	81.8	9.1	79.8	10.4	81.8	9.8
2030	80.2	5.5	83.2	6.6	63.6	11.3	83.5	8.5	83.0	9.5	81.9	6.0	82.5	6.3	83.2	11.5	82.2	6.7	80.4	7.8	82.7	7.3
2031	74.8	7.9	78.9	8.0	64.3	9.2	79.5	7.9	83.5	5.8	77.2	5.7	81.9	6.0	83.5	10.2	83.1	4.0	75.1	8.5	79.7	6.3
2032	73.5	8.3	78.2	7.7	66.1	6.8	82.6	7.5	81.1	5.5	76.7	5.4	82.4	5.5	83.8	8.7	80.5	4.4	73.1	9.3	78.0	6.2
2033	72.8	7.5	79.9	6.3	74.2	3.3	75.9	7.4	79.0	6.6	75.8	4.6	82.6	5.1	82.3	7.0	77.8	5.3	69.3	9.3	73.6	6.8
2034	70.7	7.1	80.6	5.1	63.8	4.0	69.2	7.5	73.6	8.0	75.1	4.0	82.5	3.5	77.4	7.4	72.5	5.8	70.0	7.9	70.7	6.8
2035	69.1	6.8	80.3	4.4	63.3	3.6	69.2	7.5	73.4	5.9	65.7	4.7	73.0	4.6	73.0	7.5	71.5	5.4	67.6	7.2	66.1	7.4
2036	69.5	6.0	78.2	4.2	59.9	3.2	67.6	7.1	73.0	5.3	59.3	5.1	66.6	5.3	69.3	7.5	79.2	2.3	65.1	7.1	64.6	7.1

续表

时间	#1 井		#2 井		#3 井		#4 井		#5 井		#6 井		#7 井		#8 井		#9 井		#10 井		#11 井	
	温度/℃	压力/MPa	温度/℃	压力/MPa	温度/℃	压力/MPa	温度/℃	压力/MPa	温度/℃	压力/MPa	温度/℃	压力/MPa	温度/℃	压力/MPa	温度/℃	压力/MPa	温度/℃	压力/MPa	温度/℃	压力/MPa	温度/℃	压力/MPa
2037	70.9	4.9	74.1	4.5	53.5	3.7	66.6	6.5	71.4	4.9	54.1	5.4	61.7	5.6	66.8	7.1	71.0	3.1	64.2	6.3	64.3	6.5
2038	76.8	3.1	73.2	4.2	47.2	4.3	65.4	6.0	70.8	4.3	50.1	5.5	57.3	5.9	64.5	6.7	63.7	3.6	63.9	5.1	65.6	5.5
2039	63.8	4.3	69.9	4.3	43.1	4.6	64.2	5.4	70.4	3.7	45.5	5.6	52.1	6.0	61.9	6.4	58.3	4.1	67.2	3.3	66.0	4.7
2040	64.1	4.2	66.6	4.4	38.7	5.2	62.9	4.8	68.7	3.5	45.6	5.3	48.6	6.1	59.0	6.0	55.3	4.1	62.7	3.4	66.6	4.0
2041	59.8	4.2	62.9	4.7	36.6	5.4	63.6	3.7	60.5	5.5	41.5	5.2	43.1	6.2	56.7	5.3	51.9	4.3	60.2	3.3	73.6	2.5
2042	59.3	3.9	59.6	4.8	31.8	5.7	53.7	5.8	57.9	6.0	36.8	5.3	39.9	6.2	55.0	4.6	48.3	4.5	56.5	3.4	67.7	2.6
2043	60.0	3.2	56.4	4.9	29.3	5.8	47.0	6.9	62.8	3.7	31.4	5.5	36.4	6.3	48.4	4.9	44.6	4.8	52.2	3.9	59.7	3.5
2044	56.8	3.1	50.2	5.2			38.7	7.6	51.0	6.2			32.5	6.3	45.2	5.1	40.5	5.2	46.4	4.4	53.8	4.3
2045	52.7	3.4	47.4	5.3					49.7	6.0			25.8	6.4	41.7	5.1	38.5	5.5	46.4	4.4	48.3	4.7
2046	48.9	3.6	44.1	5.4					47.4	6.7					37.9	5.1			44.4	4.6	44.6	5.0
2047	46.2	3.7	39.2	5.5					45.4	6.8					35.7	5.0			40.5	4.9	40.7	5.3
2048	43.4	3.7	36.3	5.5					43.4	6.9					33.4	5.0			40.4	4.8	31.7	5.7
2049	41.9	3.8													31.0	5.0			38.3	4.9		

将上述井筒温压数据曲线与水合物相态曲线同比例对比可判断井筒中是否有水合物生成。以#3 井为例进行说明，该井生产初期、生产末期井口温压分别为（60.1℃，33.2MPa）、（29.3℃，5.8MPa），将温压曲线转化为对应温度的井深曲线，#3 井生产初期、生产末期井筒温度–深度曲线和水合物相态曲线的对比如图 7-13 所示。可知#3 井生产初期、生产末期井筒各个位置处温度远高于水合物生成温度，因此该井在生产初期、生产末期井筒中均不存在水合物生成风险。同时，通过对比#3 井其余年限正常生产期间中井筒温压和水合物生成的临界温压，发现#3 井整个生产期间均不存在水合物生成风险。

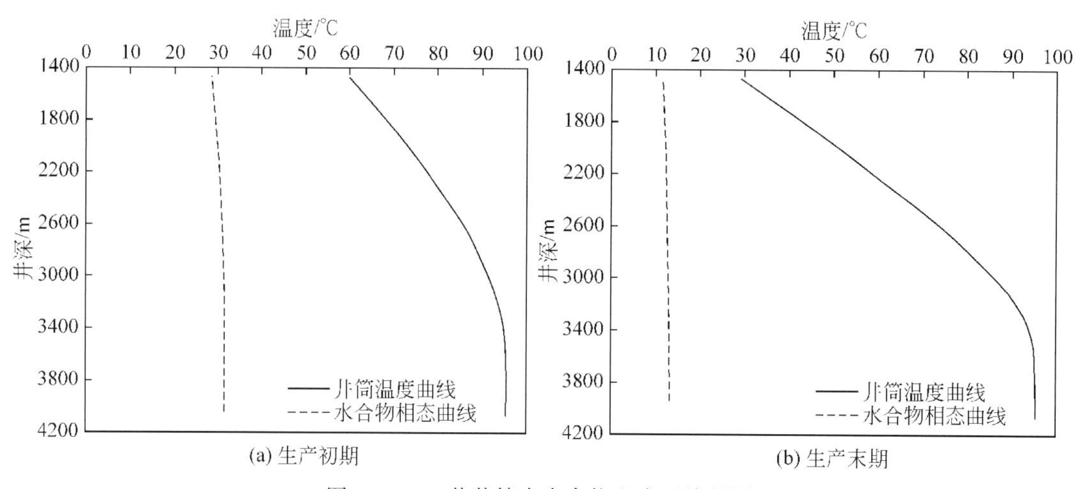

图 7-13　#3 井井筒中水合物生成区域预测

A 区块气田其余井生产初期和末期的井口温度如表 7-4 所示，可看出区块气田其余井在生产初期和末期的井口温度分别位于 70.5～81.3℃和 24.6～42.3℃范围内。通过将各井井筒温度–深度曲线和水合物相态曲线对比得到区块气田正常生产期间其余井的井筒温压均不满足水合物生成条件，不存在水合物生成风险。

表 7-4　某海域 A 区块各井生产初期和生产末期井口温度

温度	#1 井	#2 井	#3 井	#4 井	#5 井	#6 井	#7 井	#8 井	#9 井	#10 井	#11 井
初期温度/℃	76.1	80.6	60.1	73.8	75.1	76.6	81.6	78.1	72.3	71.0	74.3
末期温度/℃	41.9	36.3	29.3	38.7	43.4	31.4	25.8	31.0	38.5	38.3	31.7

2）关井工况下水合物生成区域预测

气井产量和井底流压均随时间变化，所以不同关井时间下的井筒温压分布存在差异，以#2 井为例进行说明，#2 井关井初期井筒中的温压分布如图 7-14 所示。可看出关井后井筒温度随关井时间逐渐降低并逐渐接近地层环境温度，但温度降低速率随关井时间逐渐减慢。关井一定时间后井筒温度和地层环境温度相等并最终保持不变，#2 井井筒温度降至环境温度所需时间约为 29.7h。原因在于井筒流体逐渐向地层散发热量，温度随时间逐渐降低，同时井筒温度和地层环境温度间温差逐渐减小造成散热速率逐渐减慢，当井筒温度降至地层温度时散热过程消失，井筒温度便保持不变。还发现井筒压力沿井筒向上逐渐降低，这是天然气自身重力引起的。

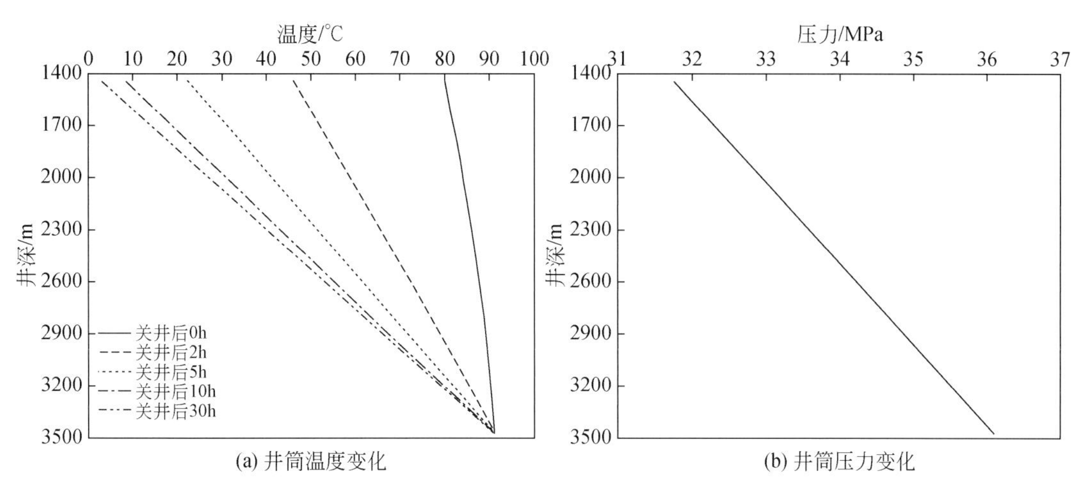

图 7-14　#2 井关井期间井筒温压变化

各井不同生产年限关井后井筒温度达到环境温度所需时间如图 7-15 所示。可知气井生产时间越长，各井关井后井筒温度降至地层环境温度所需时间均越短，原因在于气井生产时间越长井筒温压越低，井筒气体含有热量越少，故关井后井筒温度降至地层环境温度所需时间越短。

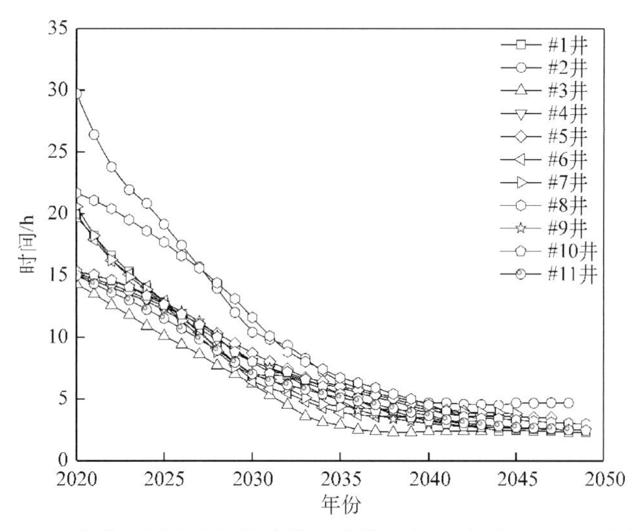

图 7-15　各井不同生产年限关井后井筒温度达到环境温度所需时间

对比关井条件下井筒温度分布曲线和水合物相态曲线得到#2 井关井后井筒水合物生成区域如图 7-16 所示。可知#2 井关井约 4. 7h 后井筒温度开始满足水合物生成温度条件，且井筒水合物生成区域随井筒温度降低逐渐变大，当井筒温度和地层环境温度相等时水合物生成区域达到最大，因此当关井约 29. 7h 后#2 井井筒水合物生成区域达到最大，位置为泥线至泥线以下 457m。还发现距泥线位置越近水合物生成区域径向越宽，即过冷度越大，此时水合物生成风险越大，相反离泥线位置越远水合物越不容易生成，直到距泥线位置457m时井筒温压将不满足水合物生成条件，水合物生成风险消失。

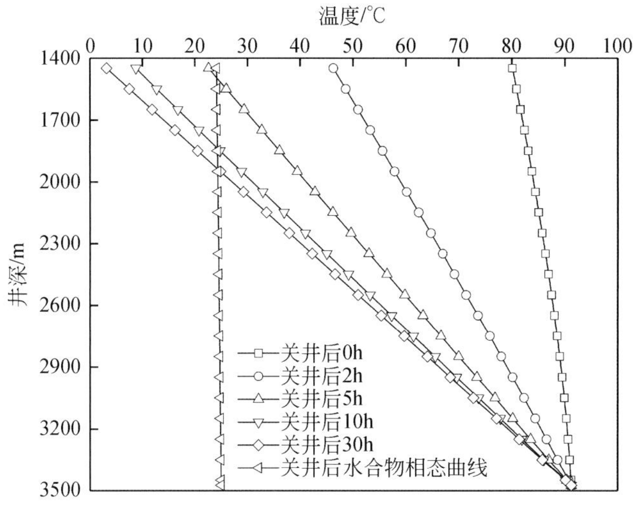

图 7-16　#2 井关井后井筒水合物生成区域预测

A 区块各井不同生产年限关井后井筒出现水合物生成区域的时间如图 7-17 所示，水合物生成区域详细数据如表 7-5 所示。由图 7-17 可知，气井生产时间越长关井后井筒温度降至水合物生成温度所需时间越短，原因在于气井生产时间越长井筒温压越低，井筒气体含有热量越少。表 7-5 中可看出不同井关井后井筒水合物生成区域不同，因此需针对不同井特点采取针对性的水合物防治措施。

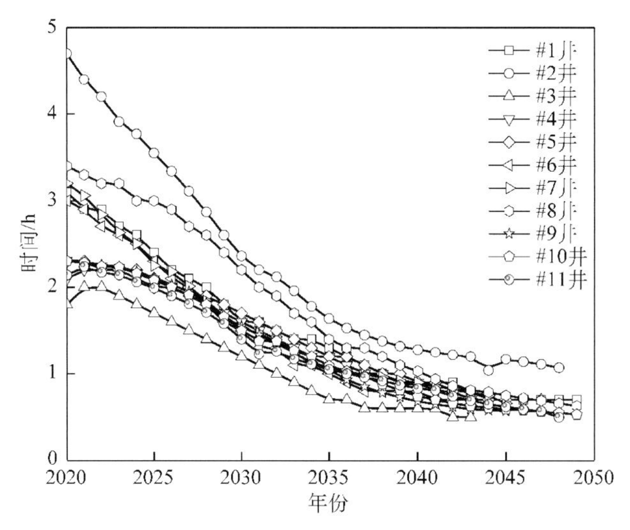

图 7-17　区块各井不同生产年限关井后井筒出现水合物生成区域的时间

表 7-5 区块各井关井期间井筒水合物生成区域

井号	#1 井	#2 井	#3 井	#4 井	#5 井	#6 井	#7 井	#8 井	#9 井	#10 井	#11 井
水合物生成区域/m	1336 ~ 1819	1477 ~ 1934	1447 ~ 1903	1547 ~ 1978	1547 ~ 1975	1531 ~ 1991	1466 ~ 1919	1466 ~ 1936	1252 ~ 1743	1252 ~ 1747	1365 ~ 1837

3）测试工况下水合物生成区域预测

11 口井不同测试产量下井筒水合物生成区域预测如图 7-18 所示，发现该区块 11 口井在大多数测试产量下均存在水合物生成风险，且水合物生成区域主要分布在海水段，原因在于海水段环境温度低，此时井筒流体与周围环境热交换速率快，流体温度较低，且测试期间井筒压力较高，因此井筒海水段易达到水合物生成温压条件。再者，测试期间 11 口井的井筒水合物生成区域随测试产量增加而减小。

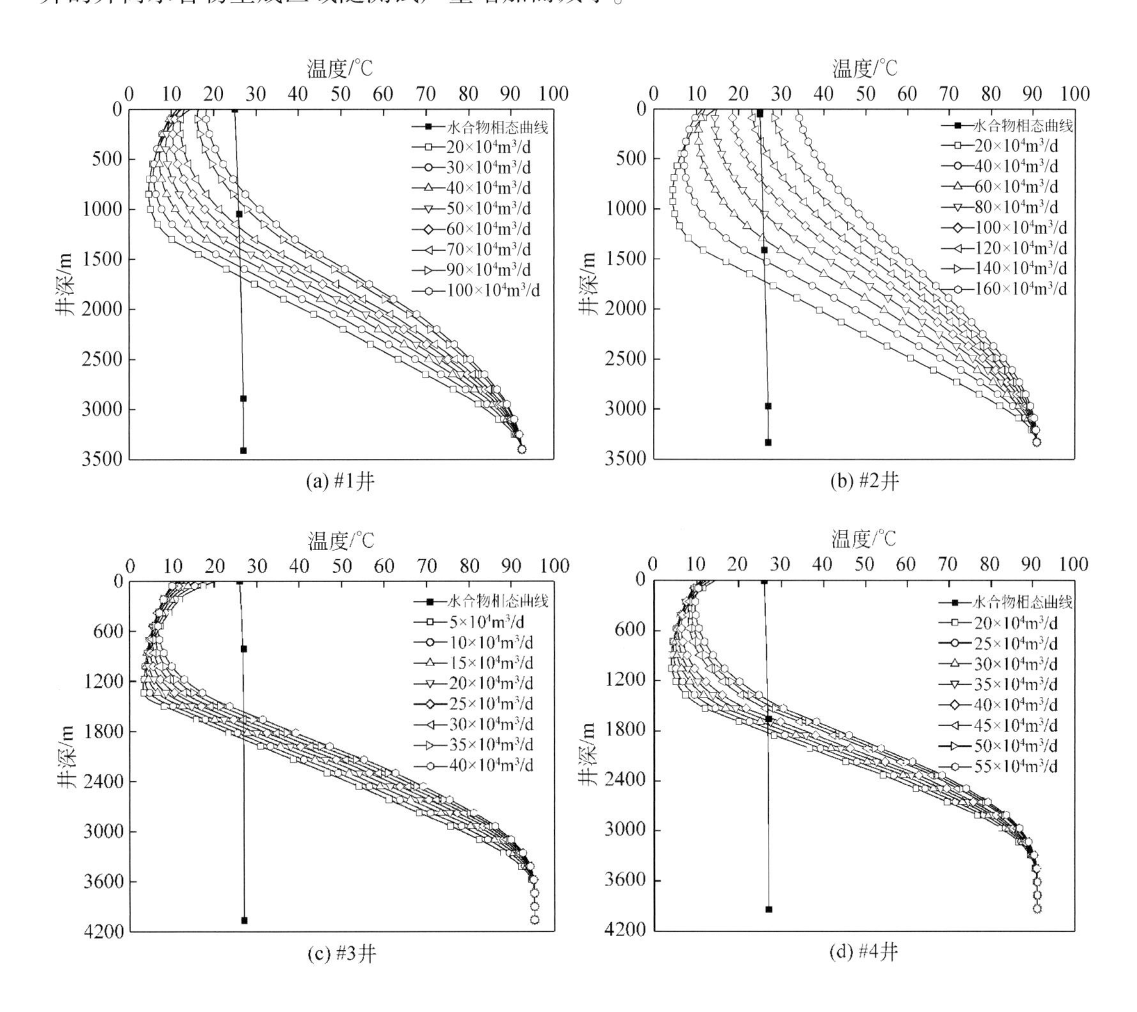

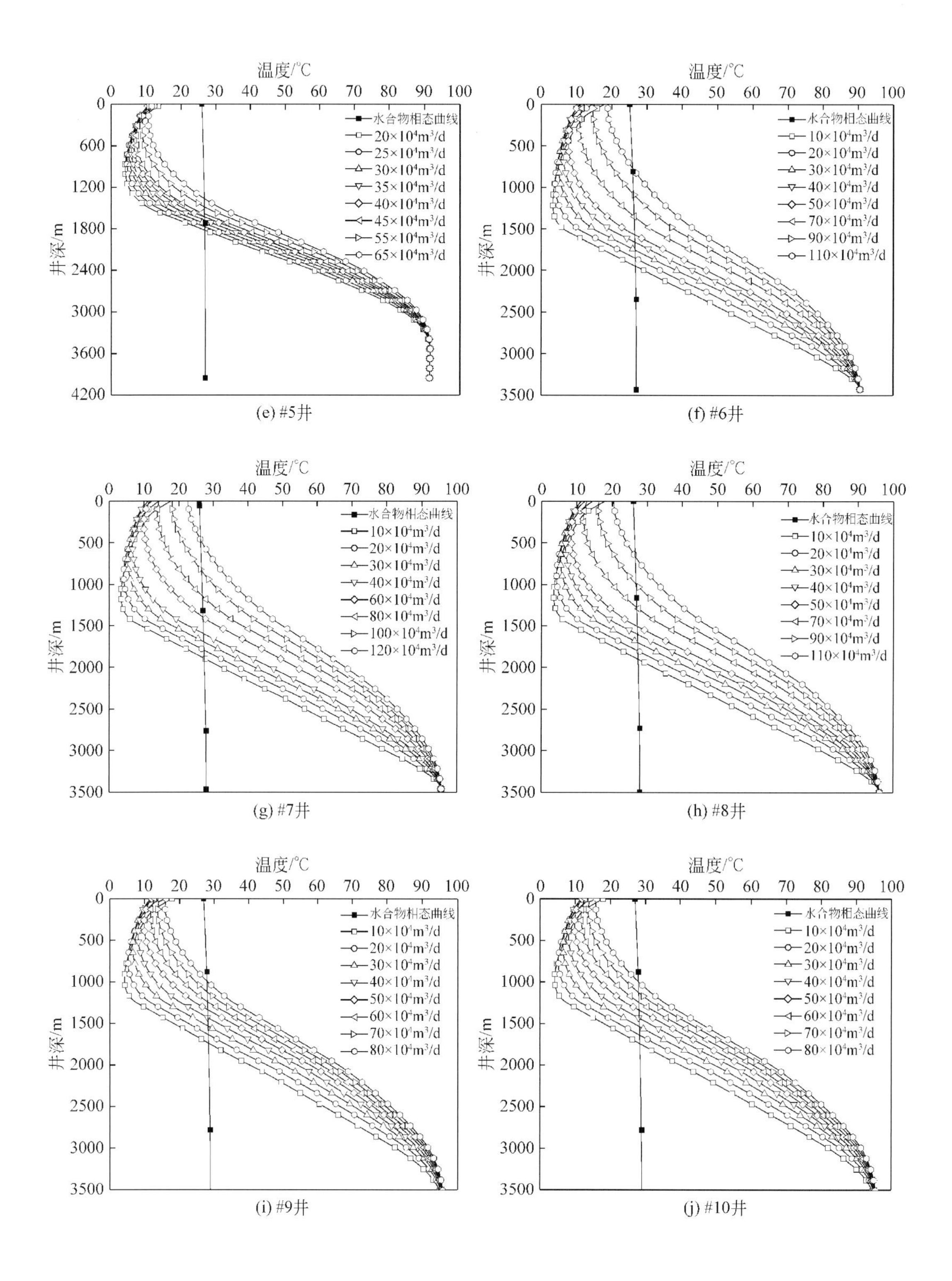

(e) #5井

(f) #6井

(g) #7井

(h) #8井

(i) #9井

(j) #10井

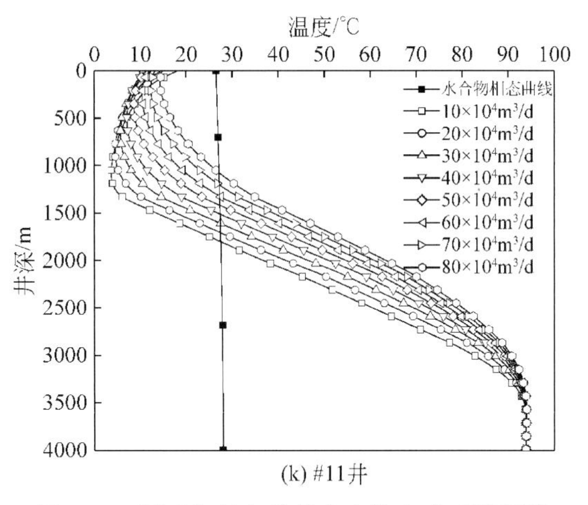

(k) #11井

图 7-18　测试期间各井的水合物生成区域预测

7.3.3　水合物堵塞预测

1）关井工况下水合物堵塞预测

通过对关井后的水合物沉积计算可得到不同井关井后井壁水合物层的生长规律，以#2井为例对 A 区块生产井关井工况下水合物沉积堵塞演化规律进行说明。#2 井井下关井、地面关井时井壁水合物层生长规律如图 7-19 所示。可知无论井下关井还是地面关井，关井时间越长井壁水合物层厚度越大，这是井壁水合物层不断沉积积累的结果，其中井下关井 30h 时井筒水合物沉积厚度达到最大值。还注意到相同时间下井筒不同位置处的水合物层厚度分布不均匀[3]，距井口越近井壁水合物层厚度越大，这是由井口位置较大的过冷度造成的。

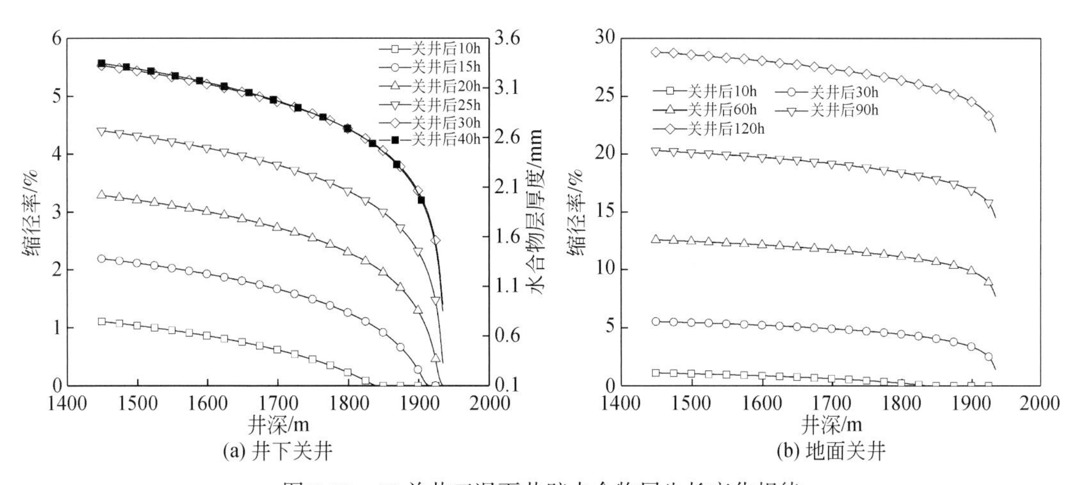

(a) 井下关井　(b) 地面关井

图 7-19　#2 关井工况下井壁水合物层生长变化规律

2）测试工况下水合物堵塞预测

#2 井测试期间井壁水合物层生长变化规律如图 7-20 所示，可知水合物沉积厚度随测试时间不断增大，测试产量越低管壁水合物层分布波动越大，且管壁水合物层厚度存在极值点，这是因为不同产量条件下水合物生成区域分布不同，且水合物生成和沉积受过冷度、系统温度等影响[7]。

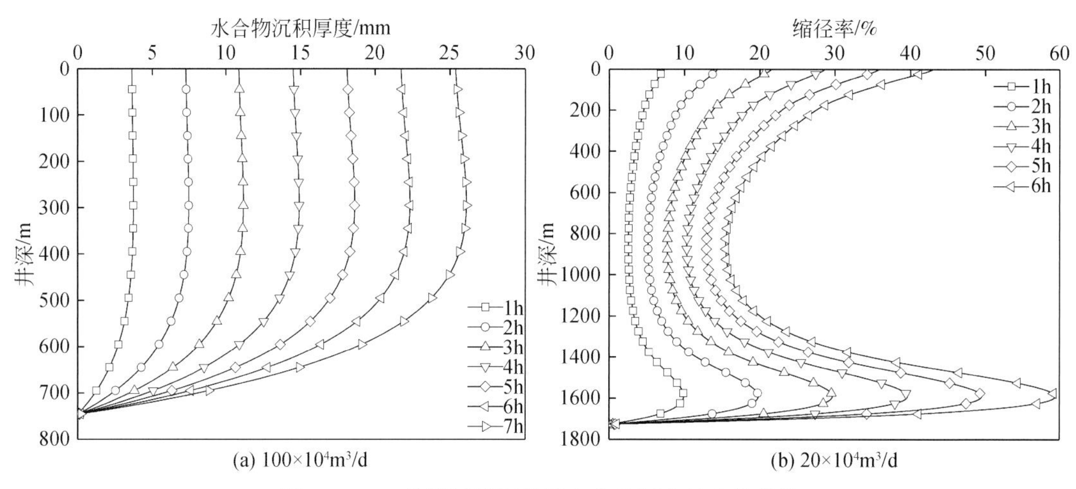

图 7-20　#2 井测试期间井壁水合物层生长变化规律

#2 井 $120\times10^4 m^3/d$ 产量下缩径率及不同产量下井口回压变化分别如图 7-21、图 7-22 所示。可知随沉积厚度增加井筒缩径率增加，且#2 井在测试产量 $120\times10^4 m^3/d$ 下测试 2h 内井筒最大缩径率仅有 11%。此外，测试产量对井口回压影响较大，测试产量越大井口回压降低越快。因此可通过观察井口回压变化以判断井筒水合物生成情况，指导现场水合物抑制剂注入设计。

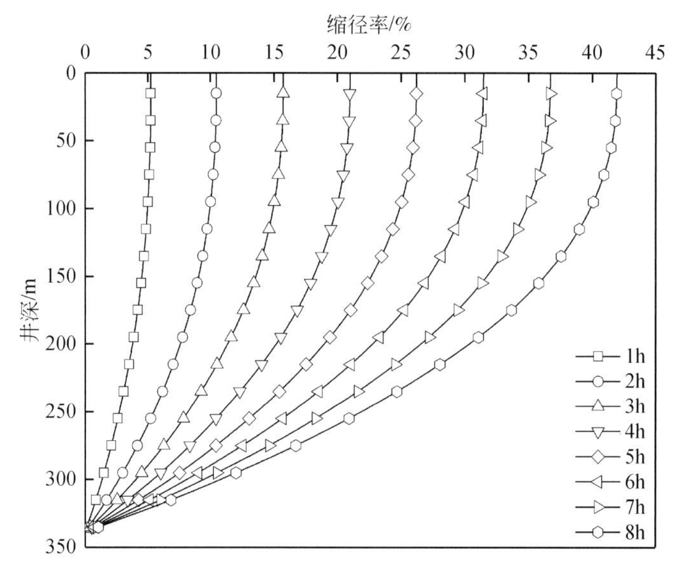

图 7-21　#2 井 $120\times10^4 m^3/d$ 产量下的缩径率

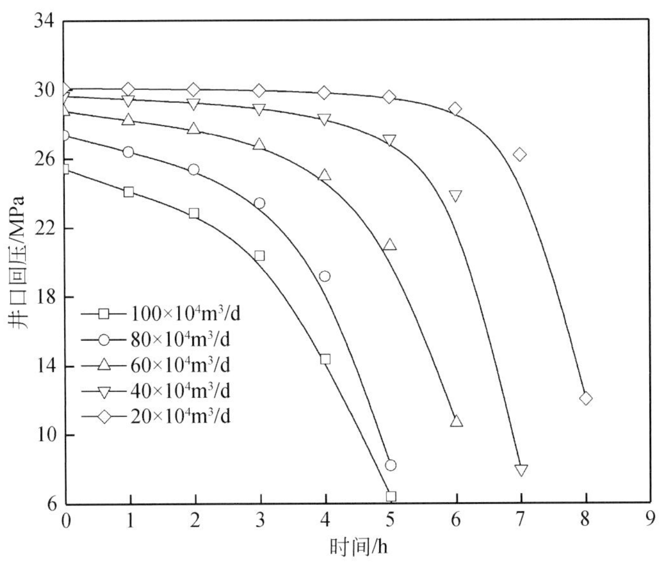

图 7-22　#2 井不同产量下的井口回压变化

7.3.4　水合物抑制剂注入浓度图版

根据 11 口生产井基本参数分别计算不同井不同产气速率下的井筒温压分布、不同醇类浓度下的相态曲线，将计算结果统一绘制到温压图中，根据曲线分布及相交情况直观判断指定产量、抑制剂浓度下是否有水合物生成，确定不同测试产量下不同水合物抑制剂的注入浓度。以#1 井为例对甲醇、乙二醇注入条件下的水合物生成判断图版进行说明，如图 7-23 所示。可知不同产量下若井筒温压曲线与无抑制剂时的水合物相平衡曲线存在交点，说明此产量下井筒存在水合物生成区域，此时不注入抑制剂将导致水合物生成；随产量提高及注入浓度增加，井筒温压曲线和水合物相平衡曲线逐渐远离，说明井筒水合物生成区域减小，若两者不再相交，表明井筒不会生成水合物。据此分别判断一定产量下防止水合物堵塞所需的甲醇、乙二醇注入浓度。

7.3.5　水合物抑制剂注入压力图版

根据抑制剂注入深度、各种测试工况下井筒压力分布、注入参数计算方法可得到不同测试产量及产水条件下抑制剂注入泵的所需压力。抑制剂注入压力与气井测试时的气体产量、产水量密切相关，需根据测试的具体情况进行准确计算，针对#8 井不同测试产量及产水量情况下的抑制剂注入压力进行分析。

#8 井不同假设测试产量及含水率情况下甲醇、乙二醇的注入压力图版如图 7-24 所示。可知同一含水条件下，随测试产量提高抑制剂注入压力先增后减，这是高测试产量下抑制剂注入浓度减小、产量增加共同影响的结果；相同测试产量下随含水率增加抑制剂注入量

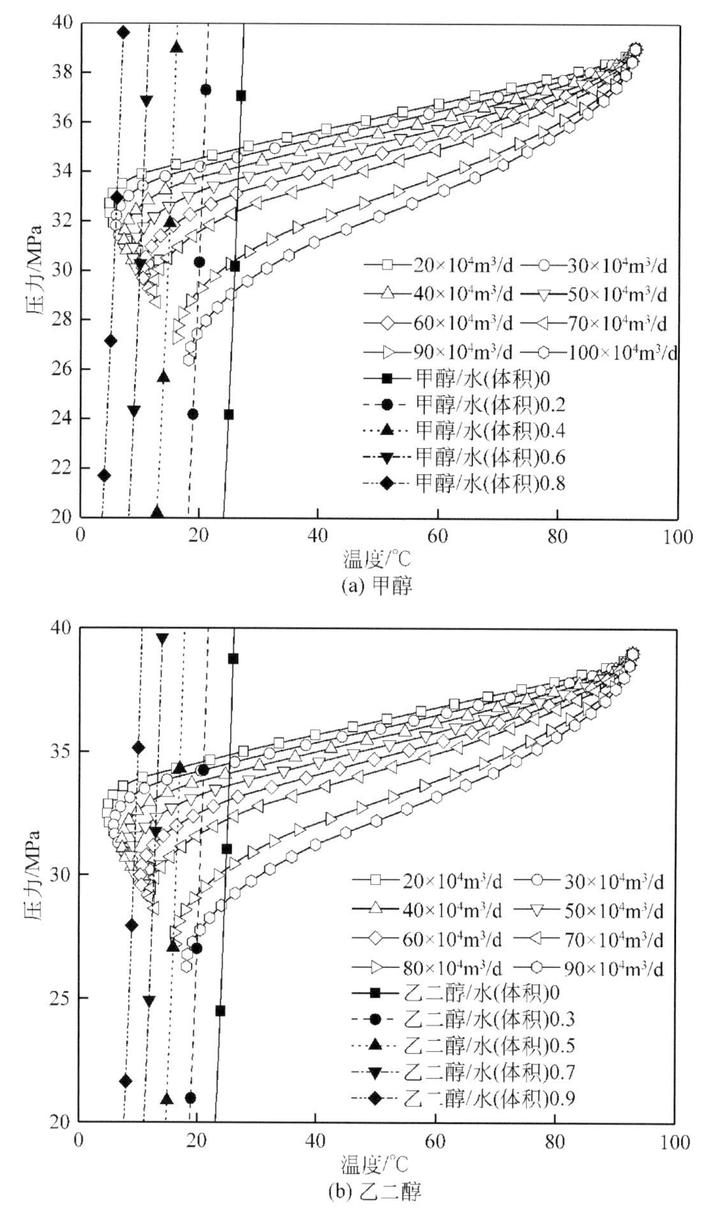

(a) 甲醇

(b) 乙二醇

图 7-23 #1 井水合物生成判断图版

增大，导致抑制剂注入压力逐渐升高。还注意到高含水率时，乙二醇因较高的密度、黏度致使注入过程中的摩阻压降较大，因此乙二醇注入压力较甲醇高；低含水率时乙二醇抑制剂注入量小，摩阻对压降影响小，造成乙二醇注入压力较甲醇低。因此，低含水量时推荐使用乙二醇，高含水量时推荐使用甲醇。

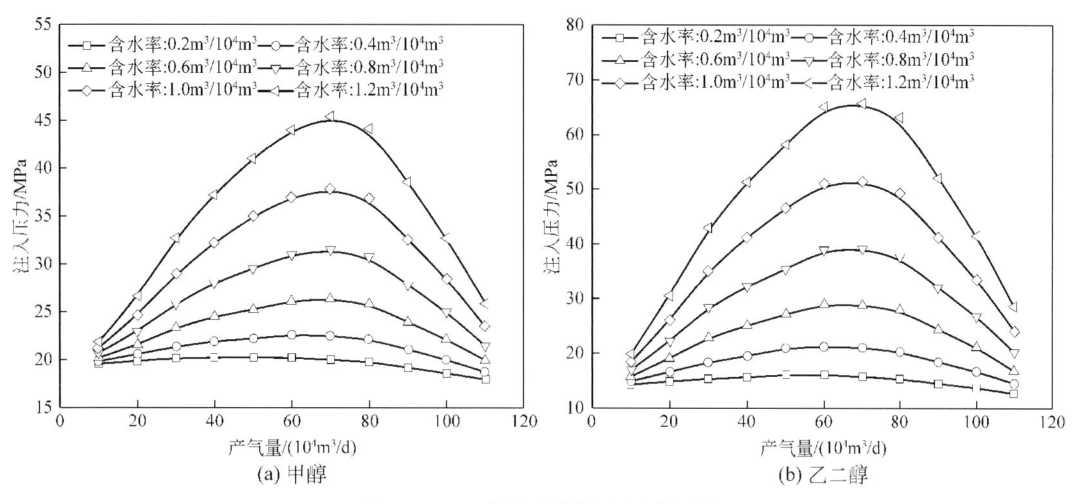

图 7-24 #8 井抑制剂注入压力图版

参 考 文 献

[1] 中国石油大学（华东）. 深水气井测试水合物预防设计软件：中国，2014SR145750. 2014. 07. 01 [CP/OL].

[2] Wang Z，Yang Z，Zhang J，et al. Quantitatively assessing hydrate-blockage development during deepwater-gas-well testing [J]. SPE Journal，2018，23（4）：1166-1183.

[3] Wang Z，Zhao Y，Zhang J，et al. Flow assurance during deepwater gas well testing：Hydrate blockage prediction and prevention [J]. Journal of Petroleum Science and Engineering，2018，163：211-216.

[4] Wang Z，Zhao Y，Sun B，et al. Modeling of hydrate blockage in gas-dominated systems [J]. Energy & Fuels，2016，30（6）：4653-4666.

[5] 王志远，赵阳，孙宝江，等. 深水气井测试管柱内天然气水合物堵塞特征与防治新方法 [J]. 天然气工业，2018，38（01）：81-88.

[6] 王志远，张剑波，蒋宏伟，等. 含水合物相变的油气井多相流动模型及应用研究 [J]. 水动力学研究与进展（A 辑），2017，32（05）：584-591.

[7] Wang Z，Sun B，Wang X，et al. Prediction of natural gas hydrate formation region in wellbore during deep-water gas well testing [J]. Journal of Hydrodynamics，Ser B，2014，26（4）：568-576.